Forged Consensus
Science, Technology, and Economic Policy in the United States,
1921—1953

伪造的共识

1921—1953
美国的国家愿景与科技政策之辩

[美] 大卫·M. 哈特 (David M. Hart) 著

陈彦坤 译

中国科学技术出版社
·北 京·

Forged Consensus: Science, Technology, and Economic Policy in the United States, 1921–1953 by David M. Hart, ISBN: 9780691146546
Copyright © 1998 by Princeton University Press
All rights reserved. No part of this book may be reproduced or transmitted in any form or by any means, electronic or mechanical, including photocopying, recording or by any information storage and retrieval system, without permission in writing from the Publisher.
Simplified Chinese translation copyright © 2024 by China Science and Technology Press Co., Ltd.
北京市版权局著作权合同登记 图字：01-2024-0647

图书在版编目（CIP）数据

伪造的共识：1921—1953：美国的国家愿景与科技政策之辩 /（美）大卫·M. 哈特（David M. Hart）著；陈彦坤译 . — 北京：中国科学技术出版社，2024.7
书名原文：Forged Consensus: Science, Technology, and Economic Policy in the United States, 1921–1953
ISBN 978-7-5236-0660-5

Ⅰ.①伪… Ⅱ.①大… ②陈… Ⅲ.①科技政策—历史—研究—美国— 1921-1953 Ⅳ.① G327.129

中国版本图书馆 CIP 数据核字（2024）第 096658 号

策划编辑	刘　畅　宋竹青	责任编辑	刘　畅
封面设计	今亮新声	版式设计	蚂蚁设计
责任校对	邓雪梅	责任印制	李晓霖

出　　版	中国科学技术出版社
发　　行	中国科学技术出版社有限公司
地　　址	北京市海淀区中关村南大街 16 号
邮　　编	100081
发行电话	010-62173865
传　　真	010-62173081
网　　址	http://www.cspbooks.com.cn

开　　本	710mm×1000mm　1/16
字　　数	278 千字
印　　张	20
版　　次	2024 年 7 月第 1 版
印　　次	2024 年 7 月第 1 次印刷
印　　刷	北京盛通印刷股份有限公司
书　　号	ISBN 978-7-5236-0660-5/G・1047
定　　价	79.00 元

（凡购买本社图书，如有缺页、倒页、脱页者，本社销售中心负责调换）

目　录

第一章　另一种叙事
　　美国自由主义的可塑性与公共政策的制定 ⋯⋯⋯⋯⋯⋯⋯ 001

第二章　共和党的崛起与股市大崩盘
　　保守主义时代涌动的联合主义暗流（1921 年至 1932 年）⋯⋯ 035

第三章　尝试与犯错
　　罗斯福第一届任期的科学、技术和经济政策（1933 年至 1936 年）
　　⋯⋯⋯⋯⋯⋯⋯⋯⋯⋯⋯⋯⋯⋯⋯⋯⋯⋯⋯⋯⋯⋯⋯⋯ 071

第四章　打破瓶颈和封锁
　　改革自由主义的全盛时期及其对第二次世界大战之后的影响
　　（1937 年至 1940 年）⋯⋯⋯⋯⋯⋯⋯⋯⋯⋯⋯⋯⋯⋯⋯ 095

第五章　旧的争斗，新的适应
　　战时实验与改革自由主义的消亡（1940 年至 1945 年）⋯⋯ 133

第六章　探索管理之路
　　美国科学、技术以及宏观和微观经济政策（1945 年至 1950 年）
　　⋯⋯⋯⋯⋯⋯⋯⋯⋯⋯⋯⋯⋯⋯⋯⋯⋯⋯⋯⋯⋯⋯⋯⋯ 165

第七章　"发明的浪潮"
　　国家安全主义时代（1945 年至 1953 年）⋯⋯⋯⋯⋯⋯⋯ 199

第八章 以古鉴今
　　冷战及之后时期的"混合"模式 235

结　论 267

致　谢 269

注　释 273

第一章

另一种叙事

美国自由主义的可塑性与公共政策的制定

大卫·库什曼·科伊尔（David Cushman Coyle），《时代》（Times）杂志眼中的"工程师、怪咖和经济学家"，一位以准确把握罗斯福新政思想著称的政策理念顾问，在1938年提出了一个问题："如果能够实现，民主的高科技体制是什么样的？"[1]要解答这个问题，我们不仅需要深入理解技术的定义与由来，还必须规划明确的政治经济愿景（理想）。新政支持者们费尽心力寻找科伊尔问题的答案，并加以践行。不过，由于对科学、技术、政治和经济的认知存在严重分歧，反对者提出了不同的意见，新政遭到了诘难。面对经济大萧条、大规模战争和冷战等一系列重大考验，这些博弈彻底改变了美国的科学与技术政策。

任何阵营都无法占据压倒性优势，或者宣称独自推动了这场政策变革。回顾历史，许多观察家断言美国以持续的"战后共识"[2]为基础，顺利完成了联邦科技政策的转变。其实不然，这种"共识"掩盖了无数的妥协、试错甚至彻头彻尾的矛盾。确切地说，具有变革性质的美国战后政策属于妥协的产物，其中糅合了相互竞争或对立的愿景，绝非任何单一愿景的全面落实。某些特定政策只得到了相对少数的支持，不过，这些"杂音"经常被搁置一旁。所以，从某个方面来说，"战后共识"是后来观察家们的伪造或"臆想"。妥协的根源在于美国联邦政策制定过程的天然特质。对于科伊尔的问题，没有任何一个答案能够获得足以"席卷"美国决策机构的政治支持。换句话说，任意答案都无法赢得各自为政的美国决策机构的一致响应。

本书将探讨这种妥协的起源和萌发，回顾一系列关键人物的努力：这些政策企业家通过不断凝练宏伟的现代工业经济愿景，总结政府应承担的职责，提出了具体的立法和行政建议，以改造美国的技术创新管理模式。为了形成政策，他们不断阐述自己的理念，寻找盟友，争取机构的支持，相互辩论、争斗，并最终（或多或少地）诚实披露了自己的成就。

时任美国商务部部长的赫伯特·胡佛，绰号"伟大的工程师"（并无贬义，因为胡佛最初曾是一名采矿工程师），打破了美国的传统，摒弃了"爵士时代"（也被称为"喧嚣的二十年代"[①]）的保守主义，主张联邦政府在工业技术发展中发挥积极作用。受第一次世界大战期间产生了持久效果的临时政策的鼓励，胡佛推动了20世纪20年代工业企业之间以及工业与政府之间的合作，以加快技术创新。在胡佛因为1929年经济大萧条下台（1933年结束总统任期）之后的10年中，麻省理工学院校长卡尔·康普顿（Karl Compton）和助理司法部部长瑟曼·阿诺德（Thurman Arnold）成了胡佛理念的代表人物，这两个人都建议通过创造基于新技术的新产业来解决失业问题，但提出了不同的政策主张。康普顿细化了胡佛的愿景，倡导建立谨慎自信的政府，以鼓励私人合作；阿诺德则呼吁实施更积极的政策，以打破阻碍创新的"瓶颈"。

时间来到1940年，随着失业率降低，战争阴影逼近，一批政策企业家崛起，其中最引人注目的当属罗斯福总统的科学顾问范内瓦·布什（Vannevar Bush）和副总统亨利·华莱士（Henry Wallace）。他们取代了康普顿和阿诺德的位置，赢得了当时华盛顿各界的青睐，传承了20世纪30年代公共与私营部门应当分工合作、共同管理技术创新的观点。为了制定迎接新挑战的政策，这些思想领袖彼此之间以及与军方高层间展开了激辩。第二次世界大战结束

[①] 从1918年第一次世界大战结束到1929年经济大萧条爆发之前美国享乐主义盛行的十余年时间。——译者注

| 伪造的共识　1921—1953：美国的国家愿景与科技政策之辩

之后，经济和国家安全等挑战依旧让政策精英们如芒在背。20世纪40年代末，由于规划的政府愿景存在明显对立，不同阵营僵持不下，导致了美国科技政策的难产。僵局一直持续到朝鲜战争爆发才被打破。本书内容也随着朝鲜战争而画上句号，因为真正的"战后共识"诞生了：大笔国防资金的投入消弭了政策分歧，麦卡锡主义大行其道，让政治和经济思想界变得沉寂。

纵观历史，虽然每位政策企业家都为美国设计了推动科技发展的积极规划，但实际政策无一例外地出现了偏移甚至背离。政府能够做些什么，最终又做了些什么，不仅反映了对应愿景的吸引力及其支持者的素质，也反映了决策机构的结构以及更广阔范围内政治、经济和军事力量的协调，因为科技政策不是少数专家闭门造车的产物。从1921年到1953年，影响领域相对局限的科技政策却改变了美国当时的政治环境和重大事件。最重要的是，组织科技政策辩论的理念源于对国家政治具有广泛意义的意识形态原则，因此产生的联系显著影响着施政效果。

书中描述的决定深刻影响或者说塑造了美国的经济发展与战争动员能力。美国国防部拥有规模庞大的研发计划，但缺少类似的民用工业研发计划，这是美国战后科技政策的重要特征。这个特征不仅影响了美国的财富与权力总量，而且改变了财富与权力在美国各部门、阶层和地区之间的分配方式。例如，亚拉巴马州亨茨维尔市的繁荣是美国联邦政府与"太空时代"（太空竞赛[①]）共同作用的结果。如果没有国防部，现在的亨茨维尔可能就会是另一幅景象，但绝非一座现代化的航空航天城。如果将20世纪美国的政治和经济发展比作一幅画卷，联邦科技政策应该是其中最靓丽的色彩之一。

---

① 太空竞赛是美国和苏联在冷战时期为了争夺航天领域领导地位而展开的竞赛。——译者注

这段历史仍然影响着美国当代的政策辩论,因为许多数十年前提出的理念以及理念之间的冲突一直延续到了现在,而且将这些理念转变为政策的过程也大体保留了下来,至少变化幅度没有超过人们的预期。我们使用历史类推法时必须谨慎,评估历史遗产的持久性时也不例外。历史蕴含的道理并没有过时。也许,通过重建和重新解读历史,我们可以帮助人们创造更美好的未来。无论如何,这是本书的或者我自己的一个潜在目的。

"战后共识":传统智慧中的裂缝

关于第二次世界大战以后美国科技政策的研究大多基于一些宽泛的经验观察,解读观察结果主要应用的是两个一般性理论。不过,无论是典型事实法还是传统解释理论,二者的解读结果都不足以让人信服。与其说错误,不如说这些传统智慧不够完整。尝试用传统智慧解释特定狭小范围的联邦政府活动时,我们经常会排除显著或严重影响这些活动的重要因素。所以,传统方法导致的一个后果是,学者们为政策制定者提供的指导存在缺陷。

传统智慧的经验基础可以被归纳为两个政策原则:一是针对基础研究的财政支持;二是任务型研发的商业"溢出"。自第二次世界大战以来,美国联邦政府在科技领域的主要作用是提供研发资金支持。由于私人对科学研究的支持十分有限,政府的支持对象必须包括学术研究人员,还要涵盖公共和私人实验室,以推进不同领域的联邦任务,例如军事安全和太空探索项目。有时,政府项目(或大学实验室)开发的技术也可能蕴藏着重要的商业价值,但政策制定者认为,这种"溢出"是资本主义经济中政府活动自然产生的副产品,他们无须制定特殊政策来推动从公共用途向私人用途转移的技术转化。尽管支持科技研发大幅增加了政府的财政负担，但第二次世界大战以来追求利润的私人研发投资才是美国国家创新体系的核心力量。不同规模的大小企业都在这个体系中发挥了重要作用。

上述极其简略的描绘包含了几个突出的特点：政府致力于加快技术创新步伐，而且似乎采用了理性的实施方法和清晰的决策规则；公共与私营部门之间的分工十分明确，并且随着时间的推移趋于稳定；私人研发投入占据主导地位，公共部门仅在市场失效的情况下发挥替代作用（包括需要巨量资源且市场无法发挥作用的情况，例如保障国防安全）。我们几乎可以完全从研发开支的角度并以高度抽象的方式整体理解这个体系和评估政策效果。

这些典型事实促使学者们对美国科技政策形成了两种解读。第一种应用了交易成本经济学方法。这种方法认为，政策以及因为政策形成的机构发挥了高效的作用，推动了科技知识的发展以及这些新知识的实际应用。例如，与行业协会或政府机构运营的实验室相比，企业研究实验室能够根据企业自身需求提供概念和设备，而且通常成本更低，不确定性更小。与之相反，基础科学发现的价值很难产生足够的吸引力，促使任何一家公司独立承担相关基础研究的全部费用。不过，基础科学发现能够为国民经济发展贡献足够的价值，进而刺激公共部门保持学术科学方面的投入。交易成本分析家们认为有两种机制可以用来检验施政效率和效果。公共和私人政策制定者可以理性地计算替代方案的成本，并选择最高效的安排。或者，这些政策和制度可能是市场经济在竞争性进化和选择过程中出现的意外，因为低效方案都被淘汰了。[3]

第二种解释性方法认为，美国的政策制定者和公众更喜欢市场而非政府行为。这种政治文化可能会青睐支持市场主导地位的政策提议，阻碍集体主义（政府干预）提议向实际政策的转变，除非后者能够提供极具说服力的非经济理由。例如，过去50年中，美国白宫和商务部从未停止增加民用工业研发领域国家投入的努力,但所有尝试始终无法冲破路易斯·哈茨(Louis Hartz)所称的"美国自由主义传统"的阻碍,因为这种传统具有压倒性优势。与其他国家相比,美国管理技术创新的能力受到了限制,因为其他国家或地区大多没有如此强烈的偏好。[4]

交易成本经济学和"自由社会分析"法(套用哈茨的称呼)都为我们建立正确理解提供了重要帮助。市场力量和市场意识形态深刻影响了制度的发展和科技政策的制定,但二者无法诠释整个历史,因为它们的遗漏和短板同样"扮演"了重要角色。

实际经验为我们提供了一个质疑的理由。传统智慧认为,科技政策基本保持了稳定,尤其是始终为自由市场发展提供了空间。然而,如果我们将目光投向第二次世界大战以及之前的阶段,我们就可以看到明显的政策变化。19世纪,美国州政府与联邦农业、林业和矿业部门在开发内陆地区自然资源和发展新的制造业方面发挥了极其重要的作用。即使在过去的半个世纪中,作为传统智慧基础的经验记录也忽略了联邦政府刺激科学研究和技术发展的重要行动,例如制定和执行保护知识产权与反托拉斯相关法规法案。

更长时期和更广范围的史实对交易成本经济学观点提出了挑战。这种方法假定政策和机构一直承受着提高效率的压力,而且在持续地演进。然而,美国南北战争引发的危机推动了联邦政府部门的迅速崛起,第二次世界大战同样带动了军事研发开支的激增。在这些特殊时刻,"效率"的含义可能会发生一些变化,但基本模式会在恢复和平后继续保留。此外,自由社会分析法显然无法解释美国政府职能和作用不断增强的事实,因为自由主义政治文化与行动主义(政府干预)并不相容。

传统智慧存在理论缺陷。两种方法都认为"战后共识"必然存在,而合理的替代政策存在严重的理论限制。交易成本经济学假设:

| 伪造的共识　　1921—1953：美国的国家愿景与科技政策之辩

任何特定时刻都有一套最佳的技术创新治理政策和制度；这套政策和制度是来自社会的一个替代方案；替代方案因为效率优势而入选。然而，所有这些假设都值得商榷。首先，针对第一个假设，经济部门任务与公共使命之间的差异意味着任何制度框架都有可能产生大相径庭的结果，而一个科技领域高效的政策和制度可能完全不适用于另一个领域。其次，关于第二个假设，就算存在从交易成本角度来看最有效的制度，但社会体系或许并不会产生此类制度。例如，大企业可能会扼杀那些具有更出色的技术开发能力的小企业。最后，即使能够保证效率的含义始终保持不变（上文我已经提出了质疑），效率以外的因素也可能会影响制度的延续，比如，经济竞争的制约效果可能没有那么突出，政府机构受到的限制可能更少，与交易成本研究文献中的描述不同。

　　自由社会分析法也无法避免僵化的问题。该方法假设市场失效在政策制定过程中具有明确且一致的定义。同样，分析家过于狭窄的经验采集范围也是导致问题的部分原因。由于政府资助大多集中在学术与科学领域，而该领域的市场失效或政府干预通常并不会引发大的争议，所以自由主义传统倾向于忽视工业技术发展过程中出现的矛盾，而解读这些矛盾需要更精细的自由主义基本术语。这种观点同时承认，坚持以"战后共识"为代表的特定自由主义认为制度和利益从不改变，而制度中的权力和利益其实都是可塑的。例如，回顾美国历史，企业自主权经历了收紧与放松的反复变化，而企业面对政府干预的态度，包括联邦政府资助民用产业研发等政策，显然不是一成不变的。商业领袖根据自己的信念和知识来判断最有利于商业的政策，而这些信念和知识会随着经验的积累而变化。

　　传统智慧为考虑新提议的政策制定者提供的建议让人深思，这表明美国仅仅积累了相当有限的科技政策经验。大多数试图改变制度发展道路的尝试都以失败收场，因为这些改变会导致低效，或者遭到抵制改变的自由主义传统的拒绝。传统智慧推崇一套描述简单的理性规则。事实上，这些规则主要体现在一篇定义自由主义的著作中，即范内瓦·布什1945年的报告——《科学，无尽的前沿》。报告树立的神话掩盖了更复杂的现实和更曲折的发展道路，淡化了政治的作用，虽然政治扮演了超出传统智慧"允许"范畴的角色。为了确定事实是什么，我尝试了一种新方法。新方法遵循了从上述质疑直接得出的两个一般性原则。首先，经验性证据必须足够全面；其次，必须从普通政治过程的角度解读科技政策的制定。

新方法：经验基础

第一条原则促成了数个选择。首先，为了寻找"战后共识"的起源，我不仅全面研究了第二次世界大战之后的美国历史，而且深入探索了相对不为人知的历史阶段——战争时期。尽管普遍观点认为20世纪40年代末和50年代初的政策决定构成了美国科技政策史上最重要的分水岭，但很少有学者仔细研究过这个节点之前的决策。

此外，我还考虑了广泛的政策提议，包括那些变成了卓有成效的实际政策的提议，例如建立美国国家科学基金会等提议，还有那些没有形成机构或留下太多痕迹的提议，例如实施国家住房署研究项目的提议。其中，第一类政策已得到了全面、彻底的学术研究和分析，而后者经常被忽略。这些没有成功落地的提议代表了潜在的替代性发展道路，但传统智慧原则上不会允许此类提议被落实，尽管它们当时似乎十分接近成功，甚至形成了声势浩大的支持者联盟。研发资金扶持是一个争议较大的领域，但并非唯一存在争议的领域，因为政策制定者们在经济法规、规划能力和其他问题上同样存在分歧。虽然现在听起来感觉不可接受，但为了掌握全貌，我们研究美国战后科技政策时必须考虑减缓技术创新步伐的提议。

这些决定带来了一个必然的结果，那就是我必须关注广泛的政策领域和其中的参与者。构成联邦政府的三个机构都参与了政策制定过程，所以仅集中关注任何一个机构都无法理解最终的政策结果。当选和被任命的公职官员发挥了领导作用，但受经济利益、职业承诺和求知欲驱动的公民也贡献巨大。此外，这些参与制定政策的人员还经常会在科技和其他政策之间建立联系。尽管科技政策有时显得非常独立，因为它们似乎只涉及"少数精英"的利益，但它们至少也经常会被确认为重大政治经济项目中不可缺少的一个组成部分，而这些项目的目的是利用（或清理）特定政府权力以谋求共同利益。

所有上述考虑因素都表明，本书涉及的内容异常庞杂，而我愿意在一定程度上为此负责。美国政治如此混乱且令人困惑，所以任何现实的政策史都不可能避免前后不一致和众多的"悬而不决"。然而，坚持第二条原则，我会努力让研究变得有章可循，并避免过度的混乱。制定科技政策属于普通政治过程的理论（理论只是一个宽泛的术语）也为我的研究和叙述提供了指导。

新方法：理论论据

我的科技决策理论分为两个部分。第一部分是传统智慧的核心，即自由主义传统。正如上文所述，自由市场及其信仰是影响美国技术创新治理的重要因素。然而，随着经济越来越复杂，自由主义传统已经适应了利用法律规范广泛的政府行为。我的主张是，这些传统只设定了一个宽松的边界，允许政府制定各类不超出"界限"的科技政策。第二部分，我认为不同自由主义派别之间的竞争推动了大多数联邦科技政策的制定过程。政策企业家提出了竞争性的政府角色概念，并吸引各类公共和私人领域的参与者组建了不同的联盟。这种竞争经常见诸许多不同的决策场所，而且没有统一的获胜标准。因此，我认为，自由主义派别之间并不存在"你死我活"的竞争，所以融合可能是一种不可避免的结果。

正如多萝西·罗斯（Dorothy Ross）所说，通过假定在私有财产、理性、进步和个人权利等方面的共同价值观，自由主义给"美国政治话语施加了明显的限制"。这些限制在政策辩论中表现得尤其明显，进而影响了经济。市场被视为最理想的经济组织形式，因为普遍观点认为市场既能促进个人发展又能增加国家财富。私有财产必须得到尊重，市场才能发挥作用，这也为防止政府权力的过度扩张提供了一道屏障。在本书的研究中，"自由主义"通常表示经济治理中对市场和私有财产的偏好，不过偶尔我会用这个词表示美国左翼政治力量——相比罗斯更广泛、更口语化的用法。然而，正如下文所示，美国"保守主义"其实也是自由主义的一个派别。[5]

近期的研究显示，美国历史上曾出现过共和主义与独裁主义兴起并替代自由主义的明显迹象，至少在经济领域确实如此。最迟在20世纪初，美国就出现了自由主义共识。在过去的一百年里，那些呼吁取消市场经济原则地位（但并非作为扩大其他市场或实现其他自由主义非经济目标的手段）的政治家和政策制定者已经被边缘化了。美国两个最主要的政党都一直宣称坚守私有财产和市场信仰。即使是围绕劳动力市场治理的辩论，也同样被烙上了自由主义共识的标记。虽然劳动力市场受到了最多自由主义者的批评，被认为是最不自由和最不公平的市场，但其在21世纪已经因为政府干预发生了实际且明显的改变。克里斯托弗·汤姆林斯（Christopher Tomlins）展示了20世纪最初20年劳工运动彻底排挤共和主义意识形态的过程。社会民主（更不用说社会主义）为欧洲民主国家的劳工政治活动家提供了另一种信仰体系，但这些信仰从未在美国达到同样的高度，虽然也曾获得过短暂的辉煌。[6]

然而，自由主义共识并没有形成统一的政策，政治斗争依然十分频繁而激烈。发生矛盾的时候，哪种自由主义理想应该占据主导地位？面对新的社会现实，又该如何解读现有原则？而且，在经历了第二次世界大战的破坏性影响之后，青睐自由市场和私有财产的自由主义几乎没有为重建全球经济提供多少线索。经过彼此之间以及与英国盟友的斗争之后，美国的政策制定者们最终得出结论，按照约翰·杰拉德·鲁格（John Gerard Ruggie）所说，自由的国际贸易制度必须"嵌入"国际管理机构的网络中。[7]虽然市场长期以来一直依赖政府保证合同效力，但20世纪的政治和经济环境为自由主义者提供了强大的动力，激励着他们探索新思路，以利用政府行为构建和维持市场。

科学和技术对自由主义经济管理提出了特别的挑战。根据交易成本经济学，私营部门已经参与了广泛的制度实验，积极开发降低成本或提供新产品的技术，以寻求能够产生利润的优势。进入20世纪以来，大型企业研发实验室、风险投资行业、高科技创业公司、战略技术联盟以及其他以开发市场优势为目标的新型组织形式都取得了长足的发展。组织的创造性经常得到公司治理和法律行动的补充。伦纳德·赖希（Leonard Reich）曾指出，伴随管理资本主义"看得见的手"的是公司权力这只"铁拳"。例如，按照赖希的描述，通用电气借助公共关系和专利法以及研发投资主导了早期的电灯市场。[8]所以，旨在创造和扩大市场的政策，例如专利法案，也有可能会遭到扭曲，变成颠覆市场的工具。

为应用新科技理念的产品与工艺构建并维持一个让各方满意的市场绝对不容易，美国庞大的非营利部门无疑会让这个难题变得更加复杂。作为研发工作的支持和执行机构，高校研究生院、慈善基金会和独立研究机构出现于20世纪初，并从诞生之日起一直是科学和技术领域的重要参与者。某种程度上，非营利部门为政策制定者提供了解决上述难题的简单方法。例如，基金会的介入可以解决学术研究中的市场失效问题。然而，尽管自由主义思想推崇出于公共利益的自愿合作，但政府应该在多大程度上依靠这些努力来应对市场失效，理论上很难确定。

自由主义者担心私营领域会威胁现有的产品市场，同时也对潜在市场的实现心存疑虑。例如，学术研究可能会带来私营部门不会开发的产品，因为企业不愿意实施时间跨度太大的研发项目，或者关注的技术领域过于狭窄。许多自由主义者指出，此类市场失效证明了政府资助大学科学项目的必要性。更具体的市场失效形式比比皆是，这些都是自由主义传统面临的更棘手挑战。举个例子，在一个分工极度细化的行业中，要开发一项能够大幅扩展市场的新技术，依赖单家公司的研发投资已经不可能实现。在这种情况下，自由主义的政策制定者可能会鼓励合作，强迫行业并购重组，代表企业投资公共资金，或者完全放任自由。自由主义传统并没有为这些选择提供明确的指导，因为所有选择都可以找到对应的自由主义理论支持。而且，为了发展潜力不确定的市场，自由主义传统也没有明确量化政府应该付出的努力，尤其是现有市场应该承受的代价。

根据古典自由主义理论，公共和私人行为之间的界限明确而清晰，但20世纪的科学技术让这种区别变得模糊而复杂。例如，保护新理念的产权制度具有明确划定的边界：学术出版物属于公共物品，大家可以自由使用；产品设计的使用则受到了严格控制。不过，在边界之间存在广阔的灰色地带，即地位不确定的"共性技术知识"［generic technological knowledge，该术语来自理查德·纳尔逊（Richard Nelson）］。此类知识经常会引发知识产权诉讼，而且在学术界、政府和工业界得到了研究人员的广泛使用。人们普遍相信"线性"创新模式已经过时，因为这种模式会让私营企业将学术性科学的公共利益转化为追求利润的技术。新产品从高校、企业、政府部门和非营利机构科学家、工程师、工人还有管理人员之间复杂的思想和信息交流中诞生。技术的公共和私有部分的确定以及预期划分模式目前仍然缺乏统一的标准,经常会引发激烈的争论。[9]

因此,自由主义传统仅仅为科技政策的制定提供了一个松散的界限。政府在该领域的各种行为可能与现有和潜在市场的扩张相一致。但是,相同的自由主义传统确实为政策制定者提供了强烈的激励,以保证科学和技术的进步。进步是自由主义价值观的核心之一。科学代表着知识进步,而新技术则是物质进步的基础。所以,毫不意外,美国科技政策制定者们规划了许多不同的自由主义政府模式,以构建足够高效的政府。相互竞争的自由主义政府规划(也可称其为"愿景"),为争夺政策方向主导权的不同联盟提供了理论基础。[10]

"政策企业家"[11]也在推动愿景的实现:他们根据愿景制定具体建议,并在政府内外寻找支持者。这些支持者可能在提议的政策中夹杂明显的物质或官僚政治利益,但政策企业家经常在政策制定过程中帮助其实现甚至创造利益。利益的可塑性和政策调整机会并不能在任何时候都画上等号。广泛感受到的危机通常蕴藏着变革的最佳时机。危机与稳定并非一成不变,甚至可能会迅速转化,因此富有创造性的政策企业家几乎总是能够找到或者制造一些空间。

政策企业家几乎不会成为真正的政治家,因为政治家必须善于根据风向变化调整"风帆"。后者很少能够全身心投入一个"僵化"的理想中:规划设计政府的职能与模式。最初,政府大多借助外部学者等思想家重新解读自由主义传统,以应对新的情况。这些智力和知识性工作刺激学者产生了各类设想,然后催生了一大批具体的政策建议,这些建议通过共同的自由主义概念相互联系。通常,受理想激励的知识分子会发展成政策企业家,担任顾问或在首都工作。有些人,例如赫伯特·胡佛和亨利·华莱士,最终成功转型为政治家。但政策企业家的出身往往会让他们对日常政治中充斥的喧嚣、虚伪作态和妥协保持一定程度的疏远。

在能够推行变革的权力部门赢得足够的支持,是政策企业家实现愿景面临的最大挑战。换句话说,政策企业家需要说服力,必须说服那些掌权者,让他们相信当前问题源于新的环境,而旧的理想必须调整。政策企业家讲述的"因果故事"(causal story)[12]为设立新的(或清理旧的)政府职能提供了基础,进而助力政府达到解决社会问题的目标。科技政策企业家的因果故事大多会描述技术创新的过程(特别强调了市场力量在创新过程中的地位)、改变技术创新速度或方向以应对社会问题的前景,以及新政策带来的预期变化。通常情况下,两个或更多的因果故事,与两个或以上政府愿景相联系,可以为政治行为者提供明确的选项。

下面的例子或许能够帮助我们理解。1933 年到 1935 年,时任麻省理工学院校长的卡尔·康普顿提议增加政府对大学科学研究的资助力度。康普顿认为,新技术有助于减少失业,而失业是当时政府面临的核心挑战之一。如果得到充分的支持,高校可以成为技术创新的重要推动力量,企业可以利用校园中生发的创意开发新产业,帮助人们重新就业。因此,他向罗斯福总统发出呼吁,并围绕"科学创造就业"的概念展开了公众游说,呼吁联邦政府资助科学研究进而增加就业。康普顿的观点遭到了那些因果关系支持者的激烈抗议,后者认为技术创新将进一步提高生产力,而不是提供新的再就业机会,这反而会加剧失业问题。在他们看来,联邦政府进一步增加对科学研究领域的资助只会加剧问题,并以此为由向总统施加压力,要求政府采取措施来调节技术变革速度,进而稳步改善再就业工作。

总统只是政策企业家努力说服的目标之一。三权分立和相对开放的联邦制度为政策企业家提供了更多的表现舞台。国会议员、机构负责人和法官,以及那些可能影响这些掌权者的人员,例如公司高管、工会领导人和利益集团代表,都是潜在的目标。在这些可能加入联邦并推动政策变革的人员中,很少有成员能够对科学与技术机构的组织或将创新转化为就业和利润(或军事能力)的方式了如指掌,但他们可能会因为政策企业家的建议明显得益或受损。例如,机构负责人肯定不会拒绝更多的资源和权力。然而,多数时候,推动科学知识和技术创新的利益并不清晰。高效的政策企业家能够利用政府因果故事和相关愿景来减少模糊性,重新定义此前以不同方式构想的利益。

继续举例,因为提出了联邦政府资助科学研究的建议,康普顿受到了很多学术界同事的质疑。他们并没有想着从陷入困境的联邦政府手中分一杯羹,反而担心政府的资助会成为一个楔子,最终导致官员开始介入甚至支配科学研究过程。康普顿也在一定程度上担心这种可能。为了消除此类担心,他强调应交由技术专家负责资金的分配。他设想的自由主义政府受到了专业知识的理智约束。20世纪30年代早期,康普顿曾花费大量精力游说大学校长和科学家,劝说他们重新思考自身利益,并赢得了许多人的支持。

有些领域的利益尤其模糊,因为这些领域(例如科技政策)似乎距离大多数普通人的生活相当遥远。不过,特别尖锐且令人困惑的公共问题可以引发同样的结果。施行旧的补救措施未果后,改变信念的意愿就会增强。因此,本书重点研究的经济大萧条和战争动员时期为此处的观点提供了最好的例证。不过,科技政策也可能在其他历史时期发展变化。很多时候,危机已经成为一种有效的说辞和工具,例如1957年苏联成功发射人造卫星。政策变化的程度很多时候取决于观念,而非客观指标。

因此,政策企业家始终存在,但危机时期可能更引人注目,也更有可能获得成功。政策企业家通常面对的对手是那些拥护其他自由政府概念并试图建立联盟的竞争者。他们同样需要做出选择,因为美国政府十分复杂,这个事实淡化了即使是最成功的政策企业家的作用。

政策企业家必须确定开始推行计划的场所,这可能是他们面临的最困难的选择之一。美国政府提供了许多选择,但对于相互竞争的政策企业家来说,并非所有选项都可以得到相同的回报——美国各类政策场所对特定想法和政治资源的反应并不一致。讽刺的是,相同问题的竞争者或许能够在不同场所同时取得成功。因此,我们观察联邦政府的不同部门和机构时可以发现,美国的科技政策可能应用了不同派别的自由主义理论。公共政策是拼凑的结果。然而,政治过程可能同样带来了压力,促使政策制定者协调差异和矛盾,并用类似神话的共识来掩盖冲突。通过选择性渲染和回避不受欢迎的细节,政治家们(更可悲的是学者们)断言美国政策是纯正自由主义的产物,而非妥协融合的结果。

美国宪法似乎已经决定了这种结果——美国宪法规定的三权分立制度赋予了国会、行政部门和法院决定联邦政策的权力。管理这些场所或部门的法规也存在差异,例如那些规定选举或任命时间的规则,因此观念分歧可能无法避免。此外,要想在所有场所都取得胜利,政策企业家可能需要不同的联盟。例如,想要赢得总统的肯定,依赖获取国会多数支持的同一个联盟或许无法成功。此外,每个场所的管辖边界都十分模糊。正如斯蒂芬·斯科夫罗内克(Stephen Skowronek)所说,涉及实质性政策和机构权力的争夺经常交织在一起。[13] 机构权力也会随实际情况而变化。举个明显的例子,相比和平时期,总统的权力会因为战争的爆发而显著增强。基于美国宪法的规定,三权分立的每个分支都有各自的获胜联盟和潜在的权力,国会在过去一个多世纪中增设了监管委员会和机构,监管机构在一定程度上独立于行政、立法和司法部门,还有单独的决策标准。

因此，政策企业家们正在冒险进入一个极其错综复杂的形势。调查三权分立制度形成的战略选择可以发现每个机构的优势和劣势。国会通常拥有最广泛的权力，但需要最熟练的联盟组建能力；法院和监管委员会的影响力通常相对有限，但决策牵涉的范围也较小；行政部门往往介于两者之间，不过总统偶尔也有可能根据自己特别的意见做出影响广泛的决定。

开展事业时，政策企业家会评估已有的资源和未来前景，但几乎没有任何确定的认知，因为最终结果很大程度上取决于他们的说服力和策略的合理性以及竞争对手。然而，政策企业家无法始终掌控时机和背景，而这些因素可能直接影响结果。例如，总统们可能会被危机转移注意力，或者选择权衡特定的政策领域，以实现另一个更重要的目标。政策企业家面临的往往是试验与犯错的问题，是显而易见的场所选择问题。

由于这种开放、分散、灵活的政策制定体系，美国发展史上存在不一致甚至不连贯的情况，并且已经引起了广泛的注意。研究称美国的发展过程"迂回曲折"，结果也"不乐观"，甚至有些"无奈"。[14] 以经济政策为例，美联储掌控利率，国会和总统共同决定财政盈余或赤字，一系列联邦与州机构管辖、管理或监督包括国防、医疗保健、运输、能源和金融等在内的经济部门，这些部门至少贡献了国民经济非政府份额的四分之一或以上。战后科学和技术政策也有类似的特点。例如，20世纪40年代和50年代，法院关于知识产权的裁决源于自由主义政府的扩张性愿景，国会同意拨款支持民用工业研发也反映了几乎没有任何改变的古典自由主义。

不过，人们并不太注意政策是否是拼凑的结果。例如，规划项目时，总统和执政党会自然地压制其他"不合时宜"的行为。下一层的机构负责人也会描绘清晰的使命、明确的任务和坚定的领导。

讽刺的是，批评当权者的人同样愿意将政府描绘成一个整体，以便在此背景下鲜明地呈现自己的替代方案。政治学家的工作之一是修改这些描述，揭示其中的矛盾。近期关于美国政治发展的研究，例如西达·斯考切波（Theda Skocpol）和斯蒂芬·斯科夫罗内克的作品，都为此倾注了极大的热情。然而，围绕科技政策的研究很少关注被隐藏的矛盾，更倾向于将美国政府治理技术创新的作用完全归功于1945年范内瓦·布什的"创造"。在挖掘"战后共识"根源的过程中，我发现共识的来源要复杂得多。基于这些知识，我们可以加深对"混合"政策的认识。[15]

1921年至1953年自由主义政府和技术创新治理的五种愿景

这些愿景的根在哪里？从1921年到1953年，政策企业家提出了五种相互竞争的政府概念，美国在第二次世界大战之后的联邦科技政策是这些概念融合的结果。这是本书的核心主张。这些政策企业家意图维护和扩大自由市场，同时高效应对他们认为可能威胁国家经济健康和军事安全的国际环境变化。这段时期内相继出现了五种政府愿景，每种愿景的影响力都会随时间和决策场所的变化而起伏，并且都在战后的美国政策中留下了自己的印迹。

保守主义

"保守主义"（conservatism）作为其中一种愿景，认为政府应尽可能将自身在经济领域的作用限制在产权执行方面。保守派指责政府利用过度且不可预测的税收与管制破坏了商业信心，并通过救济和推广工会来支撑工资水平，导致了经济大萧条持续时间的延长。

保守主义的支持者建议废止这些政策。而且，这种观点自然延伸到了技术创新治理领域，并提出了让政府置身事外的要求。

保守派认为军事挑战与经济挑战不能混为一谈。他们承认政府需要加强国防，包括军事技术创新，但同时认为国防领域的政府行为可以而且应该与国内经济分离。20世纪30年代，保守派倾向于孤立主义，目的是尽量减少军事政策对正常经济治理的干涉。随着这种主张的声势不断减弱，支持者开始寻求建立制度防火墙，以分隔政府的军事和民事行为。

受财政部部长安德鲁·梅隆（Andrew Mellon）等人的推动，保守主义在20世纪20年代风行一时，主要用于应对威尔逊时期认定的过度行为。经济大萧条带来了毁灭性的打击。即使是弗兰克·朱厄特（Frank Jewett）——贝尔实验室的总裁以及20世纪30年代与40年代最杰出的保守派科技政策企业家，在面对高达25%的失业率时也不得不调整了自己的主张。然而，1937年到1938年的"罗斯福衰退"让保守主义重新焕发了活力。1938年，升任美国国家科学院院长的朱厄特收获了大量的特别是来自众议院的支持，因为他认为联邦政府干涉专利法和研究融资方式的行为将拖累科技发展的速度，导致科技领域受到政府官僚作风的影响。他认为，按照既定规则，美国电报电话公司（AT&T，贝尔实验室是美国电报电话公司的研发部门）和类似企业正快速且持续地改进服务，为客户提供更优异的性能和更合理的价格，因此没有理由改变现状。而且，政府干预只能给自由施加不合理的限制，在高等院校尤其如此。

朱厄特赞同1940年后改善美国技术资源利用率的制度创新，而且曾在第二次世界大战期间担任重要的科技政策制定职务。然而，他认为战争属于特殊情况，战时的科技政策对接下来的和平时期构成了严重威胁，因为届时一切都将恢复正常。朱厄特在战争结束后不久就重申了他的保守主义原则，支持国会保守派淡化并扼杀了那些扩张联邦政府权力以干预科学技术并刺激经济增长的提议。俄亥俄州参议员罗伯特·塔夫脱（Robert Taft）是第二次世界大战和朝鲜战争期间美国国会保守派联盟的领导人，曾参与军事和民事议题。发现自己无法阻止一个庞大的军事机构的持续存在之后，塔夫脱转而尝试限制这个机构的影响力。他的努力促成了一种新的军事战略，该战略高度依赖秘密机构推进快速的技术革新。朝鲜战争的爆发打破了塔夫脱协助制定的预算限制，这种新的军事战略进入全面实施阶段。

最终形成的军事技术革新组织构成了保守派最具体的间接遗产。然而，或许更重要的是，他们（主要在国会）会阻挠推行其他政府理念的政策企业家的努力。尽管深陷经济大萧条的旋涡，保守派的政府理念依然得到了广泛的认同，甚至重新成了主导政治辩论的一方。

联合主义

第一次世界大战结束后，"联合主义"（associationalism）是受保守主义排挤的主流竞争性意识形态之一。[16] 联合主义的支持者认为，市场有时会失效，因为私营经济决策者的信息相对不够灵通。如果能够了解全局，公司高管将在充分考虑公共利益的情况下做出决策，以保护相关利益。联合主义者建议创立信息采集和开发机构，以确保向适当人员传递关于公共利益的信息。政府应发挥扶持和推动此类机构发展的作用，但最好不要拥有它们。

科学和技术被工程师与政治家赫伯特·胡佛等联合主义者视为政府行为的重要目标。他们认为，不受约束的经济竞争将阻碍创新，因为竞争者担心承担的风险可能与回报不成比例。竞争还促进了工业的进一步分工，阻碍了需要长期和大规模投资的现代研发。联合主义者建议，政府应确保最新研究成果和最佳实践的推广，以保证工业始终保持高效率和合理化的发展方向，同时淘汰落后产能。行业协会或政府服务机构运营的全行业研究机构可以高效地提供此类信息，并加强研究主管之间以及整个行业基层科学家和工程师之间的关系，以确定研发重点、协调预期和交流知识与信息。当时的观点称这种集体努力可以改善市场运行、优化公司决策，以及为消费者提供更高质量的产品。

联合主义发源于第一次世界大战的动员工作。联合主义在战争时期的主要优点与和平时期相同：通过集中资源和防止重复建设，有效地开发新知识，并实现覆盖整个行业的高效传播。爱国主义给不太愿意合作的公司和个人提供了额外的激励，特别是那些"敝帚自珍"或期望保持优势的技术领导者。联合主义者争论的焦点在于，政府应该在多大程度上使用其权力要求在战争中进行强制合作，以及在经济困难时期推行类似于战争阶段的强制措施。

在1921年至1928年出任商务部部长期间，胡佛很大程度上倚重第一次世界大战期间积累的经验、同僚和公众支持，他采用了与当时保守主义政府并不一致的联合主义政策。商务部下属的美国标准局尝试组织"不景气"的行业发展新技术能力，商务部其他部门则努力扫除抑制高科技产业发展的障碍，甚至部长本人也发起了一项私人项目，以推动美国工业界通力合作、支持科学学术的发展。然而，当选总统之后，胡佛政府因为经济危机而陷入瘫痪，几乎没有办法为推进联合政府的愿景做出更多贡献。

具有讽刺意味的是，胡佛的对手——富兰克林·罗斯福（Franklin Roosevelt）也曾在1933年至1935年试图借助联合主义政策应对经济危机。美国国家复兴管理局和科技政策方面的科学咨询委员会，都是这些试验的载体。卡尔·康普顿和其他人曾试图将科学咨询委员会变为国家复兴管理局的附属机构。作为一项一般经济政策，国家复兴管理局是一场灾难，让联合主义名誉扫地，尤其引发了那些更青睐联合主义而非华盛顿新政部分激进措施的保守派人士的不满。

然而，铁路等部分行业建立了类似国家复兴管理局的长期监管机构，这些机构存在了数十年。不过，这些组织非但没有实现康普顿的预期目标，反而倾向于延缓技术变革的速度，以维护现有行业秩序。

20世纪30年代末，尽管国家复兴管理局的前车之鉴让联合主义政策企业家们心生畏惧，但进入40年代之后，一种新的修正之后的联合主义政府愿景再度兴起，以指导全国科技力量的战争动员。担任罗斯福科学顾问和科学研究与发展办公室主任的范内瓦·布什在合成橡胶和其他关键工业部门再次推行了联合主义政策。这些政策虽然在战争结束后被废止了，但仍在军事采购政策和其他战后制度中留下了烙印。

改革自由主义

1935年，国家复兴管理局的失败为推行其他政府愿景创造了机会，而新愿景对当时的经济体制提出了相比联合主义更大的挑战。崇尚"改革自由主义"（reform liberalism）的政治企业家们进入了这个真空地带，呼吁建立新的机构和制定新的政策，以阻止私人权力的滥用，因为他们认为这种滥用可能会导致自由市场的失衡。[17]行政部门的改革自由主义支持者，包括亨利·华莱士（曾出任农业部部长、副总统和商务部部长）和瑟曼·阿诺德（负责反托拉斯的助理司法部部长）在内，认为金融家和大企业拥有不相称的议价能力，破坏了发展的自然进程。通过监管、援助民间弱势群体，甚至主动参与经济行为，他们设想的政府将承担重建市场的责任。

改革自由主义者认为，与经济生活的所有其他方面一样，技术创新也会受到贪婪和短视的影响。有时，新技术可以帮助减少需要的劳动力、提高人均收入，但同时也会引发技术性失业。在其他经济领域，新技术可能会受到强大利益集团的压制，以防止他们的现有投资遭到淘汰。面对这种情况，改革自由主义者试图推广新技术，以促进经济扩张的方式分配科技开发成果。要达到目标，政府需要评估未来技术发展方向的专业知识，以及具备灵活解决所有部门具体市场失效问题的全套能力。在某个行业中，政府可能需要自己开发技术并完成商业化应用；在另一个行业，政府可能需要打破阻碍私人竞争的瓶颈，从而刺激创新。

田纳西河流域管理局是罗斯福新政施行初期改革自由主义的代表性机构，是抗衡联合主义浪潮的先锋。尽管随着时间的推移，总统越来越倾向于支持政府行动主义，但20世纪30年代末国会的保守派反对意见阻碍了改革自由主义在专利和大规模住房建设等领域的立法措施。结果证明，法院更偏向于阿诺德追求的专利改革，但最后的胜利一直到第二次世界大战之后才得以实现。这些决定后来成为改革自由主义对美国战后科技政策最重要的贡献，影响了随后数十年的美国企业技术战略。

改革自由主义者并没有预料到战争。在战争爆发之后，阿诺德、华莱士和他们的盟友努力拖着臃肿的战时政府，以实现国内和军事目标。他们认为，战争是一次机会，可以证明和平时期政界受到排挤的改革自由主义的可行性。但这种认知是错误的。在军事部门和商业主导的民防官僚机构手中，改革自由主义者渴望在20世纪30年代培养的政府能力转而强化了市场的不平衡，而非打破僵化的控制模式。在改革自由主义者的眼中，这场"双线"战争在美国国内遭遇了惨败。改革自由主义的衰落一直持续到战争结束之后，最后因为反共保守派的出现而终结。反共保守派将华莱士和其他人描述为同路人。在第二次世界大战结束之后的数年中，改革自由主义逐渐被"凯恩斯主义"取代。

凯恩斯主义

尽管凯恩斯既不是唯一的讲述者，也不是在美国推行该理论的主要负责人,凯恩斯主义还是成了解释经济大萧条的因果故事。不过,凯恩斯主义并没有像改革自由主义那样将责任完全归咎于既得利益者。[18] 相反,凯恩斯主义的支持者认为,经济大萧条类似一种机械故障。正如凯恩斯在1936年所述,经济大萧条的问题在于缺乏有效的需求,因此经济陷入了一种低消费水平的平衡状态。无论是消费者支出还是商业投资,都无法带动经济走出困境,政府只能借助赤字支出来解决这个问题。在理想的凯恩斯主义国家中,政府经济管理者的主要工作是调整预算赤字或盈余,确保总体经济指标进入正确的轨道。财政政策,加上后来的货币政策(两者统称为宏观经济政策),成了政府确保自由市场正常运作的工具,但又不会取代它。

科学和技术在凯恩斯思想中扮演着一个相对模糊的角色。凯恩斯主义的拥护者认同科技是推动经济长期增长的基本要素,但对市场充分供应这些要素的能力存在分歧。对于那些在战后被称为"商业凯恩斯主义者"的政策精英来说(例如经济发展委员会的自由主义商人),技术创新是私人投资的自然结果,而宏观经济政策可以调节私人投资。宏观经济政策能够确定最佳的投资水平,还有补足新技术短板(可能存在适度的例外)的"附带作用"。另一群凯恩斯主义者——"社会凯恩斯主义者"认为,出于经济目的的科学和技术开发似乎遭遇了更广泛的市场失效。与改革自由主义者不同,哈佛大学经济学家阿尔文·汉森(Alvin Hansen)等社会凯恩斯主义者并没有指责大型公司故意阻碍技术进步,他们认为国家应该利用政府开支计划纠正这些市场失效,而开支计划是财政政策的固有组成部分。这些差异反映了凯恩斯主义支持者之间存在的分歧。随着凯恩斯的观点在20世纪40年代获得越来越多的认同,分歧也越来越大。

凯恩斯主义认为,政府的主要作用应该是为30年代初预设且运作良好的市场提供流动性,特别是在住房和劳工政策方面。例如,

| 伪造的共识　1921—1953：美国的国家愿景与科技政策之辩

通过扩大市场，人们希望住房金融改革可以带动大规模住房建设技术的发展。经历了1937年到1938年的经济衰退之后，随着凯恩斯一般理论与美国本土思想的融合，更独特的赤字开支概念作为宏观经济管理的一个要素出现了。曾担任美国全国资源计划委员会和美联储顾问的汉森曾表示，凯恩斯主义的政府愿景是对改革自由主义的精密补充，为政府增加开支和支持激进的科学研究及技术发展政策（例如田纳西河流域管理局的设立）提供了理由，实施了改革自由主义强烈要求的经济计划。

然而，第二次世界大战让凯恩斯主义割断了与改革自由主义的联系。太多需求，而非低迷的消费和投资，才是战争时期政府面临的核心威胁。凯恩斯主义者建议增加税收以抵消战争的刺激，而不是通过增加开支来促进新产业的发展。凯恩斯主义的政策取得了巨大的成功，这帮助他们在战后赢得了新的追随者。然而，在战后普遍"振奋"的环境中，增加政府开支的意愿并不明显，凯恩斯主义支持者之间出现了分歧。汉森重申了他战前的观点，但他预测的经济衰退似乎没有到来，经济发展委员会主张为学术科学提供有限的资金支持，同时减税以鼓励私人风险资本投资，而处于保守主义复苏时代的杜鲁门政府则希望找到在政治上可行的组合。

朝鲜战争的爆发打破了20世纪40年代末的僵局。凯恩斯主义者认为，维持冷战所需的巨额军事开支，包括研发支出，可能为经济带来了间接的好处，提高了科学和技术活动的总体水平。美国军方占据了政府计划中汉森希望预留给民用科技政策的位置，成了新产业和人才的培养者。除了为增加军费开支提供合理理由，凯恩斯主义对战后美国的影响还包括引入了国家研发开支等总体指标，作为评估科技政策的关键工具。

国家安全主义

最狂热地支持增加军费开支的人同样拥护保证国家安全的政府。[19] 此类政策企业家认为，美国受到的最大威胁来自美国之外，而不是内部的反对派或美国资本主义固有的一些缺陷。这是美国历史上出现的新情况，因为技术变革为纳粹德国和苏联等外部势力提供了影响美国公民思想，甚至对美国采取直接军事行动的能力。倡导者认为：只有将国家安全置于政府所有其他目标之上，美国才能抵御威胁自由和自由市场的挑战。国家安全思想对科技政策的影响显而易见——美国必须发展军事技术，应用所有必要的手段来保证安全。他们认为，任何取得了实质性领先优势的外国政府都可能禁不住诱惑，向美国强加施行自己的意愿。

第二次世界大战的动员者们继承了一个出色的军事技术创新机构群，虽然这些机构在两次世界大战期间的日子并不好过。糟糕的基础和迫切的军事需求提供了一个令人信服的理由，即在战争期间政府应将许多技术的开发任务交给那些已经拥有了适当组织和人力资源的民间机构，特别是精英高校和大型高科技公司，以便在最短时间内获得成效。这种考虑，加上改革自由主义开放严格受限的国家安全资源的意愿，迫使联合主义政府增加了对战时国家安全的重视，形成了范内瓦·布什眼中的战时综合政府。布什在利用非政府承包商方面的组织创造力和发展技术的热情传入了军事部门，特别是美国空军。随着战争的持续，美国空军大幅增加了研发方面的投资，并且希望继续保持在研发领域的投入。

这些愿望大多在战争结束后的 1945 年到 1950 年遭遇了挫折。美国整个政治圈都认为推行国家安全主义（the national security state）的政府将对自由构成潜在威胁，也将抑制经济的繁荣，因为这可能会为自由市场设置障碍（塔夫脱参议员的设想），或者限制政府改善国内市场的职能发挥（华莱士部长的观点）。在划定严格的预算限额之后，五角大楼内部爆发了恶性内斗：不同军种之间甚至军种内部都为有限的资源分配比例开展了激烈争夺，而确定用于研发和获取新技术的资源比例的过程同样艰难。随着冷战的开启，外交政策面对的挑战日趋严峻，国会保守派默许增加军费开支，但要求必须将新增资源交给空军将军柯蒂斯·勒梅（Curtis LeMay）这样的技术爱好者，因为保守派认为，相比喜欢全民普遍军训和海外地面行动的前陆军参谋长乔治·马歇尔（George Marshall），勒梅影响国内自由的可能性更低。美国空军和海军还实际控制了新成立的原子能委员会，打破了少数剩余改革自由主义者的希望。后者曾希望借助原子能来削弱国内私营电力公司的市场力量。

朝鲜战争打破了国家安全主义的发展障碍：军事预算翻了两番，充裕的资金似乎可以满足任何任务需求。对杜鲁门总统的经济顾问委员会主席利昂·凯泽林（Leon Keyserling）等凯恩斯主义者来说，必要的军费开支属于良性行为；从经济角度来看，增加军费开支只是另一种实施扩张性财政政策的方法。然而，鉴于冷战的长时间持续，保守派重新集结了力量，在20世纪40年代末提出了缩减技术密集型军事预算的要求。凯恩斯主义的支持者再次发现了国家安全主义有利的一面，而且他们更关心提高国家研发开支总额，军事研发支出是否占据了总开支的大多数份额并不重要。因为他们认为，研发投资将形成"溢出"效应，带来有利可图的商业产品。事实上，金额巨大的政府项目收获了令人印象深刻的经济成果——美国当代航空航天、计算机、电子以及其他行业都从中得益良多。

战后融合体及其未来

上一节的主张在本书其余章节中得到了证实。我没有单独描述上述五种自由主义派别,而是按时间顺序展示了这些派别的起伏发展以及相互竞争的情况。支持不同派别的科技政策企业家组建了各自的联盟,以推行己方的政策提议。这些联盟的成长和衰落构成了情节线。这种按时间顺序排列的结构可以帮助评估战后融合体其他替代结果的合理性,而且蕴藏了与现在的类比:科技政策过程继续由相互竞争的自由主义理念构建,而这些自由主义是半个世纪或更长时间以前自由主义政策企业家理念的直接继承者。

图 1-1 粗略说明了 1921 年到 1953 年保守主义、联合主义、改革自由主义、凯恩斯主义和国家安全主义在科技政策领域发挥的相对影响。正如图 1-1 所示,记录显示的并非五方乱斗,而是只涉及两个、三个或四个派别不断变化的组合。在本书提及的整个时期内,没有任何一种观点可以始终占据主流地位,更不用说主导地位了。换句话说,每个派别都会经历高峰和低谷。

第二章集中讨论了 20 世纪 20 年代美国共和党的崛起。保守主义的愿景受到了联合主义者的质疑,但这些挑战主要集中在治理的边缘地区。正如第三章中讨论的那样,罗斯福政府在经济大萧条最严重的时期抛弃了保守主义。虽然新的改革自由主义理念带来了适度的挑战,但联合主义受到了这届政府越来越明显的青睐。国家复兴管理局的惨败一度挫败了联合主义的势头,但再度兴起的保守主义和信心增强的改革自由主义形成了政策辩论的两极。第四章表明,保守主义和改革自由主义观点在 1937 年"罗斯福衰退"期间和之后受到了越来越明显的推崇,不过被视为两极弥合方案的凯恩斯主义也赢得了一定的支持和发展。

按照第五章的描述,这种三方冲突直到第二次世界大战动员令发布后才得以完全解决。这毫不奇怪，国家安全需求主导了战争期间的政策辩论。然而，在爱国主义激发的团结背后，围绕国内目标和政府结构的严重冲突仍然存在。这些冲突是30年代诸多斗争的延续。战争结束后，联合主义和改革自由主义的政府愿景都褪色了。由于政策制定者和公众厌倦了严格的战时治理措施，他们开始背离对应的理念。第六章提到，随着20世纪40年代末保守主义的兴起，国家安全主义的支持者也走下了权力的宝座。朝鲜战争，以及包括朝鲜战争在内的全面冷战，抑制了新理念的崛起，并促使保守主义、凯恩斯主义和国家安全主义在20世纪50年代初达成了并不令人感觉舒适的"和解"——这也是第七章的主题。

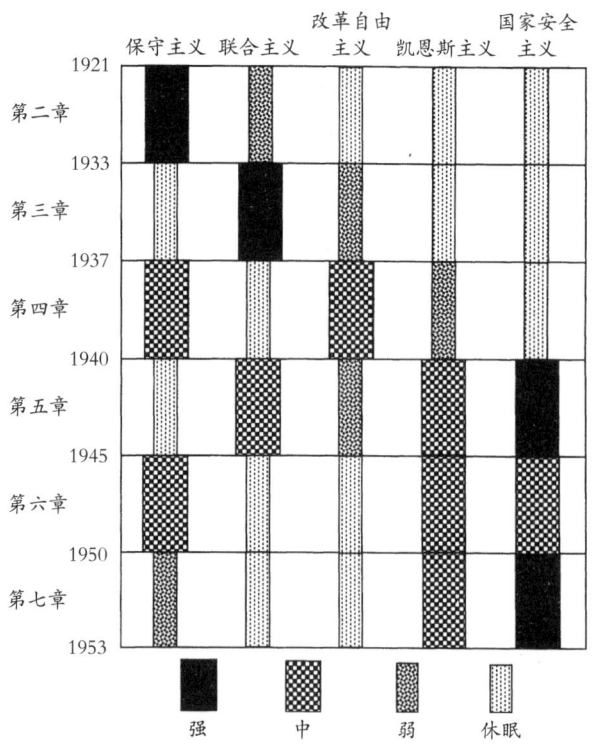

图 1-1　科技政策中的政府愿景——影响力粗略评估

第一章　另一种叙事

1953 年之前，科技政策建立了许多为人们所熟知的机构和原则，因为这些机构和原则一直存续到了冷战及之后。国家科学基金会、国家实验室、溢出概念、研发总支出统计数据的分析和使用等都已经就绪。其中有些成果似乎代表了单一政府愿景的胜利，但大多数都是多个愿景融合的结果。例如，军事服务的技术逻辑和原子能委员会似乎纯粹是国家安全主义理想的产物，但我的研究表明，它们同样带有联合主义、凯恩斯主义和保守主义的痕迹。

本书也展现了联邦科技政策的特点，这些特点不属于基础研究和溢出的战后"共识"范围。例如战后反垄断法和专利法之间的新关系，许多大公司认为有义务对此作出回应。新关系源自 20 世纪 30 年代末提出的一项自由主义改革倡议，该倡议受到了国会保守派的阻挠，于是被打发到了法院。过去几十年隐藏的遗产，例如这个倡议，可能是重要的资源，是帮助当代科技政策摆脱传统智慧施加的障眼法。

从 1921 年到 1953 年，政策没有得到实施可能有相同的原因。根据我收集到的证据，上述 30 多年中曾出现过很多获得了大量支持的重大科技政策提议，但大多数都没有真正落实。从企业家的误判到意外的战争，这些提议失败的原因很多，但我们也可以从中看出一些成功的模式。成功的第一要素似乎是特定政府愿景和决策场所之间的关系。例如，在这个时期，国会似乎是被保守主义占据的堡垒，而总统更倾向于联合主义和改革自由主义的政策企业家。

通常来说，"战后共识"属于多种政府愿景融合的概念应该会阻止分析家们对有可能发生的事情提出激进的反事实设想，进而对可能发生的事情抱有过度的期望。在我看来，过去合理的替代性发展轨迹也是一种融合体，只是与实际结果相比，某个愿景在其中发挥的作用可能多一些、某个愿景的作用少一些。例如，有些人曾暗示，如果冷战初期的情况只是稍作调整，联邦政府资助的联合主义或改革自由主义民用研发项目就可以对军事研发项目起到实质性的制衡作用，但我认为这是不可信的。[20] 本书提及的科技政策变革不是一蹴而就的结果，而是包含许多小变革的集合。

冷战的结束，加上国家经济结构的持续转型，给人们带来了一些希望——新的革命可能即将来临。对此，我想提出一些告诫。与此同时，我讲述的故事确实提供了一些耐人寻味的深入见解。数种自由主义似乎主导了20世纪80年代和90年代的美国科技政策辩论，不由让人想起早期的那些自由主义。例如，第104届美国国会众议院共和党的保守主义几乎等同于1947年和1948年第80届美国国会的共和党多数派；克林顿总统的公共/私人技术开发伙伴关系计划与胡佛总统的联合主义相呼应。人们可能会发现，这些当代自由主义国家的概念与联邦政府机构之间的关系也反映了上面提到的对应关系。

这些政府愿景属于长久规划，而经济和军事环境始终在不断地变化，所以政策规划过程能够不断激励或吸引政策企业家。人们认为老布什政府未能适应后冷战时代，这种失败促使克林顿政府改变了指导方针，而国会共和党人则决心抹杀总统的新举措。如果这些政策不能改变笼罩在公众心头的经济不安全感，政策企业家之间将不可避免地展开新一轮激烈的争辩。

政策制定过程中诞生了不少企业家，而且20世纪美国政府愿景的组合通常为他们提供了树立新计划的典范和制度基础。旧一轮竞争的遗产成了新一轮竞争的基础。例如，胡佛设立的美国标准局在冷战军事技术综合体的阴影下与工业界默默地紧密合作，然后在20世纪80年代和90年代成了国会民主党和克林顿总统的技术政策焦点，并且得到了一个新的名称——国家标准与技术研究所（即NIST）。国家标准与技术研究所被授予了更重要的任务，并得到了新的资金支持。与20世纪30年代和50年代的共和党人一样，保守派开始攻击国家标准与技术研究所，认为它是导致非必要补贴的原因之一。

这些遗产和类比为思考当代科技政策制定提供了充分的资料，希望读者能够在深入阅读的过程中清晰理解这些遗产和类比，而我也将在最后一章再次提及。为了进一步证明克林顿方法和胡佛方法之间的平行关系，我引用了胡佛总统所设的社会趋势研究委员会关于修订美国政府和企业间关系的可能性的描述：

> 社会变革观察家可以在此寻找新型政治经济组织：新的政府、工业和技术组合，以及其他现在只能模糊辨别的形式；准政府企业、政府拥有的企业、混合制公司，以及与国家保持了不同联系的半自治和部分自治工业集团……其中部分新造的融合特性可能会让那些理论家（包括激进派和保守派）感到绝望，因为他们认为世界只能不容置疑地接纳两种排他性信念的其中之一，但这些创新也会受到很多欢迎。很多人不太关心背后的理论，更关注迅速、切实的调整，以适应不断变化的残酷社会和经济现实。[21]

胡佛总统是下一章的主角。

第二章

共和党的崛起与股市大崩盘
保守主义时代涌动的联合主义暗流
（1921 年至 1932 年）

美国的工业化进程十分迅速。在一些美国国父眼中，这个国家最初不过是一片广袤的荒野，到处散落着零星的人类居住点，但规模几乎超出了治理能力。南北战争爆发前的美国经验证实了这个少数人的悲观预感。南北战争结束半个世纪后，边疆成了遥远的记忆，荒野已经被填平。电报、铁路以及后来迅速普及的电话和高速公路将美国人联系在了一起：他们放弃土地来到城市，许多人从事着自己祖先做梦也想不到的职业。新技术几乎改变了这个国家的一切。

不过，人们并不了解联邦政府在这次转变中的作用。例如，军队培训的工程师和联邦/州合作农业试验站明显地改善了国家的新兴科学和技术能力。但是，如果说这些影响能够形成一项政策，那就是夸大其词。政策的主导力量是集团资本主义。第一次世界大战揭示了新的治理可能性，至少对一些美国的组织领导者来说是如此。在哈丁和柯立芝政府期间一直担任商务部部长的赫伯特·胡佛，应用第一次世界大战期间积累的经验，动员了作为战时遗产的人员和组织来推进美国的政治经济愿景。在政府的推动下，工业内部合作加快了科学研究和技术发展的步伐。胡佛努力想让新成立的商务部成为联合主义政府的中心，但遭到了激烈的反对，其中最有代表性的当属其内阁同事——财政部部长安德鲁·梅隆。

20世纪20年代，保守主义与联合主义不断在白宫和国会大厦上演激烈的冲突，但最重要的当属商业舆论场。胡佛需要法律权威和资金，以支持国家标准局和其他商务部机构发挥作用，但他最需要的是企业选择这些机构，并与之展开相互合作。梅隆宣扬小政府才是福音，并要求减税，以便让私人掌握更多资金，进而投资科学和技术。私人投资属于一种自愿行为，公司是否愿意合作并不重要。

梅隆部长颂扬的私人举措充斥着公众意识，通用电气研究实验室被尊称为"魔法之家"就是一个缩影。正如实验室主任威利斯·惠特尼（Willis Whitney）所说："研究是信仰和良好商业行为的结合，而支持研究的组织，例如这家大型公司，正在提供一项公共服务。"[1]

商务部部长胡佛同样欣赏自由市场建立的企业研究实验室和世界一流的研究型大学，以及源自自由市场所创财富的慈善基金会。他重点关注停滞不前的"不景气"行业和充满活力的新兴行业，认为联邦政府有机会在这两类行业中催化新的机构和经济关系，从而加快技术创新速度。胡佛的计划始终停留在边缘地带，很少实现他承诺的经济影响。尽管如此，就像他办公桌上的电话一样，这些项目帮助胡佛获得了"技术光环"（来自历史学家巴里·卡尔的评论），而且一点儿也没有影响他在1928年第一次参加选举并赢得总统竞选。[2]

胡佛总统面临着让人困惑和沮丧的危机，不得不放弃了联合主义政府的愿景。虽然有足够的理由，但胡佛政府只关注短期问题，在培养经济长期增长动力方面没有太多作为，包括构建新的治理模式、创造新产业和推进旧产业的现代化改造。最终，在为近乎瘫痪的政府辩护时，胡佛总统将自己定义为一个教条的保守派，而对手提出的变革建议远远超出了他认为的可接受范围。因为这些行为，胡佛总统疏远、刻板和坏脾气的形象，在1929年10月29日的"黑色星期四"过去三分之二个世纪之后依然让人们印象深刻，掩盖了其颇具能力、智慧出众且备受同时代赞誉的行政创新者形象。

美国的科学技术政策传统

自建国以来，美国政府在科学和技术领域应如何发挥恰当作用一直没有定论。在成立之后的150年中，积极与州政府合作开发，推广农业与其他自然资源行业新技术的美国联邦机构表现得最为活跃。然而，在19世纪末美国制造业崛起并成为全球领导者的过程中，以及同期"美国（技术）问题解决网络"的形成过程中，美国联邦政府只做出了间接的贡献。[3] 虽然有时意义重大，但这些政府行动只描绘了其他国家政府正在探索的政策领域的一小部分，而这些政策领域也是美国在20世纪的探索目标。

国父们一直十分关注科学和技术，但在管理方面始终存在着深刻的分歧。本杰明·富兰克林是那个时代伟大的科学家之一，托马斯·杰斐逊更是以爱好发明和亲自制作新鲜事物而闻名。一项专利条款被写入了美国宪法，赋予国会"促进科学和实用艺术发展"的权力。然而，美国制宪会议确立的一个更重要的先例在于拒绝组建国立大学。这些属于"内部改良"范畴的机构突破了州政府特权捍卫者划定的联邦权力限制。在美国成立最初的80多年中，内部改良——包括道路和运河以及研究和发明，很大程度上是中央政府的禁区。19世纪40年代，塞缪尔·莫尔斯（Samuel Morse）未能说服国会接收电报的所有权和推广责任，仅仅是为这场伟大的宪法斗争添加了一个小注脚。[4]

这场斗争主要在局部展开，而且通过美国南北战争的影响可以清晰地看出。取得美国南北战争的胜利之后，美国联邦政府开始实施一项大规模的工业促进计划，南北战争之前针对内部改良的抵制被扫入了历史的垃圾堆。关税、特许权和该计划的其他内容都促进了技术活力的爆发。铁路和钢铁行业经历了彻底改造，新兴的电力和化学工业蓬勃发展。然而，在联邦政府突破旧边界的同时，新的限制很快形成。与德意志帝国或明治维新后的日本不同，美国选择了不同的工业化道路：美国政府并没有将新技术作为目标，也没有建立专门推动新技术开发的机构。政府运营的工业研究机构以及国有企业都与美国的传统相悖。[5]

欧洲观察家认为，19世纪下半叶美国制造技术的显著特点是应用了可替换的机械部件，而且非熟练工人也可以操作机器工具制造此类部件。这减少了对熟练工人的需求。这种"美国体系"迅速在经济领域普及，为大规模制造缝纫机和自行车等复杂新商品提供了可能。国家政策制定者为此次创新浪潮以及随之而来的经济增长贡献了一定力量，因为许多在行业间传递技术的人员都曾在联邦军工厂接受培训。然而，尽管军工厂可替换性的要求刺激了美国体系的问世，但军方推动经济发展只是新技术"溢出"带来的意外。与关税一样，军工厂间接地促进了工业技术的发展。[6]

联邦政府在资源采掘业发挥了更直接的作用，为材料和能源密集型美国制造业体系奠定了基础。在采矿业、林业和农业领域，政府提供了关键的公共产品，而不只是开放了土地和传统产权，促进了新技术的发展，满足了制造商膨胀的投资欲望。例如，美国地质勘探局与林业局创造了大量关于材料加工的知识，以及实际地质勘探资料。美国农业部（USDA）成为联邦政府的首屈一指的科学组织，旗下的科研局更是积极倡导联邦科技政策的有力典范。通过联邦与州的合作，新的政府赠地学院增强了对农业、采矿业、林业和原材料加工领域的研究、教育和技术支持。这些学院与政府以及公司形成了稳固的区域三角关系，加快了资源丰富的内陆地区的开发速度，为新制造业提供了更好的服务。[7]

1862年的《莫里尔法案》(Morrill Act)建立了美国农业部和政府赠地兴建高等院校的体系，为之后的发展奠定了基础。只有在分裂的时候，这些内部改良措施才有可能在国会赢得多数席位的支持，帮助巩固共和党联系北部和西部的"关税-宅地轴"(tariff-homestead axis)〔这里引用的是理查德·F. 本塞尔（Richard F. Bensel）的评述〕。到了19世纪80年代，政府局级机构已经组建了忠诚的公务员队伍，并赢得了国会和公众强有力的支持，而且权力和规模都在第一次世界大战之前获得了显著发展。此外,各州政府效仿并在联邦政策的基础上实现了超越,建立了与农业实验站对等的"工程实验站"。最终建立的工程实验站达到了 40 个,而实验站的合作对象通常包括当地的制造业以及资源开采业公司,还有州政府机构。[8]

尽管《莫里尔法案》授予了联邦政府促进"机械"和"农业"工艺发展的职责,但美国联邦政府与各州不同,没有接受这一任务。联邦与州政府的合作并没有从农业实验站扩展到工程实验站。美国国家标准局在 1901 年成立,为此美国就花费了数十年的努力,比国外成立类似组织晚了不少;又过了十年甚至更长时间之后,美国标准局才获得了稳固的基础。在此期间,国会删除了"美国国家标准局"名称中的"国家"二字,改名为"美国标准局"。[9]"保守主义共识"在美国南北战争和第一次世界大战之间占据了主导地位。威尔逊政府的进步举措和第一次世界大战都没有动摇这个共识,而这个共识也是赫伯特·胡佛推行新政策的背景。

20 世纪 20 年代的美国国家创新体系:充满活力的私营部门和"保守主义共识"

对 20 世纪 20 年代的美国人来说,世界似乎加快了发展的步伐。汽车改变了人们的日常生活,推动经济突飞猛进。到了 1925 年,每 10 秒就有一辆全新的福特汽车离开装配线。4 年后,美国的汽车拥有量达到了每 5 人一辆汽车。汽车只是美国在全国推广新工业技术最醒目的标志。新技术甚至也能与那个时代的丑闻发生联系。1923 年,美国司法部部长的亲信出售了第一次世界大战期间没收的德国专利权,目的只是换取回扣。[10] 不知道是出于兴奋还是愤怒,大多数公民都将新技术的出现归功于19世纪末主导经济的大公司。这些公司决定了技术发展的进程，开发了新的组织手段来推动技术进步。高等院校的科学研究也不甘落后，在20世纪20年代获得了数额创新高的基础研究资金，为工业发展提供了重要支持。以财政部部长安德鲁·梅隆为首的主流政策精英们，开始满足于为这些充满活力的机构欢呼。保守派基本无视了那些少数意见，包括怀疑技术创新的价值以及联邦应该充分发挥技术创新管理的作用，陶醉于汽车时代的繁荣和赞誉之中。

在美国南北战争和第一次世界大战之间出现的超大型公司是20世纪20年代私人研发投资规模急剧扩张的前提条件。为了稳固自己塑造的工业新秩序，这些公司的管理者想方设法改进生产制度，确保新产品的稳定供应。这些最早的努力促使19世纪70年代钢铁和铁路行业建立了材料测试单位，以及与学术界和独立私人专家的咨询关系。然而，19世纪90年代，第二次工业革命催生了基于科学的新行业，新行业的管理者发现，当时的行业安排并不足够。他们看到了许多前景十分光明的机会，但又担心竞争对手开发类似的新产品，影响自己的利润。在20世纪的第一个十年，通用电气、美国电话电报公司和杜邦等电气和化学工程公司完成了知识创造的向后集成，建立了中央研究实验室。[11]

美国国家研究委员会的工业实验室定期调查显示，这种组织创新在第一次世界大战后迅速普及。自称拥有实验室的公司数量从1921年的526家增长到1927年的1000家，到1930年年底达到了1620家。据国家研究委员会工程与工业研究部主任莫里斯·霍兰（Maurice Holland）估计，1927年美国工业研究总支出为2亿美元，是政府开支的两倍。最大的私人研究机构——贝尔实验室在这个年代末的预算约为每年2000万美元。[12]

通过托马斯·爱迪生（Thomas Edison）与通用电气公司威利

斯·惠特尼（Willis Whitney）之间的对比，我们可以侧面了解从1900年到1930年研发工作与公司企业的结合。在19世纪80年代被迫退出电气业务后，爱迪生试图将自己在"发明工厂"开发的一系列产品创意商业化，例如留声机、电影放映机和听写机。尽管技术天赋十分出众，但爱迪生的公司不断被竞争对手超越，因为后者实现了营销、法律事务与产品设计和制造的有效结合。惠特尼所在的通用电气公司正是一个平衡高手。通用电气实验室一直监测着公司的竞争对手和潜在的竞争对手，听取来自销售、营销和制造部门的反馈以及外部专家的意见。惠特尼创造了一种实验室文化，将公司使命置于技术优势之上。凭借超凡的技术能力，结合专利的支持，通用电气建立了不可撼动的市场份额——作为龙头产品的电灯占据了超过90%的市场。[13]

美国公司技术水平的提高在美国高校中也有反映，虽然工业和学术界之间没有简单而直接的因果关系。套用罗伯特·科勒（Robert Kohler）的说法，陷于19世纪"优雅的贫困"（genteel poverty）的头部学术科学家们开始寻求出路，以实现自己让高校发挥广泛社会作用的理念，并探索成本高昂的研究议程。望远镜和热带疾病似乎与联邦和州政府倾向于支持的农业和机械技术没有什么明显的关系，因此公众增加了对私人赞助的持续追捧。在20世纪的前20年中，学术界开始在传统资金支持者的基础上寻找更多资金来源——学费、州政府拨款、校友捐款和地方支持。虽然科学研究在这些年成为一流高校的重点活动，受重视程度远远超过了前一个世纪，但学术野心仍然超过了学术支付能力。[14]

许多高校开始进军商界，以填补财政缺口，尤其是与工业界联系密切的化学和电气工程学科。然而，公司资助学术研究的兴趣并不强烈，甚至希望高校放弃对研究议程和结果的实质性控制，但许多学者认为放弃主导地位的牺牲太大。例如，麻省理工学院曾在20

世纪20年代面向工业界积极推销研究服务，但无法找到市场。同时，教师和管理委员会对麻省理工学院的推销行为并不买账，认为此类研究将放弃纯粹的科学理想。[15]

幸运的是，少数有抱负的机构在这些年中收到了来自大型私人基金会的赞助。在世纪之交，很多财富拥有者出于高贵的责任感，掀起了一轮赞助潮，他们绕过了高校，将巨额资金赠送给了新组建的独立研究机构。例如，华盛顿卡内基研究所在1902年获得了1000万美元的资助，与哈佛大学收到的捐赠相当。然而，这种行为导致了与现有学术活动重复并竞争的双重危险，新研究所不可避免地分流了现有的学术知识人才。随着管理日益专业化，基金会不可避免地受到吸引，开始支持高校的科学研究项目。[16]

到了20世纪20年代中期，基金会投入学术科学的资金总额增长了100倍。但这些资金只有精英们可以享受——只有少数基金会提供赞助，也只有少数高校收到了资金。正如20世纪20年代"西方科学机构的中央银行家"——威克利夫·罗斯（Wickliffe Rose）所说，基金会的目标只是"让山峰变得更高"。到1930年，麻省理工学院看到了曙光：在董事会成员兼高科技实业家的敦促下，麻省理工学院完成了自我改造，满足了洛克菲勒集团列出的条件。该集团最初曾拒绝了麻省理工学院提出的赞助邀请。[17]

大多数关于20世纪20年代工业界和学术界发展的描述中，联邦政府都没有出现。这种观点准确地反映了该时期的主流思想。哈丁总统和柯立芝总统投入了大量精力，以拆解残余的战时动员机构和战前进步人士制定的行动主义新政。这些政府官员认为他们正在消除阻碍，帮助科学和技术发展，清理私人机构承受的政府负担和干预，提供更多自由。要解放私人机构，或许没有任何政策的作用能够媲美税收，也没有任何人物比得上安德鲁·梅隆。作为财政部部长，梅隆曾服务过三届总统，这是一项史无前例、至今无人能及的成就。历史学家迈克尔·帕里什（Michael Parrish）这样描述梅隆部长的愿景："低税率、低利率、稳健的货币、平衡的联邦预算和最低限度的政府监管，这些都是梅隆定义的良好治理的特性。"梅隆通过石油和铝等技术含量较高的行业以及银行业赚取了数百万美元，但他的保守主义同时反映了其原则和利益。梅隆认为，扭转威尔逊的累进税政策，特别是削减最高税率，可以释放新的投资，包括新产业和新产品投资，以扩张工业，增加就业，维持繁荣。[18]

20世纪20年代的保守主义联邦政府愿景没有完全排除直接支持科学的行为，政府政策的商业评论员也没有自动排除这种可能。但是，任何此类积极职能，包括温和的职能，都需要税收的支持。考虑到战争时期施行的高税率，这些优先事项之间根本不存在竞争。到了1928年，梅隆基本成功恢复了战前的税收政策，政府为这段时期的经济成就做出了不可磨灭的贡献。除了战时高税收政策，军事机构，包括适当的军事技术创新举措（详见第五章），也难以避免在战争结束后被削减的命运。不过，美国农业部、赠地学院以及美国南北战争时期的类似遗产没有受到波及，虽然它们也没有得到进一步发展的机会。安德森·亨特·杜普利（Anderson Hunter Dupree）温和地描述了这段时期："在这十年，政府活动和开支都在增加，但政府的研究机构并没有发生本质变化。"[19]

然而，虽然缺少大胆的开支计划，但这不应该成为断定联邦政府没有在20世纪20年代美国的科技领域发挥作用的理由。正如大卫·莫里（David Mowery）所述，联邦司法机构增强了专利保护，鼓励企业投资自己的研究实验室并积极吸收独立发明人的创造，而且他们相信这些政策能够得到回报。虽然更有利于拥有雄厚资金和精明律师的大公司，但这些政策同样迫使许多小企业增加了研发和专利保护方面的投资，以保护自己，而这正是科学、工业和政府领导人反复倡导的行为。知识产权法得到了反托拉斯政策的支持。《谢尔曼法》(Sherman Act)的早期解读鼓励通用电气等大型公司实施买断,而不是与那些能够在技术层面威胁、改进或补充自己的竞争对手相"勾结"。第一次世界大战之后,反托拉斯政策有所松动,增强了大型企业收购外部发明和小型竞争对手以保持关键技术领先的"野心"。通过利用这些规则,部分公司稳固了技术领先地位,建立了针对新进者的威慑性障碍,并提供了只有他们才能获得长期研发项目收益的保证。[20]

这些间接效应并没有完全消除联邦政策的影响。尽管梅隆部长甚至遮蔽了哈丁总统和柯立芝总统的光辉,但也有其他部长以及参议员、众议员和许多不愿意始终顺应华盛顿主流观点的人员。例如,梅隆不得不多次在国会展开辩论,最终推动税收法案得以通过。除了寻找可能的机会阻挠保守派,倡导其他政府愿景的政策企业家偶尔也会发现一些可以逆流而上的旋涡。"保守派共识",就像后来的"战后共识"一样,实际上并不是描述的那样铁板一块。最强的逆流以商务部部长赫伯特·胡佛为中心,因为胡佛被帕里什称为"哈丁内阁争议最多的成员"。[21]

赫伯特·胡佛与联合主义政府

赫伯特·胡佛是一位幸运儿,而且卓有才华。第一次世界大战几乎摧毁了所有卷入其中的人,从前线士兵到政府最高层,但胡佛幸运逃脱了。对他来说,战争与其说是一场灾难,不如说是一次历练,是成长的起点而不是终点。事实证明,第一次世界大战是胡佛决定性的政治经历,塑造了他战后的行为观念,还为其提供了旺盛的人气,激励他于 1920 年踏上短暂的总统竞选旅程(虽然很快败北了)。胡佛的联合主义理想化了战时的行政经验。依仗道德权威和技术能力，联合主义政府鼓励通过私人行动实现普遍福祉。效率和生产力在宣扬的价值观中占据了非常突出的位置，而科学和技术是重要的动力。尽管推动胡佛竞选总统的热情消退了，但事实证明，商务部部长办公室同样提供了一个影响力出人意料的政策推广平台。据当时华盛顿流传的说法，胡佛不仅是商务部部长，还是所有其他部门的副部长。[22] 商务部部长胡佛是正常时代的一个反常。他主张有限但积极的政府概念，与财政部部长梅隆持有的消极概念对比鲜明。尽管他们有很多共同点，例如反感那些要求政府放慢技术变革步伐的观念，但两位部长存在根本的不同。因此，联合主义和保守主义之间展开了多次影响重大的交锋，胡佛试图将商务部的影响力扩展到覆盖整个经济领域。

1914年，身处伦敦的胡佛是一位步入中年的富豪，渴望着从生活中获得更多，在公共服务领域留下自己的印迹。在第一次世界大战爆发后不久，胡佛几乎毫不犹豫地放弃了商业活动，转而组织救援工作，首先救济身陷旋涡的美国游客，然后是比利时整个国家，最终扩展到战后的整个欧洲大陆。他还在美国国内担任了一系列职务，其中最重要的当属美国粮食总署署长。通过这些工作，胡佛在政界、商界和学术界建立了关系网，赢得了超越党派的赞誉。[23]

从第一次世界大战和战后的混乱中，胡佛学到了一个基本教训，那就是政府可以而且确实必须扮演一个积极的角色，以阐明国家目标，并协调私人和公共行为，进而实现这些目标。一个复杂的技术型社会根本不可能自发地解决所有问题。然而，胡佛始终对政治和政府心存深切的怀疑，认为政治和政府很容易变成无知的煽动者，或者被僵化的官僚主义者操纵。通过联合公共和私营部门，集合关键组织的代表，并听取专家的建议，胡佛更倾向于用委员会"自治"取代"总是笨手笨脚的"立法。[24]

虽然源于战争，但胡佛认为自己得到的经验可以直接适用于经济政策——和平年代最核心的挑战。胡佛认为，美国资本主义没有根本性缺陷，但有时可能因为信息不足容易受到一些个人决定的困扰，而这些决定可以通过学习与合作加以纠正。例如，那些企业高管可能会通过降低价格和减少生产来应对坏消息，结果导致经济进入下行轨道，然后他们逐渐认识到这个商业周期是非理性羊群效应（或者更通俗些说，随大流）的产物。考虑到经济的基本科学理解和当前知识的分享机制，企业高管们明白，在逆境中保持稳定更符合他们的自身利益。因此，公共利益和私人利益可以通过自治相互融合。正如历史学家盖伊·阿尔孔（Guy Alchon）所说，胡佛采取了"微观经济的手段来协调宏观经济"[25]。

行业协会是实现自治的主要工具。作为一种自愿性私人组织，行业协会很灵活，可以更容易地利用外部专业知识。通过帮助筹建此类协会并提供技术支持，政府可以发挥有益的作用。这些行业协会最重要的功能也许是提供权威的统计数据，指导企业协调生产，避免衰退。这项工作对小企业组成的细分行业尤其重要。市场可以借助协会机制得到补充和完善，"为小企业提供大企业已经拥有的相同优势"[26]。

联合主义理想也可以对科技政策产生重要影响，或许没有人比胡佛部长更清楚这一点。在第一次世界大战期间投身人道主义之前，胡佛只能算是一位成功的采矿工程师。第一次世界大战之后，他成了"伟大的工程师"。或者正如进步工程师莫里斯·库克（Morris Cooke）的评价，胡佛是"工程方法的化身"。胡佛坚定地信奉科学和技术的优势，几乎认定这是一项自然规律。他被广泛视为进步的象征，并将这个形象转变成了政治资本。科学是解决社会和经济问题以及帮助公民提高生活满意度的至关重要的因素之一。[27]

因此，自治的目标不仅是稳定经济，还有增长和现代化。国内高工资和对低工资的外国竞争者征收关税，胡佛认为两者都是行业协会发挥作用的适当对象，目的是刺激在研究和资本设备方面的投资。他与工会以及行业协会就消除创新障碍和鼓励生产力发展的原则达成了一致。通过集思广益和总结"科学管理"经验，胡佛开始倡导"效率"和"消除浪费"。[28]

除了向企业提供财政和组织激励，胡佛认为行业协会和联邦政府负有刺激科学研究和技术发展的直接责任。他宣称："发现和发明已经不再是车库天才的专属了，而是我们纯粹的科学工作者展开有组织探索的结果。"政府的职能需要扩展以应对这个事实，并确保知识的增长与社会需求同步。胡佛部长希望能够领导商务部促进这种增长。[29]

第一次世界大战给胡佛部长留下了一份组织和意识形态方面的遗产。他特别借鉴了战时工业委员会的经验，虽然这个工业动员机构曾由他的竞争对手伯纳德·巴鲁克（Bernard Baruch）领导。战时工业委员会发挥了缓冲的作用，不仅针对国会和军队的强制性规定以及不合理要求，还包括受暴利诱惑的工业企业。通过组织工业企业并灌输爱国主义情感、提供经济信息，战时工业委员会努力协调公共和私人目的，避免可能延续到和平时期的政府独大和破坏战争努力的价格欺诈。许多帮助制定战时工业委员会工作方法的进步科学家和工程师，以及领取象征性薪金的企业借调人员，都被胡佛"收编"进了商务部。例如，战时工业委员会节约部门的负责人阿切·肖（Arch Shaw）后来成了胡佛部长重要的经济顾问之一。[30]

然而，战时工业委员会的运作远远称不上顺利，它只是执行了联合主义的理念。1918年3月，战时工业委员会在混乱中诞生，然后在当年11月随着战争结束而解散。但是，无论从哪个方面来说，委员会在实践中都严重偏离了自愿主义。在认为有必要使用武力来实现国家目标时，巴鲁克并不介意使用武力，而且也有能力这样做。胡佛没有注意到战时工业委员会的这个特性，因为该部分内容在战后的宣传中被忽略了。强制属性一直干扰着胡佛实现联合主义愿景的努力。

胡佛成为商务部部长时,美国商务部只不过是一堆互不相干的局级机构的松散组合。他投入了大量的精力和政治资本,把商务部塑造成了一个涉及广泛且联系紧密的组织,以推动联合主义愿景。在胡佛担任部长期间,商务部吸纳了专利局和矿务局,将职能扩展到了无线电和航空领域,帮助部分行业建立了自己的协会,把影响力扩展到了政策和政府组织的许多次要方面。甚至,胡佛在宪法大道为商务部建造了宏伟的办公场所——胡佛大楼,一座以胡佛的名字命名并延续至今的"商业殿堂"。[31]

为了获得建造这个官僚帝国的权力和资金,商务部部长胡佛与财政部部长梅隆展开了一系列斗争。梅隆负责制定预算,而且与白宫的联系更紧密,尤其是在柯立芝总统时期。梅隆的支持者对胡佛持怀疑态度,有时还会抨击他,例如《商业和金融纪事报》(*Commercial and Financial Chronicle*)在1922年8月批评胡佛正在实施"逐步而阴险的国有化"。胡佛则以商务部更高的拨款利用效率作为回应,宣称每笔资金都可以获得更好的回报。他反复强调将公司置于美国社会主导地位的承诺,以及以竞争作为经济管理主要机制的决心。然而,在胡佛的带领下,美国商务部的行为已经发生偏移,开始越来越多地符合经济史学家威廉·巴伯(William J. Barber)所描述的"前所未有的政府干预,至少在美国历史上的和平时期没有先例"。[32]

保守主义和联合主义之间的分歧不应该被夸大,下文还将继续详细介绍这些分歧。胡佛认为,美国拥有基本健全的经济组织,他的努力可以促进其进一步完善,而不是将其彻底改造。他支持梅隆的税收政策,包括减税以刺激私人技术创新的观点,尽管他希望政府能够将联邦收入更多地分配给商务部的项目。梅隆倡导在行业内

|伪造的共识 1921—1953：美国的国家愿景与科技政策之辩

部展开合作，但不支持胡佛倡导的政府参与，并于1913年在匹兹堡与他人共同创立了旨在促进私人间工业合作的梅隆研究所。

面对质疑科学和技术发展以及持续扩张公司组织规模的国会议员和其他反对者，政府做出了统一的回复，而且得到了胡佛和梅隆的一致赞同。反对者通过各种形式表达了这些怀疑，从查尔斯·比尔德（Charles Beard）的知识分子异化（商业化）到斯科普斯案①的宗教激进主义，不过这些质疑大多被大众媒体赞誉新技术的声音淹没了。对科学和技术的疑虑偶尔也会体现为具有一定影响力的政治努力。例如，在1924年的总统选举中，"斗士鲍勃"小罗伯特·拉福莱特（Robert La Follette, Jr.）组织了一次围绕反托拉斯和公用事业国有化问题的独立竞选活动，促使政府开始认真考虑这些问题。胡佛走上演讲台，辩称推行拉福莱特的计划将导致"发明数量减少……据我所知，没有任何一项重要发明来自政府拥有的公用事业"。1928年，参议员克拉伦斯·迪尔（Clarence Dill）提出了一项针对无线电和电气等高科技行业的"托拉斯"议案，要求没收判定违反《谢尔曼法》的公司的专利，而且该议案获得了参议院的多数支持。参议员乔治·诺里斯（George Norris）提议重新启用马斯尔肖尔斯综合体，并作为政府管理的标尺来激励效率低下的私营公用事业。得到国会两院批准后，该议案被送到了总统面前，然后被总统否决。不过，通常情况下，这些讨厌的"杂音"可以被忽略，而"杂音"背后的愿景直到下一个十年才能成形。梅隆保守主义和胡佛联合主义之间的分歧其实很小，主要体现在私营领域，这两个团体与怀疑论者之间存在明显差异。保守主义和联合主义主导了20世纪20年代

---

① 1925年3月23日美国田纳西州颁布法令，禁止在课堂上讲授进化论。美国公民自由联盟唆使田纳西州生物教师斯科普斯以身试法，制造了轰动整个美国乃至整个世界的历史性事件——"美国猴子案件"，造成基督教宗教激进主义与科学的一次直接对抗。——译者注

重要科技政策的辩论。[33]

美国标准局：针对"不景气"行业的科技政策

胡佛保持了对美国经济的普遍信心，加上拥有的资源有限，所以胡佛的科技政策只能在边缘领域中推行。通用电气和通用汽车发展态势良好，但所谓的"不景气"行业需要联邦政府的支持，以实现更有效的自治。身处不景气行业的公司往往技术陈旧、规模有限，无法从规模经济中受益。胡佛认为，即使享受极低的税率，此类企业也缺乏投资新技术的动力，通常以压榨劳工和削减工资的方式展开价格竞争。联合主义为这些不景气的行业提供了一种方法，以解决这种抑制投资兴趣的集体行为问题——实施行业协会研究计划，并在会员的共同支持下开发和推广改进的经验与设备。消费者、工人、经理和股东都将从中获益。

这项工作主要由商务部下属的标准局负责。胡佛个人一直密切关注着标准局，并试图增加其权力和预算。标准局的计划以《工业浪费》（Waste in Industry）为蓝本。《工业浪费》是美国工程学会联合会（FAES）在第一次世界大战之后实施的一项研究，而胡佛是该联合会的主席。美国工程学会联合会的研究以战时工业委员会节约部的工作为基础。《工业浪费》研究了6个不景气的行业，发现其中存在严重的浪费，而浪费很大程度上源于管理层无法有效地使用最新技术。此外，《工业浪费》提出了一系列应对问题的建议，包括标准局已着手实施的简化、标准化和科学研究计划。标准局的针对性措施特别涵盖了美国工程学会联合会调研的两个行业——纺织和住房建设。[34]

1921年，梅隆的财政部成立了预算局，用于实施集中财政管理和执行哈丁政府制订的开支削减计划。预算局完全背离了商务部部长胡佛的目标。例如，在1924财政年度，预算局主任洛德设定了商务部1960万美元的总预算限额，拒绝了胡佛2520万美元的提议（胡佛的提议将标准局的预算增加了28%）。第二年，胡佛就前一年的预算限制向总统提出了抗议："拨款如此有限，商务部不可能有效地开展工作，或者满足工业、商业、农业和公众的服务需求。"胡佛要求为内政部、农业部、劳工部和商务部增加1000万美元的预算，宣布削减"繁殖服务"是虚假经济。"真正的经济"，胡佛总结称，"体现在国家资产的增加。"柯立芝总统做出了些许让步，为商务部追加了75万美元的拨款，远低于胡佛要求的180万美元最低限额。虽然没有完全满足胡佛的要求，但胡佛出任商务部部长期间，标准局保持了稳步扩张的态势。从1921到1929财政年度，标准局的常规预算几乎翻了一番，从127万美元升至231万美元，并且保持了持续的增长态势。在胡佛当选总统的1932财政年度，标准局迎来了最辉煌的时刻——拥有高达275万美元的预算和超过1000名工作人员的规模，甚至得到了水文实验室等新的固定资产。虽然无法与贝尔实验室2000万美元的年度预算相提并论，但标准局是胡佛的骄傲，被拥护者誉为"世界上所有同类物理实验室中最大的一所"。[35]

简化和标准化，在联合主义愿景中，应该能够将福特式大规模生产的优势推广到不景气的行业中。精简的产品线意味着更持久的生命力，增强的可替换性意味着供应商之间的竞争将集中在质量和效率，而不是用产品锁定客户。在胡佛的控制下，标准局在1922年发起了一场宣传攻势，以推广"生产力意识"，转变商人的竞争逻辑，在政府协调下展开合作。标准局新成立的简化实践处发挥了带头作用，努力说服高管在公司内推广七步简化过程。整个过程的核心是行业协会举行的会议，会议就修订实践达成共识，然后由行业协会负责传播。简化实践处很快报告了在铺路砖行业取得的成功——路砖的种类从 66 种减少到 5 种。从 1924 财政年度开始，报告称每年有 15 到 20 个行业完成了此类简化。在胡佛卸任商务部部长时，简化实践处宣称总计 95 个行业采用了其建议，并估计为美国 180 亿美元市值的制造业带来了 6 亿美元的收益。与简化相比，标准化需要研究和工业合作。为此，标准局与美国国家工程协会以及各行业协会密切合作，并将最终成果汇编成一本 400 页的《标准年鉴》（Standards Yearbook）发行。有些时候，标准局还会尝试通过政府采购的杠杆作用来推动标准化进程，制定了适用于所有联邦机构的统一购买规格。[36]

胡佛坚持认为，简化和标准化是一个自愿的过程。他曾在 1922 年说过：

> 除了友好的关切，商务部在这个问题上没有任何权力……这些工作只有通过生产商、经销商和消费者之间的持久合作才能完成，而政府只能帮助各方聚集在一起。不存在政府干预商业的问题。我们可以提供的帮助仅限于经验和专家，以及聚集所有相关群体——生产商和消费者，而且只能在收到行业明确的意愿之后提供帮助。

但并非所有人都这样认为。例如，《制造商记录》（The Manufacturers' Record）曾通过新闻标题公开抱怨："官僚主义的标准化，创新的破坏者。"行业协会和工程协会经常对标准局的强硬手段表示不满。特别是在分散的行业中，标准局往往无法保证自愿原则。受简化和标准化威胁的公司无视联合主义的"哄诱"，尽管公司高管已经被铺天盖地的宣传所包围。此类抵制严重拖累了标准局的工作效力。除了少数几个例子，有些"无关紧要"的行业，例如酒店瓷器行业，简化和标准化并没有显著改善其不景气状况。[37]

企业无法通过研究开发新的技术机会，以及无法借助简化和标准化利用现有机会，都属于胡佛划定的"浪费"范畴。联合主义者认为政府应该提供专业知识和论坛，以确定整个行业的优先事项和计划。胡佛部长在1924年的报告中这样写道："人们清楚地认识到，工业界应该承担工业研究的费用；然而，公共研究机构的积极参与，才是应对许多涉及工业界共有基本性质的重要问题的最好办法……"[38] 标准局将研究助理计划作为填补行业空白的一种机制，该计划需要在局级设施驻扎由私人承担费用的科学家。所有研究助手都遵守联合委员会设定的工作议程，而联合委员会由政府官员和本行业专家组成。研究成果发表后会在整个行业内传播，但研发者不得申请专利。与简化和标准化计划一样，研究助理计划或许在以小企业为主的行业效果最佳。例如，波特兰水泥协会曾在20世纪20年代向标准局派驻了多达8名研究人员，主要研究大型结构中的水泥性能等课题。[39]

虽然名义上开始于第一次世界大战结束后，但研究助理计划直到1924年才真正起步。在该计划达到顶峰的1929年，标准局接收了来自48个行业的98名研究助理，需要为该计划承担的费用约为20万美元，而外部赞助商支付的金额约为50万美元。此外，还有900名工业研究人员参与了该计划的制订。虽然私人实物捐助显著增加了标准局的预算，但我们必须以每年约2亿美元的私人工业研究支出为基础考虑这些捐赠的国家影响。当代评论员认为，研究助理计划在研究领域占据了重要地位，不是因为它的规模或科学产出，而是因为它象征着自愿合作与发展的理想。[40]

胡佛声称自愿合作将为纺织业带来丰厚的回报。尽管吸纳的劳动力总数仍然在美国排名第一，但纺织业已经连续数十年呈现下滑态势。受外国竞争和地区分裂的困扰，纺织业成了联合主义者所憎恶的松散经营和血汗工厂的典型代表。20世纪20年代，人造织物带来的"新竞争"进一步加剧了纺织业的困境。小型纺织品生产商突然成了任由大型化学公司摆布的对象，而这些公司拥有前者无法企及的大型研究项目。一位同情胡佛的观察家说，"新合作"是"唯一明智的行动方案"。[41]

在20世纪20年代的前半段，胡佛向纺织业施压，要求建立一个收集并发布价格与生产统计数据的制度，避开了最高法院为防止此类制度演变成价格操纵系统而设定的限制条件。在1925年纺织行业出现重大衰退之前，生产商几乎没有对该制度表现出任何兴趣。在传统自由市场手段（例如通过扩大生产来弥补因价格下跌而损失的收入）失效之后，才有相当一部分行业参与者，特别是南方生产商参与进来。他们联合组建了一个行业协会——棉纺织协会来推行"新合作"。棉纺织协会于1926年10月投入运营，胡佛拒绝了从商务部卸任并出任协会会长的提议。除了行业统计和成本核算项目，棉纺织协会还设立了新用途部门。路易斯·加兰博斯（Louis Galambos）表示，受胡佛的启发，棉纺织协会的创始人"希望启动类似寡头垄断行业的研发计划"，例如与纺织业竞争的造纸和化工行业。他们只能收获失望。尽管资助了一名研究助手前往标准局，但新用途部门花费了大部分资源用于广告和宣传活动，比如请胡佛夫人在全国棉织品周穿搭适合的服装。[42]

胡佛明确地表明，由于没能更有效地利用标准局，纺织行业可以怪罪的只有自己。但他还是采取了行动，为纺织品研发提供了更直接的支持。商务部的工作人员在1926年年底制订了一项45万美元的研究计划，甚至已经将计划大纲（尽管不是预算）提交给了国会。这项努力带来了5万美元的初始拨款，款项由商务部和农业部共同支配，主要用于研究棉花的新用途，包括用于制作轮胎胎面、墙板和瓷砖等可能性。为了进一步筑牢该计划的基础，胡佛与财政部进行了多次拉锯战,并在1930年通过了一项法案,获准出售第一次世界大战期间收缴的德国染料专利。他利用所得的180万美元收益建立了一个基金会,以施行棉花新用途研究计划。《纺织世界》(Textile World)杂志的编辑盛赞依据新法案组建的纺织基金会,称胡佛的预期即将实现,纺织业将必须以研究的名义展开合作。[43]

当时,胡佛得到了高度认可,甚至被《纺织世界》杂志定为下一任总统:"在他(胡佛)的引导下,商务部在服务和效率方面达到了前所未有的高度,我们认为现代历史上没有任何政府的任何部门能够与之媲美。"棉纺织协会的领导层同样表达了对胡佛总统的忠心,而且始终不离不弃,包括在经济大萧条最严重的时期。不过,这些声音不能代表整个行业。从1927年到1928年,虽然权力得到了增强,棉纺织协会依然无法恢复纺织市场的秩序,在1929年市场崩溃后几乎无能为力。顽固的生产商继续通过增加产量和削减工资来维持生计,而不是像联合主义者所设想的那样,以协调产量与整个市场需求的方式来回应公共利益。而且,尽管胡佛努力推动纺织业在研究领域展开合作,但纺织基金会不过是展示公共关系与合作的摆设,完全无法掩饰行业的自相残杀。[44]

深受胡佛关注的另一个不景气行业是住房。与纺织业类似,住房行业压榨劳工血汗的状况引发了社会不满,该行业的联合主义支持者认为道德情感和经济需要应当和谐一致。舒适的住房为灌输胡佛式"美国个人主义"信条提供了可能,而国家的未来正依赖于此:只有家庭稳固,个人才能主动承担社会责任,这无须政府强制。胡佛将住房建设视为经济的"平衡轮",而且具有社会价值。他非常了解该行业的波动性,毫不意外,胡佛借助商务部推动了该行业在规划和研究方面的自愿合作,以推广大规模建设方法,并期望大规模建设能够保证稳定的产出。[45]

商务部部长胡佛积极展开了工作,通过交流关于当前活动和未来计划的信息，指导协会引导会员公司避免投机性的过度建设。此外，更平稳的周期（稳定的市场预期）可以增强企业的信心，激励新技术投资。1922年，胡佛组织的一次会议促成了美国建筑委员会的组建，这也是建筑行业协会的联合总会。胡佛甚至成功劝诱1920年民主党副总统候选人富兰克林·罗斯福担任该委员会的管理职位。胡佛还组织木材行业成立了木材标准中央委员会和木材利用全国委员会，主要目的是鼓励提高住房中的木材使用效率。他也在"美好家园"运动中发挥了作用。这项运动旨在向消费者和建筑商证明，房屋可以建造得美观舒适、符合现代需求，而且价格合理。[46]

这些私人合作机制得到了标准局新成立的住房部的支持。根据美国工程学会联合会的调查结果，住房行业每年浪费30亿美元，因此住房部在1921年设定了建筑成本削减10%到20%的目标，并组织了包括地方官员和行业代表在内的委员会，以制定户型建筑法规和功能分区规则。在美国农业部森林产品实验室的协助下，住房部实施了一项积极的简化和标准化计划，涉及木材尺寸等诸多内容。法规和规则都为标准化住房部件的流水线生产奠定了基础。此外，标准局还实施了建筑材料协会主导的研究助理计划，例如砖瓦和陶土协会。胡佛同样在住房行业的劳工和金融领域表现活跃，他认为这两个领域对实现行业现代化发挥着重要作用。[47]

福斯特·冈尼森（Foster Gunnison）等企业家曾在20世纪20年代为大规模住房建设而努力，这或许能够振奋胡佛的信心。然而，尽管胡佛宣称取得了非凡的成就，例如被称为"政府合作典范"的木材行业，联合主义愿景的局限性同样显而易见。住房行业引领了巨大的经济繁荣，1925年建设总量达到了93.7万套的最高峰，价值约45亿美元（占国民收入的接近5%）。而在胡佛登上总统宝座时，住房行业的指数已经成了指示经济大萧条即将到来的重要不祥信号。

1929年，美国住房建设总量只有50.9万套，价值约35亿美元（不到国民收入的3%）。住房市场的稳定性正在变差，而不是变好。[48]

胡佛的住房技术政策在地方实施过程中遇到了巨大的阻力。在许多社区，经销商、承包商、当地官员和工会之间的亲密关系抑制了创新。事实上，这些团体之间的勾结以让胡佛不安的方式颠覆了市场。从1925年开始，这种勾结因为最高法院的决定变得几乎合法，而胡佛为促成这些决定做了很多努力，虽然后来他又反对这些决定。然而，胡佛联合主义政府的概念并不包括动用联邦权力打破针对建筑业的"封锁"，这是胡佛与罗斯福之间的分歧之一。在短暂的任期之后，罗斯福离开了美国建筑委员会。[49]

商务部与高科技管理

不景气行业十分重要，因为这些行业大多体量巨大，对就业率以及整体经济的影响举足轻重。与不景气行业相对的是目前影响有限但增长潜力巨大的新行业。除了上述两类行业，还有一类未知的未来行业，必须依赖科学研究才能成形和发展。联合主义者认为，联邦政府应在建立公共、私营或混合机构方面发挥作用，以确保这些可能性得到充分发展。新行业面临的困难比不景气行业还要多，因为不景气行业已经应用了振兴组织和技术的持续补救措施。胡佛和他的助手们努力在所有行业推行适合的联合主义理想。例如，虽然与不景气行业类似，但困扰航空业的因素是超高的发展成本，因此相关的联合主义政策主要通过促进标准化和稳定市场来降低投资风险。与之相反，困扰无线电行业的不是缺乏创新，而是创新泛滥。制造无线电设备和广播需要置于管理之下，以避免无序的创业努力相互抵消和远离公众。学术科学的生产者，即所谓的第三"产业"，已经形成了组织，但缺乏市场。胡佛部长承诺在工业用户中间为研究成果寻求支持。

尽管飞机在美国北卡罗来纳州基蒂霍克完成了首飞，但美国的飞机制造商很快就被欧洲同行甩在了身后。第一次世界大战为美国飞机制造业带来了空前的繁荣，甚至缩小了与领先水平的差距，但随之而来的是非同寻常的衰退：飞机制造量从停战协议签署时每年21000架的峰值，锐减到了1922年的263架。然而，这种不稳定性不可能通过恢复军事需求的方法加以解决。而且，公众对安全的担忧也打击了潜在投资者的信心。胡佛又采取了标志性的方法试图解决这个问题，即组建航空行业协会来稳定和发展业务。航空行业协会的目标包括建立联邦监管机构和获得补贴（通过航空邮政合同），这远远超出了胡佛通常可以接受的范围。不过，考虑到航空业面临的特殊挑战和光明前景，他破例接受了这些目标。航空行业协会和商务部还通过联合委员会实施了更多联合主义项目，例如标准化和安全法规。[50]

为了帮助航空业建立一个稳定的大规模生产基础，研发机构借助了战争动员部门的残余力量。国家航空咨询委员会是一家成立于1915年的独立机构，非常符合联合主义愿景，而且按照行业、政府和学术界代表组建的综合委员会的指导开展空气动力学研究。仿照汽车行业，美国国家航空咨询委员会成功促成了航空专利的交叉许可协议，以便在全行业共享技术，但设计权方面的争议导致现实与联合主义者梦想的和谐技术社区相去甚远。标准局也展开了面向整个航空业的研究，特别是发动机技术。胡佛还设法帮助了航空学术研究人员，不过他没有利用联邦财政拨款，而是劝导（与胡佛一样通过采矿业发家的）古根海姆家族筹建了一个总额为250万美元的基金。这些机构的成果推动了飞机技术的大步前进，特别是国家航空咨询委员会的风洞成了设计和开发中普遍使用的宝贵设施。[51]

经过漫长而令人沮丧的国会斗争之后，胡佛在1926年争取到了建立航空部门的许可，商务部正式展开了促进和管理民用航空业的合作。截至20世纪20年代末，受航空邮件需求激增以及查尔斯·林德伯格（Charles Lindbergh）飞越大西洋等壮举的激励，航空业再次迎来蓬勃发展的时期，但并没有选择胡佛坚持的大规模生产模式。独立发明家被国会重要议员视为"真正的创新来源"，其支持者担心联合主义制度可能导致市场的作用降低，在飞机制造业形成垄断。利用在军事和海军事务委员会的影响力，反对者阻止了占据市场关键份额的军事机构参与胡佛体制的计划。航空业不得不等待下一次战争爆发才真正开始大规模生产。[52]

20世纪20年代的无线电热潮超出了制造商和政策制定者的预期。第一次世界大战结束之际，无线电技术因为专利僵局而陷入停滞：通用电气、美国电话电报公司和联合果品公司分别控制着部分组件，而将这些组件整合能够创造出前途无限的产品。为了确保美国拥有洲际通信技术，海军牵线搭桥，推动这些公司成立了美国无线电公司，以集中所有专利，共同开发技术，并分割市场。美国无线电公司原计划提供点对点通信产品，但1920年西屋公司携带独创的美国第一家无线电广播站入市，改变了无线电技术格局。

广播为无线电设备创造了一个广阔的大众市场。截至1928年，美国大约有1000万台接收器。早期的无线电接收器技术非常简单，新成立的公司没有因为侵犯美国无线电公司的专利而受到惩罚。电台的数量同样快速增长。在无线电广播站第一次通过广播在匹兹堡市通报选举结果一年之后，大约500家电台让听众感受到了"幸福的烦恼"，而且干扰也很快严重到无法忍受了。与航空业相比，无线电技术创新成本低廉且迅速。对于商务部长来说，现在的挑战是如何保证市场不会自己杀死自己。到了20年代中期，无线电行业也得出了相同的结论,转而支持胡佛的政府监管提议。国会批评无线电垄断的声音否定了胡佛的全面胜利,并于1927年通过决议,决定交由组建的独立联邦无线电委员会(FRC)行使监管职责,而非商务部。不过,联邦无线电委员会实际上接受了商务部的领导。[53]

无论无线电专利池有多少漏洞,都让联合主义者感到隐隐不安。一方面,专利池似乎是一个自愿合作的机制,可以避免旷日持久的诉讼,确保共用共享知识库。借用一位无线电爱好者的话,专利池是"所有权的民主化(和)……促进发明的资料交流中心"。专利池可以通过快速的技术进步促进行业竞争。另一方面,专利池的成员也可以选择利用法律力量来限制传播,阻止非成员进一步推动技术发展。如果专利是绝对的财产,那么专利持有者就拥有任意处置权,包括把专利锁在箱子里。[54]

最高法院对此缺乏明确的指导。1931年出现了一个具有里程碑意义的案件,法院认定印第安纳标准石油公司组织的汽油炼制专利池合法。布兰代斯法官在判决意见书中宣称,某些情况下的合作可以促进竞争,这与胡佛的观点一致。有些评论家解读这份裁决时认为,这为专利池的建立提供了全权委托。但更细致的解读发现,布兰代斯法官保留了判决专利池违反反托拉斯法的权力,前提是专利池控制市场的力度过大。司法部在1930年已经展现了这种倾向,要求美国无线电公司(该公司并不反对)向所有申请者提供专利并收取合理的专利费,同时取消了专利池对美国无线电公司合伙人之间竞争的限制。这种无线电领域的"开放专利池"似乎提供了一种有效的防止滥用模式,但它需要借助法律的强制力,取代了胡佛推崇的自愿合作模式。[55]

虽然无线电和航空行业都热衷于寻求政府监督和援助,但学术科学家们对联邦权力机构的不信任加深了。这种情绪在国家研究委员会组织中表现得很明显。国家研究委员会成立于1917年,目的是增加战争可用的科学资源。作为推动者之一,天文学家乔治·埃勒里·海尔(George Ellery Hale)认为国家研究委员会是一个执行公共职能的私人组织,并希望其专家委员会拥有分配战争研究资金的权力。但军官们通常不这么认为。第一次世界大战之后,国家研究委员会曾尝试通过立法确保联邦政府在和平时期继续资助学术研究,并由委员会自行分配资金,但短暂的努力因为工程实验站和赠地学院的反对而宣告失败。不过,科学领域的资金缺口很快就被洛克菲勒和卡内基基金会的拨款填平了。国家研究委员会蜕变成了一个科学协会,主要作用包括促进合作、确定研究议程、管理基金会资助的研究生奖学金。[56]

胡佛部长认为,国家研究委员会的意义不仅在于追求真理,还在于推动工业的发展。胡佛经常说:"纯粹的研究是应用科学的原料。"1925年年底,胡佛热情地答应了海尔的请求,同意寻求企业对国家研究捐款基金会的支持,帮助国家委员会增强资金基础。宣布这项目标为2000万美元的捐款计划时,胡佛表示,国际经济竞争要求美国企业支持美国高等院校,因为大学是培养人才和新想法的主要场所。随后,国家研究捐款计划的支持者们开始了一场精心策划的教育活动——胡佛称之为"学一点大众心理学",以说服石油、电力、铁路、纺织和钢铁以及其他行业的管理层相信该计划的商业必要性。[57]

保守派通常对胡佛的政策持反对意见,但没有反对国家研究捐款基金会计划,因为它没有涉及公共资金或权力。梅隆部长甚至允许用自己的名义宣传这项事业,但并没有提供进一步的支持。不过,很少有工业家同意阿瑟·利特尔(Arthur Little)的观点,即支持该计划代表了"开明利己主义"。起初,国家研究捐款基金会遇到了工业捐赠税收问题,但很快出现了一个更有力的反对意见:许多考虑捐赠的公司看不到将来可能获得的利益。海尔和胡佛努力向巴尔的摩与俄亥俄铁路公司总裁丹尼尔·威拉德（Daniel Willard）等公司高管解释学术研究与工业利润之间的联系，但公共利益和私人利益存在明显的分歧。正如兰斯·戴维斯（Lance Davis）和丹尼尔·凯夫利斯（Daniel Kevles）所述，国家研究捐款基金会成功筹集的有限资金来自垄断寡头，因为相比必须努力保持竞争力的其他行业参与者，垄断者通过捐赠获取利益的可能性要高得多。即使如此，有证据表明这些捐款通常出于个人忠诚，而不是真正的信念。这项工作一直延续到了胡佛当选总统之后，最终因为经济大萧条开始才被迫停止。直到1950年，联邦政府提出了要求并从一般税收中向国家研究捐款基金会拨款之后，工业界才开始为抽象的大学研究事业提供大量资金。[58]

胜利、危机、瘫痪：胡佛政府

尽管遭遇了类似国家研究捐款基金会的惨痛失败，以及被失望笼罩的纺织和住房技术计划，胡佛部长仍然可以合理地宣称，他用活力和理想主义改变了商务部，进而为20世纪20年代美国科技的腾飞贡献了力量。商务部的政策促进了大规模生产技术的推广，支持了生产力的进步，并培育了新的产业。胡佛部长巩固了商务部的组织基础，开始化解政府和国会的保守主义阻力。然而，胡佛在私营部门的努力遭遇了更难被说服的预想受益者。只有受到危机的威胁时，例如纺织业的崩塌和严重的无线电广播干扰，一个行业中似乎才会有足够多的公司能够像胡佛一样，清楚地感受到这些努力中的切身利益。

1928年，胡佛部长接替卡尔文·柯立芝（Calvin Coolidge）——称得上一位坚定的保守派，升任了更高的职位。但是，当选总统并不意味着胡佛的国家愿景胜利了。作为最高行政长官，老牌共和党人对胡佛总统提出了比内阁官员高得多的要求，而且新角色需要承担的责任也更加多样和繁重。作为总统，胡佛不得不减弱作为政策企业家的色彩，转而更多地充当利益仲裁者，即使没有发生灾难。胡佛总统最多只能象征治理理念的逐步过渡，是"为了顺利迎接新秩序的旧秩序候选人"，巴里·卡尔（Barry Karl）如此描述。[59] 讽刺的是，虽然在商务部积累了大量的经验，但面对为其总统任期定性的危机时，胡佛并没有按照联合主义路线重组工业和其他行业，因为他认为国家面临的经济问题只是暂时的金融困难，并非长期的结构性问题。这表明胡佛总统仍然无法摆脱一直困扰他的强制难题（政府是否应该以及如何使用强制力）。在任期的后半段，胡佛总统被迫采取防御措施，因为一个新的民主党国会攻击了进步本身的基本价值，原因是后者对技术性失业的恐惧。

第一次参加竞选时，胡佛并没有改变路线的计划。他凭借以往的政绩表现参选，承诺保持经济繁荣、继续做好政府的工作。事实上，他主要依靠声誉来支撑竞选，仅仅做了7次演讲，没有参与直接辩论。演讲中，胡佛将研究和发明定义为帮助国家经济保持健康的因素，肯定了它们为20世纪20年代经济发展立下的汗马功劳。虽然偶尔提到合作提供了进一步加快技术创新的机会，但胡佛没有表现出在合作方面大做文章的意图。胡佛在总统任期的第一年也没有制订鼓励合作的计划，他关注的重心在其他领域。[60]

1929年的前8个月中，道琼斯工业股票指数因为猖獗的投机行为翻了一番，这让胡佛总统深感震惊。他担心会出现暴跌，而股市起伏是不可避免的，届时生产领域投资者也将严重亏损。由于温和的措施未能实现预期目标，股市大崩盘发生了，胡佛迅速召开协商会议，劝说各州和地方政府、企业和行业协会增加支出以应对清算。他试图重建消费者和投资者的信心，呼吁采取"系统的自愿合作措施"。总统无视了梅隆部长的提议,即政府退位,让市场发挥作用。再者,尽管联邦预算规模相对较小,但胡佛既没有意愿也没有资源将联邦开支增加到可能产生影响的水平。[61]

事实很快证明,胡佛夸大了自己的说辞,即各界对合作呼吁做出了"可观且令人满意"的回应。更糟糕的是,经济大萧条开始破坏胡佛认为对经济长期增长至关重要的制度基础。公司削减了内部研发预算,例如通用电气的研发预算缩水高达60%——短短几年间曾震惊美国的"魔法之家"似乎已经不再神奇。据国家研究委员会工程与工业研究部估计,截至1933年,2.5万名工业研究人员中约10000人失去了工作。大幅削减预算严重影响了行业协会的研究项目,因为大多数公司的合作研发优先级低于内部研发。例如,因为研究助理计划派驻标准局的科学家数量从1929年最多时的98人锐减到了1933年的49人,而国家研究委员会已接近破产。[62]

总统担心疾病已经蔓延到关键经济领域,而这种担心正在变成现实。不过,他几乎没有采取任何行动来保护他口中的"我们最宝贵的国家财产"——科学家、工程师和发明家。1931年关于住房建设和所有权的白宫会议设立了建立"住房科学"的目标,并且在会议报告中花大篇幅讲述了住房技术。然而,会议上提出议案的研究组织属于私人性质,面对经济大萧条时期极其低迷的住房市场完全没有机会获得资金支持。总统没有利用政府强制力来加速技术创新进而解决经济大萧条的计划,而是继续采用了谆谆劝导的方式,甚至重新操起了预算经济的旧工具。[63]

胡佛总统不愿意推动放松反托拉斯法的计划,证明了政府的瘫痪状态。到了1930年,商业组织,特别是不景气行业的商业组织,已经抢在总统前面,将联合主义推向了下一个逻辑步骤。如果合作是稳定和增长的关键,少数机会主义者又可以破坏自愿合作,那么为什么不赋予行业协会权力,强迫那些不合群的人展开合作呢?

| 伪造的共识　1921—1953：美国的国家愿景与科技政策之辩

1931年9月，通用电气公司总裁杰拉德·斯沃普（Gerard Swope）提出了众多强制合作计划中最著名的一项。为了消除正在延长经济大萧条的"恐惧心理"，斯沃普建议强制所有公司加入行业协会。这些行业协会将在政府监督下管理价格和生产，同时确保工人获得一系列的福利，包括失业保险和养老金。斯沃普倡议行业协会强制推行简化和标准化，以及其他支持工业增长和发展的行为，其中应该包括研发。[64]

但是，总统一贯反对斯沃普提议的工业自治形式（自然资源行业除外，因为资源保护可以作为一个理由）。事实上，胡佛认同司法部更严格的反托拉斯执法，这在美国无线电公司和解协议中有所体现。强制和固定价格让斯沃普计划向欧洲垄断体系靠近了一步，而不是实现美国的开明个人主义。如果公司不能正确认识自己的长期利益，不能了解管理的科学基础，也不能相互信任，胡佛认为联邦政府也就没有理由代表他们采取行动。

胡佛试图限制那些沿联合主义路线走得太远的人，他自己也必须同时面对那些将经济大萧条的起因或加重"归功于"胡佛政策的反对者。在1930年控制国会之后，民主党开始大力推行另一种议程。尽管国会很热情地支持一些政府开支措施，例如强迫政府成立的重建金融公司，但联邦研发预算遭到了全面削减——联邦研发总开支从1932财政年度的4300万美元降至1934财政年度的2500万美元。美国农业部、内政部和国家航空咨询委员会都无法幸免，商务部的研究项目更是首当其冲——相比1931年的"辉煌时刻"，标准局失去了三分之一的工作人员和预算，而工业研究预算的削减幅度估计达到了70%。[65]

考虑到胡佛总统的工作履历，商务部遭遇最大幅度的预算缩减并不令人意外。商务部受到了多方面的指责。记者弗雷德里克·J.施林克（Frederick J. Schlink）指责标准局为了进行工业研究出卖公共利益。他认为，标准局的"恩赐之雨"经济理论假定工业研究最终会让消费者受益，但政府没有提供任何保障机制。阿瑟·利特尔发现，随着市场的萎缩，标准局与工业界的合作冲击了自己的咨询业务，因此威胁要向众议院拨款委员会提出投诉。与施林克合作的斯图尔特·切斯（Stuart Chase）提出了影响最深刻的反对意见，宣称机械化是导致高失业率的原因，让失业成了"人类的主要瘟疫之一"，引发了众多劳动者的赞同。美国劳工联合会曾在1919年高度称赞了联邦研究对改善生产力和社会福利的贡献，而且从未收回这种评价，但也表达了对技术性失业的深切担忧，因为1932年估计有55%的被裁工人无法重新找到工作。甚至胡佛总统也有疑虑，因为当代经济趋势委员会早在股市大崩盘之前就报告了对失业率的担忧，而这个问题一直在他的脑海中挥之不去。不过，与其他问题一样，胡佛总统无法做出决策，仅能许诺美国劳工联合会将展开全面研究。[66]

国会拨款委员会显然收到了这些信息。虽然国会记录没有揭示议员们的动机，但毫无疑问，许多议员认为标准局在20世纪20年代制订的研究计划对经济产生了负面影响，对企业和劳工都构成了威胁。政府在研发领域功不及过的观点被下一届政府反复提及。

结论：处于转折点的联合主义政府

20世纪20年代的"保守主义共识"为企业和高校建立重要的制度基础提供了可能，而这些基础是"战后共识"的根基。美国大大小小的公司也开始了在研究、开发和技术采购方面的大手笔投入，而且相信投资可以获得丰厚的收益回报。20世纪20年代，工业研究吸纳的就业人数翻了两番。事实证明，经济大萧条时期困扰国家研究委员会工程与工业研究部的裁员只是一个小插曲，公司的研究投资不仅收复了"失地"，还在1940年之前将就业人数再次翻了一番。美国的研究型大学也在20世纪20年代发生了变化，许多领域都达到了世界领先地位，而这在很大程度上要归功于私人基金会的资助。例如，在物理学方面，甚至在20世纪30年代的欧洲技术人才移民潮到来之前，许多美国学术期刊的声望已经远远超过了国外的同行。与企业研究实验室一样，学术界因为经济大萧条而经历了一段艰难的时期，但之后也迎来了迅速反弹。博士的培养数量在1920年到1940年增加了5倍多，但仍略微落后工业研究机构的招聘人数。[67]

通用电气、麻省理工学院、杜邦公司和加州理工学院等机构在共和党执政期间取得了令人印象深刻且持久的成就。但是，如果20世纪20年代只有保守主义支持着这些机构追求其独立的愿望，企业间以及工业界、学术界和政府之间在科学和技术领域的合作愿景可能会不复存在。这种愿景激发了以商务部部长赫伯特·胡佛为首的许多科学和商业领导人的最大希望。当然，"新合作"从来没有像私人机构建设那样激发出深度承诺。而且，按照历史学家埃利斯·霍利（Ellis Hawley）的描述，胡佛无法建立一个"经济发展与管理部门"和"经济总参谋部"。[68]胡佛的标准局和其他政府机构，例如国家航空咨询委员会及其协助建立的行业协会研究项目，确实为20世纪20年代"轰动"美国的边缘小发明做出了贡献。更重要的是，标准局成了联邦政府联合主义理想的永久家园，这是胡佛的遗产。在接下来的60年里，定期制订新的政府、工业与学术技术合作计划时，国会都能够从中获得借鉴。

20世纪20年代联合主义科技政策最直接的遗产在于对新政的影响，而前总统胡佛却痛苦地放弃了这些宝贵的遗产。在寻求连任时，胡佛发现自己已经深陷不可能突破的困境。在政治领域，他已经成了保守主义的代表，被视为旧机制的忠实拥趸，尽管最初他被当作所在阵营的"害群之马"。他没有选择，只能捍卫 20 世纪 20 年代的遗产，否则其将被共和党的核心支持者疏远。在性格上，他是一位行动家，但更喜欢严格遵守事先准备好的计划。面对没有达到预期效果的计划，以及反对者的行动，他不习惯即兴发挥。他似乎既不能根据新情况修改自己的政府愿景，也很难调整方向。[69] 胡佛的不懂变通，再加上 1932 年确实糟糕的经济，为他的对手创造了机会。于是，人们遗忘了胡佛的行政创新和对传统的"破坏"。讽刺的是，富兰克林·罗斯福以胡佛的意识形态为基础，这一点却没有得到公开确认。这位新总统从斯沃普的计划中吸取了经验，并结合了对技术性失业的担忧，带领美国进入一段短暂的强制联合主义时期。

第三章

尝试与犯错

罗斯福第一届任期的科学、技术和经济政策
（1933年至1936年）

通过设计清晰的理念，并承诺带领同胞进入更好的时代，富兰克林·罗斯福赢得了总统职位。唯一不清楚的就是总统将如何实现他的承诺。联邦政府参与国家经济生活的程度必然会增加，但总统的顾问和国会支持者并没有就政府的确切作用达成一致。与赫伯特·胡佛不同，富兰克林·罗斯福是一位专业的政治家，他出任总统就是为了解决问题，而不是像胡佛那样关心国家和市场之间的具体互动方式。"新政博士"描述了"持续而大胆的实验，刺激着政策企业家走上了不止一条从未曾踏足的路"。[1]

罗斯福使用的比喻并非偶然。尽管与经济危机密切相关，但科学和技术也被广泛视为应对危机的关键，1932年的技术统治浪潮就是一个例证。一批最早推广新政的政策企业家试图将技术统治的"无重力"思想带入现实，设想了一种能够引导社会行动并确保新技术利益得到更广泛分享的政治学。按照农业部部长亨利·华莱士的描述，这些改革自由主义者希望设计一个"如同汽车发动机一样精确且强大"[2]的行政机构，并且取得了惊人但有限的立法胜利——建立了田纳西河流域管理局（TVA）。田纳西河流域管理局是一个区域性经济发展机构，以推动有利于公共利益的科学和技术投资为目标。董事会成员大卫·利连索尔（David Lilienthal）被赋予了极高的灵活度，开始实际验证改革自由主义的理想。

然而，早期新政的主要经济政策与其说受利连索尔及其同人的影响，不如说受胡佛联合主义继承者的影响更大。联合主义支持者认为，政府可以通过授权工业界深度"自治"来帮助重新启动停滞的生产和分配机制。麻省理工学院校长卡尔·康普顿等政策企业家认为，大多数公司能够学着为共同利益展开合作，而那些拒绝接受自我利益和公共利益之间关系的顽固分子将因为法律的强制要求而展开合作。国家复兴管理局是联合主义实验的主要实施方，在1933年接受了国会应对经济大萧条问题的命令。改革自由主义者的支持为建立国家复兴管理局做出了贡献，但他们很快就被边缘化了，因为私营部门的对手控制了国家复兴管理局的关键决策场所——工业法规部门。

国家复兴管理局的实验并没有持续太长时间。成立仅仅几个月后，国家复兴管理局的支持率已经大幅滑坡，然后在成立不到两年之后就混乱不堪，随即被最高法院下令解散。和许多人一样，康普顿希望联邦政府支持的开明自治能够加快新技术的开发和传播速度，但他对此次经历非常失望。联合主义者认为，政府以及多数工业公司都拒绝将自我利益等同于公共利益。或许更糟糕的是，自治者有时会发现，保护而非加速技术变革才更符合公共利益。康普顿所在的科学咨询委员会投入巨大的铁路行业更是加重了这种失望。随着新政在20世纪30年代中期发生了蜕变，联合主义者选择了分道扬镳，开始追求私人合作，逐渐背离了摇摇欲坠的政府。

1932年总统竞选期间的技术统治主义、技术和经济

技术统治主义（Technocracy）是疯狂的美国政治运动之一，更多揭示了公众心理的异常，而不关注政策制定的实际任务。这场运动兴起于经济大萧条最严重时期的选举季，成功地让广受关注的民生问题吸引了精英们的注意力。主要的总统竞选活动经常回避这些问题，或者敷衍了事。技术统治的荒谬提议没有为解决这些问题做出任何贡献，但确实为选举获胜者精心策划的举措铺平了道路。

1932年，赫伯特·胡佛是否为了赢得连任已经尽其所有，这一点值得商榷。无论如何，他差不多整个夏天和秋天都躲在白宫里沉思。终于在当年10月露面之后，这位当时的在任总统采取了消极的应对策略，把选举描绘成两种哲学之间的选择，即总统自己的传统个人主义和挑战者危险的中央集权国家主义。胡佛承认科学和技术可能会带来新问题，但他辩称自愿合作措施可以应对这些小困难，并确保不断探索新的科学前沿。然而，在那个绝望之秋，大多数选民并不认为选择存在难度。胡佛作为保守主义思想家的形象为罗斯福开启了绿灯，让他获得了按照自己的意愿进行实验的机会。[3]

罗斯福在竞选时并没有制定明确的议程，而且很少提及科学和技术，甚至仅有的描述也矛盾而含糊。一方面，他暗示快速扩张和创新的时代已经过去，更公平地管理现有资源才是眼前面临的挑战；另一方面，他又传达了一种乐观主义态度以及属于传统进步主义的效率与改进信念。为了赢得竞选，并保持开放的政策选项，罗斯福向选民提供了宽松的措施解读，其中难免存在矛盾之处。[4]

罗斯福的政策反映了民众的情绪。由于民众认为大规模推广的机械化取代了大量劳动力，引发了经济大萧条时期的大规模失业，美国发生了历史上罕见的基层劳工运动（卢德运动①）。不过，虽然敌视机械化，人们同样渴望技术带来的美好生活。美国劳工联合会月刊曾表达过这种复杂的混合情绪，称科学正在成为"工薪阶层的敌人，但科学的本质应该是人类的盟友"。不过，20世纪20年代科学名人的光环几乎没有因此褪色。在1931年10月托马斯·爱迪生去世的那天，全社会洋溢着一片溢美之词，没有任何批评的语句。[5]

从1932年8月到1933年1月短暂兴起的技术统治运动展现了

---

① 卢德运动，以破坏机器为手段反对工厂主压迫和剥削的自发工人运动。相传第一个实施此类反抗的工人是英国人卢德（Ludd），该运动因此得名。——译者注

大众的困惑。技术统治运动从完全默默无闻迅速成为威尔·罗杰斯（Will Rogers）所谓的风靡全国的"新口味漱口水"。其支持者宣称，除非用基于能源价值并由专家管理的体系取代现有的价格体系，否则技术性失业将日趋严重到引发世界末日的程度。技术统治运动领导人霍华德·斯科特（Howard Scott）说，充分利用科学和技术优势的制度可以帮助全体国民实现相当于每年 2 万美元的生活水平，而且只需每周工作 4 天，每天工作 4 小时，然后在 45 岁退休。斯科特的"科学决策技术"缺乏具体内容，但他用看似技术性的公关话术掩盖了不足。全国工业会议理事会主席维吉尔·乔丹（Virgil Jordan）担心，相关商业负责部门正在以出人意料的轻松方式完成技术统治运动要求的逻辑"撑竿跳"。1933 年年初，一万多人参加了在好莱坞露天剧场举行的技术统治运动集会。[6]

技术统治的蛊惑性引发了公司和科学机构的激烈反击。麻省理工学院的康普顿、通用电气的杰拉德·斯沃普和通用汽车的阿尔弗雷德·斯隆（Alfred Sloan）等人都抨击了技术性失业人数将达到 2000 万的噩梦预测，并重塑了化学改善生活的梦想。类似的攻击很快揭穿了斯科特的骗局。然而，斯科特本人并不能完全代表这项运动。正如《新共和》（*New Republic*）杂志的乔治·索尔（George Soule）所说，技术统治主义的吸引力部分在于它承诺以有计划的理性方式解决正在达到史诗规模的危机。虽然技术统治运动有些荒谬，不过新总统和新国会将带来更合理的计划。[7]

科学、技术和"规划"

新政击溃了盘踞华盛顿的保守主义。"跛脚鸭"时期（新老总统交接期）的银行恐慌为罗斯福赢得了超越总统选举胜利的授权。他抓住了机会，平抑了恐慌，并在农业、银行、外交和工业领域构建了几乎涉及经济各个方面的庞大的国家紧急行动方案。总统感受到了强烈的采取行动的需求，因此在著名的"百日新政"已经过去差不多三分之二时表示："我们面临的是一种状况，而不是一种理论。"[8]其实，"新政"只不过是一个标签而已。尽管政府应该采取行动已成了普遍共识，但仍有其他政策企业家带来不同的因果故事，还有以此为基础构建但存在冲突的行动方案和国家愿景。

技术是否是导致失业的原因是重要的区分因素之一。康普顿、斯沃普和许多联合主义者都不这么认为，他们更倾向于指责那些拒绝合作的顽固分子（详细讨论请见下文）。改革自由主义者，包括罗斯福智囊团成员雷克斯福德·特格韦尔（Rexford Tugwell）在内，则拒绝给出笼统的判断，但他们绝不像批评者有时宣称的那样反对科学。事实上，如果硬要归类，他们过于迷信"机器"，并崇拜进步。而且，他们确实看到了政府在科技领域的重要作用，例如帮助社会适应新技术以避免技术性失业等弊端。通过开发新的行政职能，政府可以控制机器替代体力劳动者的速度，援助受影响的工人，并加快新技术的发展，以创造新的就业机会来吸收劳动力。改革自由主义者对于上述三种职能的优先级排序存在分歧。但是，国会和总统从来没有给特格韦尔提供平台，以实践他通过政府调节并减轻劳工受技术冲击的理念，而利连索尔和田纳西河流域管理局中更注重创造就业机会的人都得到了机会。

改革自由主义的提议最容易受到批评者的正面回应，因为这些提议挖掘了最深的民意根源，但也最容易遭到政策制定者的否决，因为这些改革自由主义者竟然要求暂停研究并对取代劳动力的机器征税。在雪茄制造商眼中，技术性失业的威胁难以抵抗，而熟练手动卷烟工的岗位实际上已经消失了。查尔斯·考夫林（Charles Coughlin）神父，一位声名在外但有些狼藉的电台牧师，在广播中表达了这种痛苦的心情:"救救我们的工厂吧!保护好我们的机器!让发明家们放手探寻新的方式方法,帮助劳动者卸下沉重的工作负担!但是,看在上帝的分上,请救救我们美国的工人和农民吧!他们相互依赖,也是机器所有者和我们国家宪法最终的依赖。"考夫林神父的声音与技术统治主义和各类边缘民粹主义的观点相混合,并同机器、债务、罗斯柴尔德家族以及身陷邪恶阴谋的其他精英建立了联系。中心地带的隆隆声在遥远的首都得到了回应。众议员兼众议院劳工委员会主席威廉·康纳利(William Connery)提出了一项法案,要求征收新机器税以阻止裁员。但提议只是一种象征性姿态,因为除了康纳利家乡报纸的报道,法案没有任何其他进展。[9]

在华盛顿,人们认为直接抵制技术创新是愚蠢和徒劳的行为,而康纳利现在就居住在这里,远离了他家乡马萨诸塞州"过时的鞋匠"①。按照社会学家威廉·奥格本(William Ogburn)的说法,缩短新技术出现之后与社会机构"适应"新技术之前的"脱节"时间,才是首都那些老于世故者眼中真正的挑战。正是这种技术脱节或"不适应"拖累了重新吸收被淘汰工人的速度,导致了技术性失业。在为民间资源保护队(CCC)青年工人制作的小册子中,奥格本明确表达了反对机器税的意见:"不想改变的人被称为保守派。他们希望能够重现过去的美好时光。但我们知道这是一种愚蠢的想法。我们不可能回到过去的美好时光,无论那些老人多么渴望如此,因为机器总在带来改变。有些保守的老人试图通过法律来阻止变化,但这无异于用笤帚阻挡涌动的浪潮……我们必须向青年看齐,而不是老人。他们必须学会自我调整,以适应机器时代。"政府必须在这个过程中发挥带头作用,因为资本家既没有动力也缺乏专业知识来帮助社会适应新技术。特格韦尔认为资本主义"笨拙而缓慢,而且经

---

① 指跟不上时代发展的人。——编者注

常无法保持公正"。专家官员可以纠正这些失效，从而缓解资本家与劳动者之间的矛盾，让所有人都能享受科学进步的全部成果。[10]

改革自由主义派提出了一系列旨在缓解技术性失业的规则和税收措施，这些规则和税收相比暂停研究和征收机器税更有前瞻性。例如，他们主张推行强制性解雇补偿以帮助因技术而被裁员的员工，并为遭解雇的工人提供自我再培训的手段。据称，逐渐壮大的工会也可以通过再培训来为工人提供帮助，以避免未经培训的工人暴力破坏机器。职业介绍所可以帮助那些已经掌握了新技能的劳工匹配职位需求。但是，工资和工作时间监管可能是所有措施中最重要的一个。[11]

技术性失业并不是通过立法规定最低工资和最长工作时间的唯一动机。有一个互补性因果故事将失业归咎于购买力减弱，而购买力减弱的部分原因在于资本家过多占有了机械化创造的过剩产品。缩短工作时间可以保障更多公民获得工作机会，设置最低工资能够确保增加劳动者的可支配收入。参议员雨果·布莱克（Hugo Black）借鉴了宣传这些主题的作品，例如阿瑟·达尔伯格（Arthur Dahlberg）的《工作、机器和资本主义》（*Jobs, Machines, and Capitalism*），并在1933年春天率先提出了一项规定每周30小时工作时长的议案。布莱克在众议院的共同提案人、锅炉制造商联盟的W. A. 卡尔文（W. A. Calvin）在劝说众议员康纳利时陈述了推行该议案的理由："发明和节省人力的设备带来的利益……不应该只属于特定的少数群体……如果这项措施成为法律，你将推动机械化工业向着利益平均分配迈进一大步。"参议院在当年4月初通过了布莱克法案，敦促政府采取行动。[12]

总统赞同布莱克法案背后的理念，但发现这是一项刻板而棘手的任务，因此倾向于增加实施过程的灵活性和模糊性，以便改善管理能力，同时帮助自己扩展立法联盟。经过一系列复杂的谈判，罗斯福政府提出了《全国工业复兴法》(National Industrial Recovery Act)。这项法案融合了对技术性失业的关切以及几乎所有其他关于经济大萧条的理论，设定了堪称大杂烩的目标。《全国工业复兴法》授权行业协会，要求协会在国家复兴管理局的监管下编写并施行包括允许工作时长与最低工资在内的公平商业惯例规则。[13]

实际上，《全国工业复兴法》的规定非常模糊，因此在实施过程中经常引发内容解读方面的争议，但总统成功地将决策中心从立法部门迁移到了行政部门。这场争论的关键问题是，工业界能否像加入《全国工业复兴法》大联盟的联合主义者期望的那样实施自治，或者政府监督能否像改革自由派希望的那样真正发挥力量。1934年10月，《新闻周刊》(Newsweek)的头条新闻标题精炼地总结了上述争论："委员会下令'强制执行'，行业呼吁'自治'。"工资和工作时长是总统认定的"计划本质"，也是争论的主要焦点。在1934年的大规模罢工浪潮中，劳资冲突成了国家复兴管理局的中心议题，社会正义和收入分配则成了推行改革自由主义计划的理由，几乎完全取代了技术性失业的位置。劳资冲突带来了诸如1935年《国家劳动关系法》(National Labor Relations Act)和1938年《公平劳动标准法》(Fair Labor Standards Act)等具有里程碑意义的立法。不过，这些议题过于庞杂，本书将不再详细阐述。然而，这些法案并没有彻底消除技术性失业引发的担忧。例如，一位当代观察家指出，《公平劳动标准法》"某种程度上相当于一个强制性的'工作分享计划'"。[14]

尽管在新政初期，改革自由主义支持者强调要帮助劳动力市场适应新技术，但他们并没有把发展新产业和吸收被裁工人的任务完全交给私营部门。田纳西河流域管理局将亚拉巴马州马斯尔肖尔斯"一战"化工厂以及为化工厂提供动力的大型水坝项目视为希望之光。在关于公共电力和马斯克肖尔斯综合化工厂的长期辩论中，新政府提出了建立综合区域规划公司的宏伟构想：新公司"拥有政府的权力，以及私营企业的灵活性和主动性"。从马斯尔肖尔斯的化肥生产开始，大坝的防洪和供电能力、现代化耕作方式以及工业发展计划，都被整合成了一个宏大的方案，从而改变了当地贫穷落后的半封建经济。[15]

田纳西河流域管理局必须拥有最先进的技术，才能履行为电力生产树立"标准"的法定职责，以保持私营公用事业的诚实经营。田纳西河流域管理局议案发起人甚至提出了更严峻的挑战，因为他们期望化肥厂"能够运营规模达到世界历史上前所未有级别的实验工厂，目的是发现生产化肥的新方法，进而降低化肥成本，以造福田纳西河流域乃至全国各地的农民"。因此，国会赋予了田纳西河流域管理局强制转让电力机械和肥料生产专利的权力，以及维护和运营自有实验室的权力。[16]

大卫·利连索尔，这位努力进取的前威斯康星州公共事业专员，将国会的授权转化成了田纳西河流域管理局的具体行动。利连索尔相信，基于他的性格和经验，商业领域特别是电力公司的官僚会不断为发展设置障碍，政府必须持续清理这些障碍。其中一项努力是在田纳西河流域安装革命性的全新范德格拉夫输电系统。利连索尔希望此举能为田纳西河流域管理局的私人竞争对手设定更高标准的"标尺"。尽管与麻省理工学院就开发该系统展开了谈判，但按照历史学家拉里·欧文斯（Larry Owens）的表述，谈判因为意识形态冲突而最终失败。麻省理工学院的报告指出："我们认为，如果按照田纳西河流域管理局的要求签订合同，政府将获得在全国范围内打击私营公共事业利益的有力工具。我们拒绝成为推动这种行为的一方。"田纳西河流域管理局在开发低成本家用电器和农场设备方面取得了略为突出的成功，并希望能够借此增加售电量，改善当地选民的生活。此外，该管理局还设计了收割机、干草机和冷柜等设备，并鼓励制造商增加产品研发投资。[17]

田纳西河流域管理局最令人印象深刻的技术创新当属董事会成员哈考特·摩根（Harcourt Morgan）领导的化肥生产。然而，在众议院举行的听证会上，美国农业局联合会谴责田纳西河流域管理局的化肥"像牛车一样过时"。不过，这种担心情有可原：当时的化肥行业已经因为产品掺假而臭名昭著，而南方是使用化肥最多的地区。田纳西河流域管理局与当地科学家和工程师、美国农业部以及研究公司合作，在马斯克肖尔斯设计并建造了一家磷酸盐工厂。到1936年，这家工厂已经产出了2.5万吨化肥。而且，专家们在工艺技术和产品本身方面取得了重要进展，开发了超级浓缩技术以降低运输和使用成本，化肥厂获得了7项与磷酸盐肥料制造相关的专利。田纳西河流域管理局还十分重视推广正确的产品使用技术，建立示范农场作为（套用利连索尔的话）"外行和技术员之间鲜活的沟通渠道，为科学、发明和工业提供必要的刺激"。[18]

1936年参观田纳西河流域时，记者和社会评论家斯图尔特·切斯用自己的知识之旅绘制了一条从技术统治到田纳西河流域管理局的明确转变路线，几乎无法抑制对新政实施效果的赞美。类似于瑞典，田纳西河流域管理局是民主规划"中间路线"的缩影，代表着进步，而不是政府的纸上谈兵。"专利由政府持有，开发专利是非营利性政府事务——除非自由联盟律师想方设法地持有并将它们锁入缺乏司法公正的经济中。水坝确实很重要，但也许这里有更重要的东西。"[19] 尽管得到了切斯的大力宣传，但田纳西河流域管理局只是一个孤立的区域实验，而且实验展示的政府行政能力、购买力和技术创新之间的联系似乎并没有在美国其他地区得到复制。事实上，新政早期经济政策的核心主旨与改革自由主义的政府愿景几乎没有什么关系。讽刺的是，1933年开始的伟大联合主义实验虽然结果可悲，但留下的真空为罗斯福的第二个任期铺平了道路。

为进步和保护而合作：新政早期的联合主义冲动

范德格拉夫输电系统谈判失败表明，以"自治"为口号的公司和科学机构对田纳西河流域管理局持负面看法，因为他们害怕一个更自主的政府，特别是拥有技术能力的政府。然而，企业和科学机构中的很多人也认识到，经济大萧条迫使美国资本主义做出改变。历史学家埃利斯·霍利表示："许多处境艰难的商人认为，只要他们能够建立必要的组织，只要能够找出迫使离群者回归正轨的手段，那么价格就有可能稳定在所有人都有利可图的水平上，生产、就业和工资也可能保持在令人满意的范围内。"胡佛愿景的继承者相信"伟大的工程师"拥有正确的理念，但高估了商界牺牲短期利益来追求长期利益的能力。政府必须为工业自治提供手段，以规范顽固不化的少数人。[20]

在研发领域，改进之后的新联合主义承诺结束搭便车的现象，并保证投资资金的安全，消除对古怪发明家和妨害性专利的担心。通过排除价格和工资竞争，该政策将促使企业展开服务和质量竞争，而这正是技术创新可以做出重大贡献的领域。按照约瑟夫·熊彼特（Joseph Schumpeter）后来提供的理性分析，联合主义者设想的行业惯例限制是"长期扩张过程中的事件，经常是出于保护而非阻碍目的的不可避免事件"。新政联合主义者希望进一步完善和推广胡佛商务部在科技管理方面的制度创新。例如，芝加哥大学的社会学家西伯里·吉尔菲兰（Seabury Gilfillan）建议强制推行行业协会会员，协会可以收取费用来支持研究项目，并管理所有成员的专利。吉尔菲兰宣称他的理念"将取代商业和国家规划，可以避免随意的发明开发，防止重复浪费，集中资金实施有前途和需要的研究……（并减少专利诉讼方面的浪费）"。[21]

大多数联合主义者的言论都反映了深刻的信仰,这也得到了通用电气公司研究主任威利斯·惠特尼(Willis Whitney)的证实:"如果工业研究由更多、更好的人实施,我们就可以减少失业,甚至避免失业。"[22] 尽管很少谴责"机器",但联合主义者与改革自由主义者一样,在探索应对经济大萧条的技术解决方案时也存在分歧。然而,与惠特尼相对,所有南方棉纺织厂主都希望联合主义政府能够保护自己避免北方更先进竞争对手的冲击。技术投资减少的恐惧反映了劳工内部对技术性失业的恐慌。因此,关于政府是否应该加速或限制技术创新的问题,拥有共同政府愿景的联合主义者也有不同的答案。在依据《全国工业复兴法》和其他早期新政政策(例如《紧急铁路运输法》)设立的行业级决策场所,不同阵营在政策辩论中展开了反复争锋。保护主义者更加积极,在这些政策影响最大的"不景气"行业中也拥有更明显的影响力。联合主义政府愿景最终被附属关系"玷污"了。

与大联盟的改革自由主义伙伴一样,支持《全国工业复兴法》的联合主义者也陷入了一厢情愿的想法。他们把希望完全寄托在了该法案放宽反托拉斯法和批准所谓自治"宪法"(即工业惯例规则)的规定。经济学家爱德华·梅森(Edward Mason)曾在 1934 年表示了怀疑,认为按照规则实施合作可以得到国家认可只是"一个诱饵,是为了让工资增长变得更容易接受"。不过,在危机蔓延的 1933 年,这个"诱饵"确实诱人:约有 546 项法规诞生,涵盖了"几乎令人难以置信的广泛且丰富的行业惯例"。[23]

但是,法规关于规则编写机制的规定并不明确,在实践过程中引发了混乱。自发组织的行业本应该发挥主导作用,但他们的努力受到了华盛顿的国家复兴管理局以及获得授权代表各自选区参加规则听证会的消费者、劳工和工业咨询委员会的监督。在一系列制度化的利益中,有魄力的卡尔·康普顿联手约翰·霍普金斯大学校长兼国家研究委员会的新任主席以赛亚·鲍曼（Isaiah Bowman），希望增加一个科学咨询委员会，以代表技术创新领域在规则制定时发表意见。他们明智地建议，科学顾问委员会应重点关注纺织和钢铁等老行业，因为这些行业可能倾向于借助国家复兴管理局保护自身，以避免新技术的冲击。不过，康普顿和鲍曼遭遇了挫折。虽然他们最终成功在1933年7月31日建立了科学咨询委员会，由康普顿担任委员会主席，但这个实体在国家复兴管理局没有发言权，只负责帮助农业部部长华莱士等政府官员解决科学相关的行政问题。康普顿被迫加入了工业咨询委员会，该委员会的主席是他的赞助人杰拉德·斯沃普。然而，康普顿实际上是想继续扩大科学咨询委员会的影响力，希望委员会能够在经济和工业政策中发挥更重要的作用。[24]

除了努力在规则谈判中获得一席之地，进步联合主义者还试图通过编写标准规范来以身作则。最早的标准规范在1932年由胡佛商业部的国内外贸易局制定，该局呼吁在产品和工艺研究以及简化和标准化方面展开合作。1933年，国家研究委员会工程和工业研究部的莫里斯·霍兰德（Maurice Holland）为国家复兴管理局正在准备的标准规范起草了一段关于工业研究的内容，并做出了很多努力，以吸引协会管理层的兴趣。与康普顿一样，霍兰德不仅遭到了行业高管的拒绝，也被政府中的改革自由主义者回绝了。国家复兴管理局的标准规范和实际规则大多都忽略了研究，甚至授权要求控制现代化。[25]

鉴于经济大萧条对美国工业的影响程度并不一致，标准规范失效似乎并不令人感到意外。大多数研究都集中在高科技行业，而此类行业受到的影响远远小于那些早在20世纪20年代就已经不景气的行业。在20世纪30年代早期，较新的行业有时会使用联合主义言辞，为已有的技术创新管理实践提供意识形态支持，例如专利池。

以美国无线电公司的无线电专利池为例,据说这个专利池是为了避免"经济浪费和商业混乱",虽然这不过是事后的合理化说辞。汽车与航空业的繁荣并没有受到危机的影响,这部分归功于20世纪初建立并在20世纪20年代改进的专利池。[26]

然而,高科技行业仍在规则中延续了关于工资和工时的最低限度法律规定,并围绕这些规定展开了激烈的争论。在这场冲突中,化学工业甚至将吹嘘的技术能力当作一种象征性武器。化工行业规则第九条规定,该行业的"主要产品和目的"是"为了公共利益扩展化学知识",而且"必须时刻谨记与国防、国民健康、国家工业和国家农业的……特殊关系"。冠冕堂皇的措辞让杜邦家族和其他企业逃避集体谈判条款的行为变得神圣化、合理化。作为国家复兴管理局向许多行业强制推行的内容,这些条款没有实际意义。它们只不过是在与政府谈判时插入的内容,目的是避免为那些无法拥有如此崇高目标的部门树立先例。[27]

高科技行业新改进的联合主义要求公司分享他们最重要的资产,但很少人愿意分享。无论联合主义者如何劝说,技术主管也不可能产生分享的兴趣。即使受改革派称赞的专利池也不包括最重要的发明——那些可能产生重大竞争优势的发明。任何情况下,无论技术动力论者为技术主管提供了哪种意识形态辩护,这种力量都会很快减弱,因为他们会遭受国会的攻击(被称为"死亡商人"甚至更糟),或者来自车间工会的更严重攻击。

在不景气的行业中,联合主义冲动更实际地影响了技术创新管理,但通常偏向于保护,这与康普顿和霍兰德的希望相反。例如,铁路运输业是最不景气的行业之一。在经济大萧条开始之际,铁路运输业是美国国内仅次于农业的第二大产业,但由于新运输模式分流了客运和货运需求,该行业已经持续衰落数十年之久。从1929年到1933年,美国铁路运输业的收入因为经济大萧条下降了一半,就业人数减少了40%。破产公司拥有约4.2万英里（约67592千米）的轨道，占美国全国铁路总里程的六分之一。1932年，复兴金融公司（RFC）向铁路注资3.37亿美元，但仍然无法阻止亏损。复兴金融公司试图通过低成本贷款支撑这个行业，但结果证明是徒劳的。随着新政府的组建，铁路政策引发了联合主义和改革自由主义之间的阵营冲突。与1933年6月16日通过的《全国工业复兴法》一样，《紧急铁路运输法》也是让人不安的妥协的产物。《紧急铁路运输法》要求铁路运输业在行业委员会主持下和联邦运输协调员的指导下展开自愿重组，但联邦运输协调员的强制权并不明确。在这种背景下，康普顿的科学咨询委员会尝试着加快铁路行业的技术创新步伐。[28]

他的努力以1932年霍兰德工程和工业研究部的类似倡议为基础，但该倡议遇到了强力阻碍。受挫于铁路公司高管的不妥协，麻省理工学院电气工程系的元老兼系主任杜加尔·杰克逊（Dugald Jackson）与康普顿联合，并开始接触新的协调人约瑟夫·伊士曼（Joseph Eastman）。1933年10月11日，康普顿和伊士曼宣布国家铁路研究组织委员会成立，并考虑建立一个面向整个铁路行业的基础研究实验室，实验室的初期费用为每年50万美元。国家铁路研究组织委员会的成员包括数家非铁路行业大公司的研究主管，主席是贝尔实验室的弗兰克·朱厄特。有感于铁路行业的危机，加上铁路网络类似其公司单独管理的通信网络，朱厄特暂时放下了自己保守主义倾向的理念。以宾夕法尼亚铁路公司的威廉·阿特伯里（William Atterbury）将军为首，大型铁路公司的高管也加入了委员会。[29]

朱厄特和其他非铁路行业人士努力向其他成员证实，他们同情铁路行业面临的严峻困难，并将努力发挥建设性作用。第一次会议结束后，朱厄特很乐观，向杰克逊坦言，阿特伯里将军（朱厄特认为阿特伯里将军代表了铁路公司成员的态度）"赞成某种形式的合作解决方案"。1934年年初，委员会达成共识，认为铁路行业需要"一个改进的互助组织，以激励、引导和规划研究结果的用途"。委员会于1934年10月发布了公开报告，要求铁路行业公司通过"公正合理的年税"来支持新实验室。[30]

协调员伊士曼举双手赞成这份报告："我……期待能够迅速建立铁路行业的中央研究部门。"杰克逊和朱厄特立即开始物色主任人选。然而，没有人最终得到这份工作，因为铁路公司并没有设立这个部门。作为铁路行业最接近国家复兴管理局认定的行业规则管理机构，美国铁路协会只是搁置了报告，这让伊士曼办公室在1935年4月陷入了忧虑，因为建议的规划和研究部"似乎陷入了'假死'状态"。没有寻求技术解决方案，铁路行业选择了取代联邦协调员，并在1936年达成了目的。该行业控制损害的想法是利用国家赋予行业协会的权力，尽可能保护自己避免受到影响，而不是增强竞争力，做出最好的反击。直到1943年，美国铁路协会才建立了一个技术研究部门，而目的只是应对反托拉斯诉讼，因为美国铁路协会当时受到了阻碍新技术应用的指控。[31]

铁路行业至少名义上考虑了增加技术创新投资的前景。许多其他"不景气"行业公然建立了产能、产量和机器运转时间控制机制，目的就是防止技术投资。例如，纺织业迅速组织了起来，通过国家复兴管理局规则施加了类似的控制。胡佛的同事、曾担任过《工厂与车间》(Mill and Factory)编辑的弗雷德·费克（Fred Feiker）呼吁，在管理纺织行业法规时应着眼于降低成本和消除浪费，并发展"我们的机械创造力和管理能力"，但这超出了国家复兴管理局的能力。实现这个目标必须区分纯粹的"压榨"劳动者和真正的创新，前者必须被禁止，后者应受到鼓励。相反，历史学家路易斯·加兰博斯（Louis Galambos）指出，强生公司曾在1934年年初试图"强调效率而非稳定"，但遭到了国家复兴管理局最高官员休·约翰逊（Hugh Johnson）将军的否定。纺织行业法规展现了双重效果：避免

087

了更多落后的工厂变成残酷剥削工人的血汗工厂，同时阻止了最先进工厂达到或保持满负荷生产。[32]

遭受"灾难性"销量下滑的钢铁行业也发现了这种自治的吸引力，因此制定了包含生产和产能控制的行业规则。行业杂志《钢铁时代》(Iron Age)希望这些规则能够帮助推进"头脑竞争"，而不是残酷的价格战。不过，这些规定也有可能同时抑制创新，特别是那些在规则制定机构中没有发言权但仍然受约束的小企业。然而，实践中这些规则并没有得到应用，因为在国家复兴管理局时期，钢铁行业存在严重的产能过剩。不过，批评者抱怨说，国家复兴管理局实现了保护钢铁行业避免引入新炼钢技术影响的目标。[33]

15%~20%的行业规则最终包含了类似纺织和钢铁行业的条款，规定了工厂的现代化速度。布鲁金斯学会（Brookings Institution）针对国家复兴管理局实施了当代最权威的评估，称"国家复兴管理局将产能控制条款写入了法规，实际证明了保持现有模式和冻结生产设备数量及所有权符合公众利益……"。即使实际效果并不显著，但"国家复兴管理局法规通篇都是限制引进新设备的条款"，按照经济学家萨姆纳·斯里克特（Sumner Slichter）的观点，这无疑会让那些希望法规能够推动进步而非加强保护的联合主义者失望，也让那些希望增加新设备销量的生产资料生产商心生疑虑。[34]

钢铁业的灾难性经历在生产资料制造业的支柱行业——机床部门被放大了。从1929年到1933年，美国机床销量减少了87%。很明显，该部门"贡献"了大量的失业人口。在《全国工业复兴法》的愿望清单中，生产资料制造商在第二章中找到了安慰：该章授权了超过33亿美元的公共工程支出。投资银行家亚历山大·萨克斯（Alexander Sachs）帮助促成了相关部门的立法，并希望与约翰逊将军的国家复兴管理局一同实施。然而，总统将这些资金的控制权交给了以吝啬和恐惧腐败而闻名的内政部部长哈罗德·伊克斯（Harold

Ickes）。伊克斯无意让政府直接扶持萧条的生产资料制造市场。萨克斯很快离开了政府。[35]

卡尔·康普顿在将高校科学纳入公共工程定义的努力中遇到了类似的阻碍。与国家复兴管理局增强了此前自愿性行业协会的权限一样，康普顿"让科学发挥作用"的计划相比胡佛的国家研究捐赠基金会更进一步。联邦政府愿意为学术研发项目提供资金，但把管理和监督的权力交给了学术界自己。康普顿的科学自治计划两次被总统转交伊克斯，但两次都被拒绝了，因为伊克斯认为这超出了国家复兴管理局的权限范围。《纽约时报》（*New York Times*）刊文指出："显然，'公共工程'的解读遇到了限制。"[36]

这些扩展公共工程理念却徒劳无功的努力预示了未来的走势。生产资料和科学最终都得到了联邦政府的直接补贴，以国防部为主，但时间要等到第二次世界大战之后。这些努力背后的政策企业家们也开始追求新的措施，即减免研究支出的税收。新政策在第二次世界大战之前已经取得了一定的进展，但税法中的反制条款大幅削弱了实际效果。这种直接或间接的补贴并不需要改革自由主义者或联合主义者设想的工业重组。[37]

联合主义实验的后果

截至1935年国家复兴管理局被最高法院裁定解散之际，联合主义的科技政策实验已经产生了结果。总的来说，实验的效果是负面的。评论家们一致认为，在整个意识形态领域，"国家复兴管理局的意义"只是一场徒劳的"与进步的对决"。面对总统的问题——"你的生活比去年更好了吗？"，虽然大部分美国人给出了肯定的答案，但国家复兴管理局与此没有太大关系。事实上，该机构短暂的寿命以及在任意法规执行方面令人怀疑的效果全都表明，批评者夸大了技术变革实际放缓的程度。企业和大学在 1933 年之后恢复了研发投入，而科学和技术的管理制度安排却没有什么变化。如果非要找出一些变化，国家复兴管理局主要通过提高劳动成本和增强工会力量来刺激创新，这些措施似乎产生了意想不到的结果。虽然影响没有《农业调整法》（*Agricultural Adjustment Act*）那样明显，但国家复兴管理局帮助确立了工资、创新和生产力之间的良性互动，而这种互动将在第二次世界大战之后变成制度。《农业调整法》的受益者让拖拉机在美国南方变得普及，让当地的佃农们不得不另寻他路。[38]

不过，在部分经济领域，联合主义者成功地重塑了行业治理模式，把紧急措施转变成了永久的专门监管机构，特别是自然资源和运输行业。例如，在工会的支持下，铁路行业于 1936 年摆脱了联邦协调员制度。面临技术性失业，一生都在铁路线上奔波的列车员们心怀恐惧；与此同时，高管们同样极度担心技术投资的减少。由于解雇补偿和其他缓解恐惧的措施，加上州际商业委员会的有意忽视，劳资共管局面的衰落成了接下来几十年的趋势。通过控制竞争和根据历史业绩设定费率，州际商业委员会既没有提供激励也没有提供投资新技术的资金。[39]

监管并不一定会引发技术停滞。例如，监管机构（通常为州级机构）提供了充分的激励来鼓励电力行业投资先进设备。事实上，此类投资往往是电力公司能够增加利润的唯一途径。尽管很少开展自行研发，但电力公司的购买力，在 20 世纪 70 年代之前持续稳定增长的市场，加上一些特别积极的公用事业"领先用户"的工程精神，促使电气设备制造商展开了竞争，源源不断地开发了更大和更好的产品。这些产品也迅速在众多公用事业公司得到推广。田纳西河流域管理局就是这些"领先用户"之一。按照倡导者最初的期望，田纳西河流域管理局应该为私营公用事业公司树立"标杆",但实际效果引发了质疑。联邦政府在开发新型发电技术方面也发挥了作用,但影响主要局限于第二次世界大战之后新兴的特殊领域——核能。监管机构对铁路和电力等部门科技的影响虽然称得上微不足道,但似乎不应该被认为存在"战后共识"的科技政策观察家完全忽视。[40]

然而,联合主义政策企业家对科学和技术的真正影响并没有特别显著,很可能还比不上国家复兴管理局及同类机构反对进步的感受那么深远。早在谢克特(Schechter)案①之前,推动《全国工业复兴法》和《紧急铁路运输法》的大联盟就已经因为大量的指责而解散了。结果很快变得清晰,总统以及1935年到1936年的第74届国会把混乱的责任归咎于联合主义政府愿景,大多数联合主义支持者发现改革自由派正在以不可接受的方式利用政府,于是彻底转向了其对立面。只有少数人与联邦贸易专员纳尔逊·伯·加斯基尔(Nelson Burr Gaskill)一起哀叹:"国家复兴管理局几乎发现了真正与竞争监管事务相关的公共利益,但一切都又走上了老路。"更糟糕的是,保守主义言论又开始流行起来,新兴的行政政府受到了抨击,因为与"企业制度"背道而驰。由于强化管理的特性,行政政府很快开始介入和主导市场社会的方方面面,包括科学和技术。全国工业会议理事会主席维吉尔·乔丹在1935年评论称,政府构建了"基本的企业制度"。[41]

联合主义的政治趋势解读发生了灾难性转变,其中一个证明就是美国物理联合会与全国制造商协会的联合科学研究委员会。继承了卡尔·康普顿1934年到1935年"让科学发挥作用"运动的精神,联合科学研究委员会最引人注目的活动是赞助在全国制造商协会年

---

① 即谢克特家禽公司诉美国案,联邦最高法院最终以违反契约自由裁定《全国工业复兴法》违宪。——译者注

度美国工业大会发表的重要演讲。1937年12月，因为低效率和可能导致"政治统治"，康普顿在演讲中抨击了政府资助研究的理念。兰莫特·杜邦（Lammot Dupont），来自曾资助了邪恶的反罗斯福美国自由联盟的杜邦家族，也借助同一平台回应了康普顿对"压迫性"政府政策的抱怨，声称联邦劳工、监管和税收政策阻碍了新产品的开发。[42]

不过，科技政策中的联合主义冲动远未消亡。例如，联合主义者继续称赞德国卡特尔系统促进研究的效果，尽管整个系统经常受到他们的鄙视。德国公司集中了技术资源，而他们的美国竞争对手却不得不孤军奋战。但是，重要的联合主义者承认，胡佛关于政府建设存在危险性的说法是正确的。因此，他们在20世纪30年代末重拾胡佛的自愿主义议程。1937年梅隆研究所新大楼的落成典礼为这些情感提供了展现的机会。《纽约时报》高度评价这座用"花岗岩和石灰石建造的帕特农神庙"，称其将是小制造商的"救星"，可以帮助他们集中研究资源，联合起来同大公司展开竞争。梅隆研究所所长爱德华·韦德莱茵（Edward Weidlein）强调了建设性合作对工业成功的重要性，期望能够取代破坏性的价格竞争。研究所的旗舰项目——工业奖学金制度，资助了新扩建校园的142名研究员，相当于标准局研究助理计划1930年高峰期人数的一半左右。[43]

与康普顿和韦德莱茵一起参与这些工作的工业家受到了改革自由主义支持者的谩骂，而且改革自由派号称是罗斯福第二次连任期间唯一真正的"新政"拥护者。例如，就在1937年梅隆研究所新大楼启用的同一周，司法部针对美国铝业公司提起了新的反托拉斯诉讼，而美国铝业公司是梅隆研究所赞助人安德鲁·梅隆（被称为"本届政府第一经济保皇派"）的财产。同样，康普顿的美国物理联合会与全国制造商协会联合科学研究委员会主席兼博士伦公司总裁赫伯特·艾森哈特（Herbert Eisenhart）在1940年受到攻击，被控通过与德国制造商勾结和滥用专利法垄断了军用光学产品业务。[44] 反垄断攻势标志着改革自由主义的技术创新管理议程发展到了一个新的阶段。20世纪30年代末，拥护"新政"的力量在政府达到顶峰，支持者不再满足于斯图尔特·切斯推崇的新技术发展模式（通过田纳西河流域管理局树立"典范"来推动技术投资），转而更多地依赖监管指导企业行为。这个时期的核心人物是瑟曼·阿诺德。瑟曼·阿诺德是一位健谈、衣冠楚楚的知识分子，在1938年3月被任命为负责反托拉斯的助理司法部部长。

第四章

打破瓶颈和封锁

改革自由主义的全盛时期及其对第二次
世界大战之后的影响

（1937 年至 1940 年）

对于一位承诺恢复国家繁荣的总统来说，最重要的经济政策的崩溃可能理所当然地对应着败选的危险。然而，伴随1935年国家复兴管理局被迫解散的却是1934年民主党在国会的非凡胜利，以及1936年罗斯福以压倒性优势成功连任。经济复苏以某种方式克服了国家复兴管理局的拖累。第74届国会（1935年到1936年）抛弃了此前的联合主义倾向，颁布了《国家劳动关系法》等按照美国标准衡量十分激进的法案，以至于有些人认为这些法案似乎预示着改革自由主义政府愿景的实现。在1936年大选之后，服装业工会会员西德尼·希尔曼（Sidney Hillman）等罗斯福的铁杆支持者相信"似乎一切都有可能实现"。[1]

然而，罗斯福最狂热的支持者们却收获了痛苦的失望。总统过度解读了自己的权限，改革最高法院和行政部门的计划给自己带来了一场灾难。从1937年秋天开始，经济急转直下，甚至更令人失望。受法院斗争的刺激，总统的反对者将"罗斯福衰退"视为新政正在扼杀经济增长的重要证据。虽然仍以守势为主，但恢复活力的保守派和此前占据主导地位的联合主义者相继在第75届和第76届国会中挫败了政府的立法计划，甚至开始梦想恢复20年代的"常态"。

在政府的左倾圈子里，相反的解释占据了上风。按照当时的经济力量配置，罗斯福第一任期提高工资和农场价格的战略已达到极限。改革自由主义者认为，金融和企业精英扣留了投资，通过提高价格削弱了购买力，扼杀了创造就业机会的热情和行为。在这种情况下，国家有责任根据专家建议，在扩大市场的同时坚持公共利益。司法部的瑟曼·阿诺德将这个逻辑应用于持有专利的大型公司，指责他们压制和限制新发明开发及传播的行为阻碍了新产业的发展，并运用反托拉斯法，以打破这些限制技术创新的"瓶颈"，进而促进增长。

20世纪30年代后期，新兴凯恩斯主义关于经济衰退的解读为改革自由主义提供了补充。凯恩斯主义者认为，经济困难不可避免，因为私营部门已经探索了大部分可以促进增长的技术途径。按照凯恩斯弟子、哈佛大学的阿尔文·汉森（Alvin Hansen）所说，政府必须介入这种"成熟"的经济，不仅需要增强购买力和企业监管，而且需要通过赤字开支为自己的投资提供资金。汉森和阿诺德的观点在政府实施的住房行业计划中实现了融合，而该行业对经济至关重要。金融改革计划、联邦资助的公共住房项目和住房技术研究，以及反托拉斯法的推进展现了政府的努力，其目的不仅包括刺激建设和销售，更重要的是改变该行业落后的工艺技术，以实现现代化大规模生产。

行政部门的改革自由主义和凯恩斯主义联盟发现很难在国会为其提议赢得多数支持，最大的立法成功出现在影响力相对有限的拨款委员会。总体来看，改革自由主义和凯恩斯主义联盟赢得象征性措施的概率，例如建立国家临时经济委员会，要高于实质性修订法律的提议，例如专利改革。由于无法在国会建立占据多数的联盟，改革自由主义政策企业家开始争取总统的青睐，以最大限度地利用已经下放到行政部门的权力。而且，随着保守派法官退休，阿诺德还努力通过法院影响科技政策的制定，并最终取得了一些成功。

瑟曼·阿诺德和专利瓶颈：改革自由主义愿景与立法僵局

艾伦·布林克利（Alan Brinkley）中肯地展示了1937年秋冬交

替之际改革自由主义政府愿景在行政部门实现的过程。自称的"新政"拥护者们因为国家复兴管理局的经验拒绝了联合主义,并将经济衰退视为警钟,坚信除非采取行动扩展政府的经济管理职能,否则未来经济将因为根深蒂固的资本的重压永远停滞不前。铁路公司、电力公司、投资银行家和庞大的制造公司已经证明,他们仍然可以扼杀购买力,而且很有可能为了自身利益就这样做,而非按照联合主义者所想的那样关注公众利益。[2]

为了应对技术性失业,改革自由主义者仍然关注着强制性解雇补偿和其他劳动法改革,但他们认为更紧迫的挑战,与总统在1940年国情咨文中的描述一致,是"以超过发明替代的速度寻找工作岗位"。不过,第一任期中较为突出的技术滞后和应用概念没有为寻找工作提供指导。滞后理论并没有帮助形成具有最佳应对能力的政府愿景,政府几乎完全丧失了对科技创新速度和方向的掌控。《技术趋势与国家政策》(*Technological Trends and National Policy*)是国家资源委员会编制的报告,该委员会的主席是滞后理论提出者威廉·菲尔丁·奥格本(William Fielding Ogburn)。报告阐述了上述理论,但只是罗列了大量的观点,缺乏政策亮点。在《技术趋势与国家政策》于1937年7月大张旗鼓地发表之后,《纽约时报》在第二天刊登了至少9篇相关的讨论文章,但报告不温不火的呼吁却被忽略了——报告呼吁所有联邦机构分别组建一个部门,来监测不断变化的技术及其社会影响。[3]

助理司法部部长瑟曼·阿诺德主张政府采取更积极的计划,以确保利用新技术创造新产业,进而帮助那些因为旧产业现代化而遭解雇的人重新就业。阿诺德采用了富有想象力的新策略,努力将自己领导的反托拉斯部门塑造为实现上述目标的有效工具。他阐述了批评当代专利实践的经济和法律观点,并将其作为指导理念。但是,国会推动专利立法改革的进程停滞不前,国会保守主义联盟因为罗斯福的失误而再次活跃起来，使得阿诺德不得不止步于象征性措施，放弃了新的法定权力。

阿诺德是象征主义专家。在1938年3月获得任命之前，这位耶鲁大学的法学教授将《谢尔曼法》描述为一种单纯安抚愤怒群众的"仪式"，是改革能量的"泄气阀"。然而，阿诺德展现了更积极、更宽泛的反托拉斯观念。他认为反托拉斯法并不是针对大公司的工具，而是一种应对衰退的政策，可以帮助刺激消费者需求，实现大规模生产收益的全民共享。他不遗余力地宣传自己的观点，表明自己与路易斯·布兰代斯（Louis Brandeis）的主张不同，他并不认为企业的庞大是一种"诅咒"。阿诺德关心如何防止价格控制，而不是所谓的"高效大规模生产"和"有序的营销"，与1940年著作《商业瓶颈》(*The Bottlenecks of Business*) 章节标题表述的观点一致——"效率和服务才是考验，而非公司规模"。[4]

在5年的任期中，阿诺德的部门实施了215项调查和93项诉讼，几乎与《谢尔曼法》颁布前48年的诉讼量相当；预算翻了两番，达到了约200万美元；专业职员也从约35人增加到了200多人，而且首次加入了经济学家。阿诺德的战术创新包括复杂精巧的公关闪电战、全行业调查、刑事检控以及借助和解协议明显扩张的偿付方式。当消费者保持沉默时（他们经常如此），自称消费者代表的阿诺德不惜使用"废弃小镇"的象征意义[①]来赢得那些机器税支持者的拥护。例如，1942财年，在得到南部和西部参议员的协助之后，阿诺德不顾预算局的反对，在参议院会议上做了最后的努力，为自己的部门赢得了有史以来最大的预算。[5]

不过，阿诺德努力的核心是开放、扩张和迈向现代化的市场，而技术创新是实现目标的关键。所以，阿诺德上任后，在反托拉

[①] 技术革命导致乡村地区人口大量迁徙，进而导致城镇废弃。——译者注

斯部门启动的第一项重要系统性项目,以及项目采用的所有新策略,都以防止专利滥用为目标。阿诺德及其继任者温德尔·伯奇(Wendell Berge)认为,解冻生产现状不仅需要打乱现有体制,而且必须确保释放的经济力量能够建设性地用于新产品开发,让消费者获益。长期以来,公司控制专利一直是民粹主义活动家的主张,但反托拉斯运动让这个问题迅速成了新的热点。1938年年底的商务部报告指出:"过去的12个月中,美国专利制度引发了超过过去20年任意时刻的广泛关注。"甚至连总统也被诱导着表达了关切,于1938年4月29日发布了一份呼吁修改专利法的声明。[6]

专利改革的动力来自对经济现实和法律理论之间不匹配的认知。经济现实是,自19世纪以来,私人管理技术创新的局面已经发生了变化,工业研发不再是传说中发明家的专属,创新也被纳入了大型公司的系统化管理。工程进展管理局在1940年公布的一项研究发现,所有工业研究人员中有一半属于45家公司的雇员,13家最大的研究公司和机构占了三分之一。改革家大卫·林奇(David Lynch)写道:"整个(研发)综合体创造了与利己主义企业制度完全不同的经济环境,虽然利己主义企业制度仍然留在教科书中;计划经济的特征日趋明显,至少在技术方面确实如此。"林奇总结认为,少数公司高管可以施加不成比例的影响力,恶意控制国家的发展趋势。[7]

批评者继续说,行使这种控制权不仅会导致大规模的研发开支,更重要的是会导致利用专利法扼杀其他可能的竞争。专利法法律理论认为,存在时效的专利垄断制度可以激发个人发明有用的事物,而发布专利申明能够帮助传播相关技术。然而,作为一种国家认可的垄断,专利持有者已经找到了扩大其范围和延长其时效的办法。法律评论家莫蒂默·福伊尔(Mortimer Feuer)认为,长期以来,政府一直被动地相信专利是一种有限产权的谎言,实际上专利是"最有效的单一垄断手段"。[8] 批评者称政府应当承担保护技术活力（及其经济收益）、避免私人专利行为进行破坏的公共责任。

大公司最令人诟病的当属将自己有用的发明束之高阁，只是因为担心这些发明可能削减现有产品的利润。尽管最高法院在1908年认可了专利持有者不制造或不允许他人使用其专利发明的权利，但工商业代表们坚决否认上述判决。以1938年持有约9500项专利的美国电话电报公司为例，该公司在20世纪30年代中期受到了众议院专利委员会和新成立的联邦通信委员会的调查，但调查引发了贝尔实验室总裁弗兰克·朱厄特的强烈谴责。[9]

限制性专利许可属于一种相对保守但更为普遍的做法。专利持有者经常划定被许可人可以销售产品的地理区域，限制专利产品可以使用的商业领域，规定被许可人的定价政策，设定与专利使用相关的生产配额。虽然许可的法理相比压制行为更模糊，但最高法院在1926年甚至支持了许可条款，允许通过许可条款规定应用授权专利制造非专利产品的最终销售价格和销售方法。作为这项裁决的受益者，通用电气是专利改革倡导者最喜欢攻击的目标。通用电气在电灯专利领域占据了统治性地位，尽管竞争对手提出了多次法律挑战，但它还是利用上述控制权在20世纪20年代和30年代延缓了荧光灯的普及速度。20世纪20年代，通用电气约一半的利润都来自白炽灯销售，而且在1939年仍然控制着87%的灯具市场。[10]

据称，除了压制和限制性许可，还有一系列利用雄厚资金和法律力量（通常是大公司倚重的资源）的行为。专利改革者针对这些弊病提出了一系列补救措施和方案，包括面向弱势诉讼方的法律和财政援助，以及提起惩罚和恐吓性诉讼。最重要的是，专利改革者试图赋予联邦政府强制推行专利许可制度的权力。他们认为，强制许可权力（包括拒绝支付专利费的权力）可以为机构或法院提供引导商业行为的杠杆，激励低价、高产和快速创新，从而发展经济并满足消费者的需求。尽管公众十分关注"专利问题",但国会几乎没有采取任何行动,继续着改革立法在政策领域长期受挫的局面。后来很快当选委员会主席的众议员查尔斯·克莱默(Charles Kramer)曾在1938年轻蔑地表示,众议院专利委员会每隔10年左右就会从"瑞普·凡·温克尔"(Rip van Winkle)[①]的沉睡中醒来,然后"走出大山,刮刮胡子,剪剪头发,之后再回到大山里去"。1935年,专利委员会的航空、无线电和电话行业调查在一片混乱中宣告结束。同年,由麻省理工学院范内瓦·布什担任主席的科学咨询委员会提出了一项鲜有批评且建议温和的提议,但也没有形成任何立法。众议院议员W. D.麦克法兰(W. D. McFarlane)于1938年提议的强制许可法案也遭遇了相同的命运,虽然《商业周刊》暗示该法案由司法部起草,但因为在听证会上遭到了多名听证陈述人的反对,提议最终不了了之。[11]

麦克法兰的惨败促使政府放弃了该法案,转而将专利问题纳入国家临时经济委员会的议程。国家临时经济委员会是一个奇特的机构,由来自国会两院的3名议员和6个行政机构的负责人组成,任务是调查总统在4月29日讲话中提到的正在"严重危害"美国繁荣的私人权力。1938年12月,国家临时经济委员会召开了第一次听证会,依据阿诺德调查发现的材料讨论了专利问题。从反垄断部门借调的工作人员对比了具有促进效果的汽车行业专利制度与玻璃行业的专利滥用。汽车产业的技术动力据称是亨利·福特不愿意与汽车制造商协会僵化的专利池相配合的结果。然而,国家临时经济委

---

① 美国作家欧文作品中的人物。瑞普为人热心,靠耕种一小块贫瘠的土地养家糊口。有一天,他为了躲避唠叨凶悍的妻子,独自到附近的赫德森河畔兹吉尔山上去打猎。他遇到了当年发现这条河的赫德森船长及其伙伴,在喝了他们的仙酒后,就睡了一觉。醒后下山回家,他才发现时间已过了整整20年,人世沧桑,一切都十分陌生。——译者注

员会在玻璃容器行业发现了一个"牛奶瓶中的汽车协会",这是协会主席和参议院约瑟夫·马奥尼(Joseph Mahoney)的原话,因为哈特福德帝国公司(Hartford-Empire)和欧文斯伊利诺伊玻璃公司(Owens-Illinois)通过控制专利合同控制了价格,限制了生产,并扼杀了创新。[12]

国家临时经济委员会举行了一系列听证会,首先表述了改革自由主义观点,即政府需要持续的警戒性监督和积极干预以确保工业创新顺利实施,紧接着听证会又提出了科学咨询委员会的观点,即专利制度基本健全,最多需要适度的修补。第二场国家临时经济委员会听证会由商务部组织召开,参加听证会的包括专利专员康韦·科(Conway Coe,据说他对阿诺德"很生气")等商务部官员、知名专利律师和企业研究主管等。听证陈述人一致谴责强制许可是严重侵犯产权和威胁创新的行为,而且赞同了布什的声明,即专利制度"显然属于民主事务"。[13]

国家临时经济委员会的含糊其词加强了国会众议院主要议员以及商业和科学机构中失望的联合主义支持者的保守立场。例如,1940年,全国制造商协会和美国物理联合会的联合科学研究委员会举办了"现代先锋"晚宴,以庆祝专利法颁布150周年。晚宴参加者攻击了瑟曼·阿诺德和"某些阴险的颠覆性团体",发言者们一致认为,专利是现代先锋的保护港,任何政府都没有剥夺的权力——这不由让人回想起共和党曾经的主张。众议院专利委员会主席克莱默任命了一个由专利改革立法反对者控制的咨询委员会,该委员会按时报告了一些无用的建议。尽管新任商务部部长哈里·霍普金斯(Harry Hopkins)展开了游说,但除了专利局程序的技术性改动,众议院拒绝通过任何其他议案。对此,《纽约时报》发表的社论称,这些修改"几乎没有触及任何因工业研究、发明和商业方法引起的更大问题"。[14]

| 伪造的共识　　1921—1953：美国的国家愿景与科技政策之辩

《商业周刊》称，国家临时经济委员会的"巨大失败"对阿诺德来说并不意外。由于不同寻常的结构，该委员会根本无法避免行政部门与立法部门的内部分歧。阿诺德曾写道："任何（关于反托拉斯法的）修正提议都会受到极端反托拉斯者和极端求和者的夹击，最终什么都不会发生。过去40年来一直如此，未来也将继续。修正将发生在执法之后，不可能出现在执法之前。"虽然反垄断部门借助国家临时经济委员会的拨款补充了预算，并将国家临时经济委员会听证会当作宣传平台，但阿诺德不认为这个"没有牙齿"的委员会能够成为带来实质性政策变化的工具。相反，阿诺德转向了判例法制度，认为罗斯福任命的司法机构比国会可能更认同改革自由主义批评专利制度的观点。[15]

排名第二的成功：反垄断部门和专利法学

1937年年底，美国针对美国铝业公司发起了反托拉斯诉讼。司法部部长霍默·卡明斯（Homer Cummings）向总统转达下级法院的裁决时说道："世界永远不会缺少奇迹！"美国铝业公司在法庭的审理过程也反映了阿诺德以及之后伯格缓慢的胜利。20世纪30年代末，美国法院针对美国铝业公司发起了反托拉斯调查，并提起了大量诉讼，但之后因为珍珠港事件和国家安全原因搁置一旁。随着战争的结束，美国铝业公司反托拉斯案在1945年的判决为新政后的反垄断部门提供了最重要的支持，当时的勒尼德·汉德（Learned Hand）法官利用该案为证实反垄断违法行为设定了更宽松的标准，并监督了美国铝业公司向新竞争对手扩散先进技术的过程。美国铝业公司的审判先例定义了改革自由主义在第二次世界大战之后的一个隐藏遗产——公司研发决策的法律塑造。[16]

阿诺德在耶鲁大学的前同事沃尔顿·汉密尔顿（Walton Hamilton）为国家临时经济委员会编写了一本有影响力的专著——《专利与自由企业》(*Patents and Free Enterprise*)，出色地总结了激发专利改革者乐观情绪的法律状况。汉密尔顿认为，有两条相对立的专利法裁决路线可供法官参考。一条由共和党时代的保守派法院制定，专利只是一种财产，因此规定了充分的合同自由。汉密尔顿认为，这种理论让专利制度"远远偏离了它的宪法目的"，即促进"科学和实用艺术的发展"，而基于这种理论的专利制度"不仅延迟了新事物的出现，阻止了进步的步伐，还有可能……引发针对新思想的敌意，为技术发展设置障碍"。另一条则将专利定义为受限的财产，以实现专利作为公共利益的宪法目的。在这些案例中，法官主动确定专利持有者是否充分促进了技术创新，并根据这个标准做出了评判。[17]

按照第二条路线，1938年乙基汽油案判决中法官禁止了杜邦公司、通用汽车公司和新泽西标准石油公司采用的限制性许可行为。阿诺德感觉到了建立法律势头的机会，于是利用国家临时经济委员会的15.5万美元拨款来寻找可以借鉴乙基汽油案的新案例。阿诺德没有单独提起诉讼，而是选择分组整理同类案件并累积证据，以便为推行他的政策创造一起象征性事件，打造更厚实的法律基础。他的第一个目标是玻璃制造商哈特福德帝国公司，该公司曾在1938年12月的国家临时经济委员会听证会上遭受激烈攻击。借助一系列大张旗鼓的诉讼，阿诺德希望能够提高就业率、降低价格，并通过鼓励所有公司改进标准操作程序，推动更迅速的技术进步。[18]

在1939年年底发起哈特福德帝国公司诉讼案之后，接下来的15个月中美国法院又提起了11起专利诉讼案。例如，贾斯蒂斯提出了一项申诉，指控普尔曼公司阻止了铁路公司应用"竞争公司制造的现代化流线型轻质车厢"。阿诺德呼吁众议院拨款委员会增加1941年财政年度预算（弥补国家临时经济委员会解散后留下的空缺），以便他能够加快专利调查的步伐。"1941年",《商业周刊》刊文写道,"被反托拉斯者称为专利年"。同年8月,专利持有者在法院监督下达成了第一份被迫发放许可的和解。[19]

不过,除了专利,反托拉斯政策以及政治变动也是让1941年广为人知的重要原因。国防动员机构从1940年年末开始接管经济。1941年,联邦直接军事开支在国民生产总值的占比达到了10%,远高于前一年的约3%。从一开始,规模最大和技术最先进的公司就集中签订了大部分军事采购合同,其中包括新泽西标准石油公司、杜邦公司、美国铝业公司和通用电气公司,而这些公司同样在反托拉斯部门的调查名单上位居前列。动员机关不可避免地与司法部发生了冲突,双方的矛盾在1941年变得非常尖锐,专利权是矛盾的焦点。阿诺德认为,即使在军事紧急状态下也要继续严格执行反托拉斯法,原因在于垄断力量扼杀了军用和民用领域的生产创新,增加了政府和消费者的成本。他坚称,这是一场发生在工业和经济体系之间而不仅仅是军队之间的战争,除非时刻警惕的反垄断机构能够防止"经济破坏",否则国防努力最终将成为一场空。除了帮助动员工作提升效率和成本效益,反垄断执法还可以在部分公司因为战争状态而抢占市场的情况下维持市场体系。阿诺德认为他的努力是在控制与自由市场经济之间构建"中间道路"的基石,毕竟,自由市场经济是战争要实现的自由之一。[20]

借助针对铍、镁、铝、碳化钨、合成橡胶和军用光学产品等行业的调查,阿诺德早在1939年就开始了抢占国家安全制高点的尝试,而且特别热衷于证实德国和美国公司之间的勾结会损害国家的技术基础。反托拉斯调查员称,某些情况下,专利交易导致美国公司放弃了与德国竞争者类似的技术开发,而这些技术最终进入了军事领域。按照参议院专利委员会主席霍默·博恩(Homer Bone)的说法,其他情况下,美国公司可能泄露"重要机密",以诱使德国公司达成卡特尔协议。以军用光学仪器为例，阿诺德认为德国蔡司公司利用"专利武器"，通过向海军销售巡洋舰测距仪获取了超额利润。只是为了增加自己的利润，美国供应商博士伦公司（总裁是卡尔·康普顿创立的美国物理联合会与全国制造商协会的联合科学研究委员会主席）同意了蔡司公司的条件，而美国光学公司之间的市场分割安排则帮助该设备形成了垄断。迫于公开曝光案件的威胁，博士伦公司在 1940 年 7 月签署了一项同意书，同意免除战争期间生产的专利费用，在战争结束后也只收取"合理"费用。还有其他案件达成了类似的和解。[21]

尽管这些调查让阿诺德的部分保守派反对者相信，专利权应该因为国家安全而受到限制，但调查同时激发了军事部门和战争动员机构的强烈反对。1941 年 4 月，司法部部长罗伯特·杰克逊（Robert Jackson）被迫为国防承包商提供了针对反托拉斯法的几乎全面豁免。一旦美国真正进入战争状态，关于反托拉斯政策的内讧就会升级，成为助理预算主任韦恩·科伊（Wayne Coy）眼中"一段时间以来政府中可以见到的最激烈的争吵之一"。来自各部门长官的抱怨［包括战争部部长[①]亨利·史汀生（Henry Stimson），他曾讽刺说："看看我们现在麻烦缠身的军火生产，希特勒本人可能都无法期待更好的结果了。"］，迫使罗斯福总统召集他的麻烦解决者塞缪尔·罗森曼（Samuel Rosenman）法官来解决争端。1942 年 3 月 20 日，罗森曼法官促成了一份谅解备忘录，赋予了动员机构超越豁免权的权力，并推迟了在战争爆发前提出的反托拉斯诉讼。[22]

由于这场争端中的失利，阿诺德在国会的目标转向了宣传，取代了此前的立法。与参议员哈里·杜鲁门、霍默·博恩和哈利·基尔格主持的委员会合作，阿诺德在金属、药品、化学品和电气设备

---

① 美国战争部为美国国防部的前身。——编者注

行业展开了调查,让"卡特尔"一词变得更加声名狼藉。新泽西标准石油公司因为处理合成橡胶专利的方式以及与德国法本公司的交易而受到了特别激烈的攻击。尽管几乎没有影响军方签署的军事合同,但这些指控带来了公共意见的转变。公众开始支持政府针对德国公司采取严厉的措施,特别是 1942 年 4 月外国财产保管人制度没收所有敌方专利的措施——联邦政府因此成为美国最大的专利持有者。第二次世界大战结束后公布的一项研究显示,四分之三的外国财产保管局接管专利合同都包含限制性许可条款。[23]

尽管最著名的案件因为军方反对而推迟,但反托拉斯部门仍坚持针对动员机构判定不会破坏战争基本生产的那些案件提起了诉讼。在莫顿盐业案(1942 年)、优力威案(1942 年)、美森耐案(1942 年)和水银开关案(1944 年)中,司法部的律师们说服了最高法院,削减了专利权人所谓的自由合同权。作为对乙基汽油案的补充,这些判决指出,大多数情况下专利持有者不能强迫被许可人制定价格,也不能强迫被许可人购买未获专利的产品作为使用专利产品的条件。在罗斯福总统任命的威廉·道格拉斯(William Douglas)、弗兰克·墨菲(Frank Murphy)和雨果·布莱克(Hugo Black)等大法官的坚持下,法院的多数派开始接受"专利制度中占主导地位的是公共利益……专利是一项特权"(道格拉斯法官的原话)的观点。[24]

被批评者称为"瑟曼·阿诺德主义"的代价是阿诺德遭遇了明升暗降:他在 1943 年 1 月成为哥伦比亚特区巡回上诉法院的法官。然而,事实证明,温德尔·伯奇是反托拉斯部门当之无愧的继任掌舵人。在当时的情况下,他也许没有阿诺德那么张扬,但效果更显著。1943 年 11 月,在副总统亨利·华莱士、司法部部长弗朗西斯·比德尔(Francis Biddle)和参议员基尔格的支持下,伯格开始重新审理被推迟的案件。他最冒险的举动当属针对通用电气公司的调查，因为时任通用电气公司总裁的查尔斯·威尔逊（Charles Wilson）也是战时生产委员会主任，他极力反对伯格。1944年8月，罗斯福总统决定向前推进调查，这可能是多重因素共同推动的结果，包括第二次世界大战即将以胜利告终、新的选举迫在眉睫、为了安抚刚刚分道扬镳的华莱士的支持者，以及长期以来国际卡特尔威胁国家安全论点的影响。[25]

反托拉斯攻势在20世纪40年代末的一系列重要专利诉讼裁决中达到了顶峰。1945年，推迟多年的美国铝业公司反托拉斯案终于尘埃落定，判决结果与政府大量持股并由美国铝业公司在第二次世界大战期间建造和运营的大型铝厂的处置方式密切相关，开创了以实际市场份额（而非意图）作为所有反托拉斯诉讼裁决基础的先例。经过与司法部部长、法院和参议院反托拉斯活动家们的深入谈判，美国铝业公司同意放弃部分工厂，并在不收取专利费的情况下签署关键专利许可协议。哈特福德帝国公司案（1945年）和国家铅业公司案（1947年）树立了强制许可的原则，将其作为违反反托拉斯法的补救措施。尽管法院没有批准免除专利费的强制许可协议，但部分法官还是根据先例实施了严厉的补救措施。其他案例禁止了形成价格和市场限制的独家专利池。总的来说，通用电气公司（1926年）和新泽西标准石油公司（1931年）关于限制性许可和专利池的宽泛解释在20世纪40年代末被推翻了。[26]

因此，在专利政策领域追逐改革自由主义愿景的努力最终仅仅引发了司法界的一声闷雷和国会的几句牢骚。一声闷雷表示反垄断法和专利法相关法理的巨大变化。著名律师吉尔伯特·蒙塔古（Gilbert Montague）在给温德尔·伯奇的信中盛赞他带来了一场革命，贡献了新政两个伟大司法胜利的其中之一（另外一个伟大胜利是国家劳工关系委员会开创的监管先例）。参议院司法委员会于1960年的一项研究表明，强制许可已作为"反托拉斯案件中最常见的免责形式之一"得到认可。司法委员会统计了 1941 年到 1959 年的 107 项专利相关判决，涉及 4 万至 5 万项专利（总数约为 60 万项），以及半导体（美国电话电报公司）、计算机（IBM）和尼龙（杜邦公司）等技术。[27]

更重要的是，专利法和反托拉斯法的革命似乎广泛地影响了商业行为，但没有减少企业的研发总投资。例如，详细的历史记录表明，除了执行法院的判决，杜邦公司还调整了技术战略，增加了对自有研发部门的倚重程度。杜邦公司的管理层意识到，面对更严厉的新反托拉斯环境，第二次世界大战之前收购小竞争者的方法已经变得不太合时宜。同样，1966 年《反托拉斯和贸易法规报告》（*Antitrust and Trade Regulation Report*）显示，美国企业使用限制性专利池的频率"相对来说很少……或非常谨慎"，而且这些专利池已经不再构成严重的执法问题。然后，这些新实践为那些战争爆发前可能被大型公司直接吞并的创新型小企业提供了发展空间，同时也刺激了公司中央研究实验室的壮大。第二次世界大战结束后，大公司削弱了专利保护程度，这可能也导致了专利重要性的相对下降，相应增加了对隐性专业知识和其他机制的依赖，以获得技术创新投资的收益。因此，阿诺德和伯格努力带来的专利政策变化形成了第二次世界大战之后美国国家创新体系的独特优势及其特有的弱点，但这些并不属于"战后共识"范畴。[28]

显然，这些变化发生得太迟了，无法对 1937 年到 1938 年的经济衰退产生积极影响。作为一项短期经济政策，即使是其支持者也只能不情愿地承认，反托拉斯执法的影响力十分有限，增加政府开支带来的财政冲击效果更显著而且更直接。当然，结果证明，联邦政府在第二次世界大战期间的财政预算才称得上终极刺激。然而，凯恩斯主义企业家们在第二次世界大战爆发前就已经开始蓄势，并与"瑟曼·阿诺德主义"建立了结盟。

攻击住房技术封锁：改革自由主义遇到凯恩斯主义

"凯恩斯主义"是一个使用方便但并不准确的术语。经济衰退源于购买力缺失的"凯恩斯主义"因果故事早于凯恩斯的著作《就业、利息和货币通论》而出现。正如前文所述，1933年《全国工业复兴法》提高工资的意图就是改善购买力（至少是部分支持者的意图）。凯恩斯解读了这种分析，极大地增强了其著作对知识分子的吸引力，并确定了新的政策工具。凯恩斯将总需求（称为购买力）分为消费、投资和政府开支，并认为投资匮乏应该为经济大萧条承担大部分责任。低迷的未来销售预期、偏好流动性、厌恶风险以及（冲动和乐观情绪等）"动物精神"不足等诸多因素造成了总需求的部分缺失，而政府有责任补齐短板。[29]

凯恩斯没有深入研究将政府促进需求的补偿措施转化为经济增长的微观经济机制。在纪念凯恩斯的文章中，熊彼特以特有的夸张方式写道："所有与（凯恩斯模型中生产）设备创造和变化相关的现象，也就是说，主导资本主义进程的现象，都因此被排除在考虑之外。"然而，许多坚持凯恩斯主义事业的美国人更关注这些机制而非大师本身，有些人认为技术创新是赤字开支与经济增长之间的重要纽带。例如，培养了第一批美国凯恩斯主义信仰者的哈佛大学经济学家阿尔文·汉森在1938年美国经济学会主席致辞中表示，经济增长三大终极动力源的其中两个（人口增长和领土扩张）已经耗尽，因此第三个动力源，即技术创新，必将承受压力。这与他的哈佛同事熊彼特的理念一致。然而，与熊彼特不同，受凯恩斯的启发，汉森认为私营企业没有实现创新并为产业发展注入新增长动力的能力。相反，他认为，根深蒂固的垄断力量限制了新产品的创新，同时也限制了节约劳动力和资本的工艺创新。因此，凯恩斯主义要求的补偿性开支必须发挥创造新投资机会的作用,特别是技术机会,以及增加消费需求的作用。汉森宣称,除了提供福利,"政府正在成为投资银行家"。汉森的观点是,如果没有积极的政府行动,"成熟"的经济注定会出现"世俗的滞涨",这在他的学生中引发了共鸣。完成学业后,汉森的很多学生立刻离开了马萨诸塞州坎布里奇,去了华盛顿特区。[30]

汉森和他的追随者为联邦政府发现了一些投资机会,包括田纳西河流域管理局、家庭和农场电气化局以及农村电气化管理局(Rural Electrification Administration)等政府机构正在开发的电力技术,但他们都对住房抱有特别的希望。他们认为(与熊彼特和奥格本等人一样),预制房屋可能是未来数十年最具社会和经济意义的发明之一。受国家临时经济委员会委托审查住房政策的彼得·J.斯通(Peter J. Stone)和R.哈罗德·丹顿(R. Harold Denton)表示:"建筑业为投资资金提供了一个最广阔的未开发领域,这对维持恰当的经济体系平衡很有必要。"即使不考虑在社会改革方面的价值,理想的凯恩斯主义政府可以将纳税人以及借来的钱用于住房投资,这才是最重要的。[31]

1937年到1938年的经济衰退让凯恩斯主义分析引起了最高决策者的注意。美联储的马里纳·埃克尔斯(Marriner Eccles)和白宫顾问劳克林·柯里(Lauchlin Currie)等凯恩斯主义者宣称,税收和开支的变化是导致经济衰退的原因,因此政府需要实施积极的开支和借贷计划来结束衰退。虽然"借贷开支"提议没有赢得国会的多数支持,但政府还是采取了一些财政和货币刺激措施,包括降低抵押贷款利率和创建二级抵押贷款市场。这些措施为一系列可以追溯到胡佛政府的政策创新画上了句号,显著增强了联邦政府对住房融资成本的控制。然而,住房市场在20世纪30年代后期的反弹幅度远不及经济整体。1937年,美国仅建了30万套住房,1938年为35万套,

1939年为45万套，不到1925年高峰时期的一半。整个建筑业的就业人数不足100万人，而20世纪20年代的平均值为200万人左右。1940年的第一次住房普查形象地描述了住房政策的失败：全国49%的住房结构不达标，或者没有独立的浴室。[32]

由于私人住房投资没能及时应对金融改革和降息政策，政策企业家开始积极推行新政策，不仅为了改善住房这个重要经济领域的流动性，还致力于在住房行业推行大规模的生产革命。该行业一直沿用古老的手工作业方式，与落后工艺相匹配的是主要从业人员的严重腐败。鉴于此，住房行业的成本一直居高不下。一份调查报告显示："在按照收入划分的三类群体中，低收入家庭完全无力承担住房，而中等收入家庭很少购买新建住房。"没有大规模生产，就不可能形成大规模的市场。然而，该行业落后的技术受到了公司和工会之间市场分配与定价协议的保护，甚至属于强制执行内容（因为保护行为得到了习俗的支持，很多变成了法律条文）。例如，当地建筑法规要求使用能够维持现行安排的技术和材料。[33]

联邦住房管理局的迈尔斯·科林（Miles Colean）是该领域最有发言权和权威性的评论家，他认为想要打破住房技术"封锁"，联邦政府需要同时清理所有障碍。除了更广泛的联邦住房融资政策，科林还呼吁施行大规模的公共采购住房，以作为大规模生产的试验田；地方政府必须受到监督，以确保联邦政府用于公共住房的资金不会被低效的小型建筑商挤占。科林还主张联邦政府增强大规模住房研发力度，以开发大规模生产所需的科学技术。他还赞成积极加强建筑行业的反托拉斯执法，材料制造商的垄断、分销商之间的勾结以及承包商和工会的利益输送都应该成为司法部的调查目标。科林相信，通过采取这些措施，政府可以提供住房行业缺乏的强有力的中心管理。美国住房行业的历史表明，单靠市场力量无法诞生类似亨利·福特的改革家，无法既能够收获相称的利益，也可以设计和建

| **伪造的共识**　　1921—1953：美国的国家愿景与科技政策之辩

造面向普通家庭的住房，建立服务大众的体系。如果缺乏强有力的政策支持，个人买家就会继续受到制造商、分销商、建筑商和工会的掠夺。个人面对这些强力团体几乎无法行使讨价还价的权利。科林希望（大型）技术建筑商和预制房屋制造商能够利用联邦住房计划创造的投资机会，改变住房行业的现状。但是，在期望的改变实现之前，政府需要借助大规模采购、广泛研究和严格的反托拉斯执法来补充住房融资改革，满足公共利益需求。[34]

在1937年到1938年的经济衰退之后，支持科林设想的政策企业家加紧了政策推行力度。参议员罗伯特·F.瓦格纳（Robert F. Wagner）领导了国会增加公共住房的斗争，并且得到了新成立的美国住房管理局的支持。约翰·皮尔斯基金会的罗伯特·戴维森（Robert Davison）敦促政府支持仿照国家航空咨询委员会实施的联邦住房研发计划。在瑟曼·阿诺德的领导下，住房行业成了反托拉斯部门耗费人力和资金最多的执法项目。在1940年的高峰时，该部门一半以上的工作人员都曾参与其中。[35]

公共住房与大规模生产

20世纪三四十年代的公共住房政策讲述了一个丰富而复杂的故事，与种族、社会改革和联邦制等问题紧密相连，构成了20世纪美国政治的核心推动力。不过，本节只能概述故事里的几个重要事件，集中讨论借助公共住房加速技术创新的主要努力。这些努力之所以失败，原因部分在于支持者低估了经济方面大规模建造并保证住房吸引力的难度，部分在于反对者通过反对所谓的社会主义有效捍卫了保守主义政府概念。即使具有里程碑意义的《1949年住房法》（*Housing Act of 1949*）或许称得上"公平施政"最伟大的立法胜利，但其支持者认为那也只是一次"空洞的胜利",因为该法案确立的公共住房条款从未完全实施,所建的公共住房也没有实现法案提议者过高的希望。[36]

早在胡佛执政时期,联邦政府就采取了温和的措施来资助低收入家庭购买住房。罗斯福总统在第一个任期内也采取了类似的措施,但由于内政部部长哈罗德·伊克斯的谨慎,4年内仅建造了2.2万套住房。参议员瓦格纳认为,这种速度无论从社会还是经济角度都不可接受。1937年的《瓦格纳–斯蒂格尔住房法》(*Wagner-Steagall Housing Act*)促使美国组建住房管理局。伊克斯被挤到了一边,瓦格纳的支持者占据了关键岗位。尽管《瓦格纳–斯蒂格尔住房法》遭到了参议员哈里·伯德(Harry Byrd)等反对者的抵制,美国住房管理局的项目也从未得到充分的资金支持,但政府仍然在1939年和1940年分别资助了5.6万和7.3万套住房的建设。美国住房管理局主要通过向地方住房当局贷款的方式提供资助,而早期工作则以"传教"为主,即根据州和当地法律法规建立地方管理局,并让地方管理局负责实施已经制定的项目。尽管瓦格纳对大规模生产的未来抱有希望,但在尝试任何可能考验地方政府,特别是美国劳工联合会下属行业工会态度的未来计划之前,政府需要确保建造公共住房的能力,就像建造传统住房一样。[37]

第二次世界大战为公共住房技术创新创造了更有利的条件,并赋予了联邦政府更强的实施权力。动员机构分流了住房行业所需的材料和劳动力,同时在新建国防工厂和军事基地附近创造了巨大的住房需求。1940年,总统成立了国防住房协调员办公室,取代了住房管理局;国会通过了《兰哈姆法案》(*Lanham Act*),授权建造70万套住房来安置国防工人。不过,国会对公共住房持不确定态度,并认为战争时期属于一种特殊状态,按照《兰哈姆法案》授权建造的住房必须为临时性建筑,不得转为和平时期使用的永久性建筑。

| **伪造的共识**　1921—1953：美国的国家愿景与科技政策之辩

这些限制加快了"可拆卸"（可移动）预制房屋的发展速度。联合汽车工会主席沃尔特·路则（Walter Reuther）试图抓住这个机会，以便为拥有复杂产品组装经验的联合汽车工会的工人谋取福利。然而，路则的工厂制造住房计划，与他更著名的飞机大规模生产计划一样，在1941年遭到了主要战争动员机构——生产管理办公室的无情忽视。即使在珍珠港事件之后，"红砖加砂浆"的老式理念仍然是国防住房建设的主导思想。地方胁迫加上美国劳工联合会影响起草的烦琐规则，限制了大胆的实验。产业工会联合会则反驳称，预制房屋质量低劣，政府没有资格向公众推广此类产品。虽然联邦政府在战争期间从未对住房技术创新做出全面承诺，但适度的实验以及劳动力和材料短缺的压力共同向路则证明，他大规模制造住房的设想至少存在技术可行性。[38]

第二次世界大战结束后，在美国退伍军人法案的推动下，美国住房需求量甚至超过了战争时期。路则早在1943年就预见到了市场紧俏，并修改了早先的建议，主张在改装的飞机组装车间大规模建造房屋。《财富》（Fortune）杂志1946年4月发布的住房特刊反映了这些理念的普及。编辑们指出"美元可以购买的住房价值出现了惊人的增长"，并详细介绍了理查德·巴克敏斯特·富勒（Richard Buckminster Fuller）的原型房屋。该房屋使用了剩余的战争材料和工具，富勒声称它们的交付价格可以低至每磅50美分，或者总共约3700美元。"走进房屋，就好像第一次进入20世纪一样"，《财富》杂志的记者发出了这样的感叹。在《财富》杂志期待着需求扩大迫使私人建筑商采用新技术的同时，1946年《退伍军人紧急住房法》（Veterans Emergency Housing Act）让联邦政府在预制房屋方面获得了利益。[39]

顾名思义，《退伍军人紧急住房法》是一项应对危机的短期措施，源于住房稽查员威尔逊·怀亚特（Wilson Wyatt）的创意。怀亚特曾担任路易斯维尔市市长,受杜鲁门总统的任命来为解决退伍军人住房问题献计献策。怀亚特认为传统建筑技术不足以解决危机,因此建议联邦政府通过担保购买大量的预制房屋,向房屋制造商提供贷款以及过剩的工厂和机器,以强制预制房屋进入市场。他告诉参议院银行业委员会:"我们正在谈论的是基于大规模生产原则的房屋。虽然在工厂里开发和制造,但除了成本应该更低,这些房屋与传统房屋没有任何区别。"如果政府不能向制造商保证市场的存在,无法向购买者证明产品的质量,就不可能形成一个健康发展的行业。怀亚特设定了在1947年年底前建造85万套预制房屋的目标。[40]

怀亚特的反对者,例如俄亥俄州参议员罗伯特·A.塔夫脱(Robert A. Taft),认为怀亚特制定了一个荒谬的目标。塔夫脱表示,政府需要一颗"水晶球"来预测预制房屋技术是否已经做好了进入市场的准备。怀亚特的退伍军人紧急住房计划最终以惨败收场,证明了怀疑者是正确的。怀亚特没有预见到新技术进入规模应用时不可避免的困难,还拒绝考虑预制房屋和传统房屋之间的差异,反而希望这些深受购房者重视的差异消失。此外,根据预制房屋制造商协会的说法,该计划的管理极其"业余"。到1948年中期,通过该计划获得贷款的15家公司中有10家已经破产。从1946年到1947年,美国只建造了3.7万套预制房屋,与怀特的目标相去甚远。[41]

事实证明,退伍军人紧急住房计划只是和平时期住房政策长期辩论中一种暂时吸引人们注意力的转移措施。从1945年到1949年,美国和平时期的住房政策因为公共住房问题而陷入僵局。尽管被同事抱怨正在滑向社会主义阵营,参议员塔夫脱仍旧支持公共住房(前提是地方控制公共住房,并设置严格的隔离措施,以避免与私人住房形成竞争)。塔夫脱赢得了足够的选票,让参议院稳妥地通过了包括公共住房条款在内的议案。在1946年和1948年,美国参议院通过了相关议案,结果却遭到了众议员杰西·沃尔科特(Jesse

Wolcott）领导的众议院银行业委员会的否决。在得到一个有影响力的银行和房地产游说团体的支持后，沃尔科特表达了任何公共住房项目都可能成为引发政府全面接管开端的担忧。他毫不避讳"社会主义与美国特色的基本问题"。杜鲁门总统把制定住房法案作为最高的优先目标之一，并最终赢了沃尔科特。因为没能应对住房问题，总统抨击国会无所作为，这成了他1948年选举获胜的一个关键因素。受民主党胜利的推动，众议院终于在 1949 年通过了一项全面的住房法案，该住房法案授权在 6 年内每年建造 13.5 万套公共住房。[42] 两位众议员——83 岁的阿道夫·萨巴斯（Adolph Sabath）和 69 岁的 E. E. 考克斯（E. E. Cox）为此在众议院会议中发生了争执。考克斯谴责这项措施属于"社会主义计划"，目的是建立"一个庞大且全面的官僚机构"。考克斯称得上是反对者的代表。

不过，还是众议员沃尔科特笑到了最后。首先，国会从未提供足够的资金来实现这项住房法案的目标。其次，在该法案获得国会通过后的头 15 年里，平均每年建造的公共住房只有不到 2.5 万套。在需求超过百万套的住房市场中，数量有限的公共采购根本无法催化住房技术的大规模变革。更重要的是，公共住房的支持者们似乎已经失去了大胆试验新技术的热情，或许是因为退伍军人紧急住房计划失败的教训。任何形式的公共住房项目选址和建造都称得上挑战，与产业工会联合会的斗争以及重新塑造居民理想的城市住房无疑让挑战变得更加棘手。地理差异加上大量控制公共住房的地方行为，流水线装配工厂甚至很难完成每年 2.5 万套预制房屋目标的一半。最后，美国支付能力调查和公共住房污名化可能阻碍了即使最成功的大规模建造房屋的推广。20 世纪 60 年代的实验显示，中产阶级购房者并不希望自己过着与那些不太幸运的同胞一样的生活。巴克敏斯特·富勒每磅 50 美分的房子只不过是一种实用的幻想而已。

住房技术研发

政府大规模公共采购住房意在为新的设计、材料和技术提供一个稳定且精明的前瞻性买家。20 世纪 30 年代末的新政支持者也期待政府实施供给方面的干预措施，以强制推动住房技术发展。联邦政府的技术指导和研发资助，特别是借助隶属于中央住房管理机构的中央住房实验室，可以帮助在建筑业的泥泞传统中注入先进科学的活力。尽管 1949 年的住房法案批准了一项重要计划，但是同寄托于公共住房的希望一样，改革自由主义和凯恩斯主义对住房技术研发的期望也破灭了。1945 年之后，建筑业转而开始反对政府研发，因为当时的领导人得出结论，行业无法控制联邦政府资助的住房技术研发方向，但他们能够在 20 世纪 50 年代初通过政府拨款流程中止住房和家庭金融管理局一项萌芽阶段的研究计划。

20 世纪 20 年代和 30 年代初，标准局领导了联邦政府简化和规范住房建设的努力。标准局的建筑和住房部门在罗斯福总统的第一个任期内遭到了削减，在 20 世纪 30 年代末仅得到了适度恢复。不过，标准局采用了渐进式住房技术研究方法，为行业和地方提供了很大的发言权，这引发了住房技术政策企业家的挫败感。1938 年，约翰·皮尔斯基金会的住房研究主任罗伯特·戴维森（Robert Davison）致信白宫，抱怨了标准局的胆怯行为。除非改变工作方式，否则联邦政府的计划永远不会产生普通家庭能够负担得起的 T 型住房[①]。得到总统秘书詹姆斯·罗斯福（James Roosevelt）的祝福之后，戴维森第二年向国家临时经济委员提出了他的建议，建议仿照国家航空咨询委员会的模式建立一个联邦住房研究机构，因为政府需要

---

① T 型住房表示像福特公司的 T 型轿车一样所有人都能够买得起的房屋。——译者注

采取革命性而非渐进性措施。摩迪凯·伊齐基尔（Mordecai Ezekiel，农业部部长亨利·华莱士的经济顾问）、阿尔文·汉森和参议员哈利·基尔格都响应了建立独立住房研究实验室的呼吁，参议员基尔格还提出了建立实验室的议案。[43]

戴维森的建议给国家临时经济委员会留下了深刻印象，促使委员会将增强技术研究列入了住房行业建议清单。国家临时经济委员会的住房专题文章写道："对联邦政府援助的渴求毋庸置疑。"迈尔斯·科林的观点更加尖锐："当前的努力让人绝望得不足。"在哈里·霍普金斯（Harry Hopkins）短暂出任部长的1938年到1940年，商务部制订了解决该问题的计划，即一项为期3年、耗资300万美元、从1941财政年度开始实施的计划。不过，商务部的住房技术研发计划严重缺乏实施细节，对既定行业利益集团与政府或学术技术专家和新兴产业代表如何分配权力的关键问题更是含糊其词。戴维森将国家航空咨询委员会作为模板，暗示了可以采取高技术联合主义，但同时引起了新一轮关于保护主义的担忧，担心新建组织被建筑机构控制，可能演变成新的国家复兴管理局。另外，参议员基尔格将他的住房技术研究建议与联邦农业研发系统相提并论，后者帮助政府确定了创新的方向和步伐。糟糕的时机消除了追究这些细节的需要，预算局说服了罗斯福总统并以国防开支的名义提交了商业计划。[44]

除了战时生产委员会生产研究发展办公室在1943年和1944年有限的住房技术研发计划，战争让所有议程都陷入了停滞。战争的压力确实为所有可能出现的主要联邦住房研发计划创造了统一的行政机构——国家住房管理署。根据行政命令，住房管理署于1942年2月成立，第一任署长约翰·布兰福德（John Blandford）曾于20世纪30年代在田纳西河流域管理局任职。作为创新住房技术实验的温床，布兰福德小心翼翼地遵守了"要事先办"的管理路线，将所有战时住房优先事项都与战争挂上了钩。但是，到了1943年，布兰福德开始悄悄转向战后住房政策。他坚持实施和保持集中化联邦住房计划的需要，强烈支持公共住房项目，而且坚信联邦政府必须带头"激励技术资源的充分利用，并在必要的范围内提供补充"。布兰福德建议国家住房管理署调查住房技术研究项目，确定可以实施研究的现有设施，并在发现明显需求的情况下建立额外的设施。参议员基尔格携手参议员瓦格纳在1944年重新提出了他的中央住房技术研究实验室议案，希望政府发挥更加积极的作用。他引用了范内瓦·布什的一句话，并在第二年告诉参议院银行业委员会："持续的住房技术研究计划可以为住房消费者提供无限的价值和节约成本的机会。"[45]

布兰福德关于住房技术研发的看法与参议员塔夫脱不谋而合。在第二次世界大战结束后不久，参议员塔夫脱的支持是参议院通过住房议案的关键因素之一。塔夫脱与那些反对联邦政府在住房技术研发方面发挥作用的人或组织（例如美国劳工联合会、木材经销商和美国储贷联盟）划清了界限，认真考虑国家航空咨询委员会模式，设想国家住房管理署能够作为整个住房行业技术研究的催化剂和协调员，借助自有项目以温和的方式做出贡献。他断然拒绝了基尔格要求的规模和权限都更大的组织。塔夫脱获得了建筑材料制造商、房地产经纪和房屋建筑商代表模棱两可的支持，只有产业工会联合会采纳了基尔格的改革自由主义观点。在布兰福德的保证下，塔夫脱附属委员会赞同"采取适当的措施，协调现有研究成果，并发起原创性调查，以确保为公共和私人决策提供合理的依据"，同时建议在5年内拨款1250万美元，授权国家住房管理署署长按照自认为合适的方式组织和实施技术研究。1946年年初，杜鲁门总统任命威尔逊·怀亚特作为该项目的负责人，塔夫脱赞成的自由裁量权突然变得具有威胁性了。1945年，住房行业的利益集团曾与塔夫脱就联邦研究短暂达成了一致,现在则转而谴责住房法案不健全的相关条款可能导致政府与私营企业之间的竞争。该议案因为无法平息的争论夭折了。[46]

在国会争论不休的时候,国家住房管理署悄悄地发挥着自己的作用,促进了住房领域的技术创新,并且在传播第二次世界大战期间开发的新技术方面立下了汗马功劳。国家住房管理署按照退伍军人紧急住房计划展开了与预制房屋相关的审查和测试,并与其他政府部门和学术机构的住房研究单位建立了技术关系。然而,由于仅具有临时授权、缺乏研发经费,以及国会没有就研发问题达成结论的明显事实,国家住房管理署的计划受到了束缚。[47]

住房技术研发是第80届国会住房政策辩论的重要内容。1947年进入辩论中心的国会住房联合委员会(Congressional Joint Committee on Housing)采纳了参议员拉尔夫·弗兰德斯(Ralph Flanders)的观点,认为促使联邦政府采取措施来淘汰过时的建筑工艺方法是通过住房法案的最主要理由之一。该委员会的多数报告呼吁施行"一项广泛的技术研究计划",并主张给予(已取代国家住房管理署的)住房和家庭金融管理局"发起和协调研究"的权力,但没有提出具体的建议。参议员约瑟夫·麦卡锡(Joseph McCarthy)利用联合委员会的听证会磨炼了自己的究问技巧,并提出了异议。麦卡锡的少数报告明确指出,住房和家庭金融管理局的技术责任应限制在标准化和规则制定方面。麦卡锡的观点引发了众议院共和党人、制造商、建筑商和房地产经纪人的共鸣,后者激烈抨击住房法案关于研究的条款属于"官僚控制""推行政府管控的楔子"和"独裁"。尽管法案出乎麦肯锡意料地通过了以沃尔科特为主席的参议院银行业委员会,但遭到了众议院规则委员会(House Rules Committee)的压制。经过总统和参议院多数派与众议院领导层的长期争辩,国会只通过了由参议员麦卡锡编写的"虚假住房法案"(杜鲁门的原话)。1948年的住房法案迫使住房和家庭金融管理局关闭了现有的小型研究项目，并按照麦卡锡报告的规定限制了自身的技术工作。[48]

杜鲁门在1948年总统竞选中有效利用了住房问题，而前一年遭到封杀的议案勉强赢得了第81届国会众议院规则委员会的多数支持，进而获得通过并作为《1949年住房法》颁布，没有规定住房和家庭金融管理局研发项目的结构或规模。该机构采纳了布兰福德此前的建议，并根据行业调查提出了1100万美元的研究预算建议，而且建议并没有追求"奇迹般的单一解决方案"，而是以"大大小小的渐进和累积成果为目标，同时努力将取得的这些成果投入日常的实际应用中"。这种方法虽然适度而且现实，但受限于同行业协商与合作以及支持私营企业的提议，结果超出了预算局和众议院拨款委员会的许可范围，因此1950财政年度的预算被削减到200万美元。1951财政年度，住房和家庭金融管理局试图将研究预算增加到330万美元，但被进一步削减至180万美元。第二年，众议院以朝鲜战争为由彻底取消了这项拨款。住房和家庭金融管理局在1952年和1953年裁撤了研究部门，而研究部门在存续的4年时间中累计的开支只有430万美元。[49]

与此同时，住房和家庭金融管理局研发计划的反对者在1949年成立了附属国家研究委员会的建筑研究咨询委员会，并发起了反击。建筑研究咨询委员会为私人住房技术研发披上了一层协调的外衣，而私人研发可以安抚人们的情绪，避免杜鲁门在1948年给该行业及其国会支持者贴上的"不作为"标签。建筑研究咨询委员会获得了住房和家庭金融管理局实施行业研发调查的报告，并对调查发现的情况进行了乐观的解读。在住房和家庭金融管理局退出技术研发领域之际，建筑研究咨询委员会，作为嘲弄新政住房研发原始愿景的一种手段，反而成了该领域的权威。第二次世界大战爆发前的住房技术政策企业家们已经彻底宣告失败，他们珍视的中央住房机构被剥夺了技术能力,尽管这种能力花费了多年努力才建立起来,而且其中经历过多次濒临失败的情况。改革自由主义愿景在20世纪30年代到50年代变得狭隘,放弃了渐进式突破和权力的集中,只是发起了一些独立的研究。相反,政府得到了建筑研究咨询委员会——一家受反对者诟病仅关注阻碍住房创新利益的非政府组织。事实上,改革自由主义在肯尼迪总统任期内获得了第二春,但建筑研究咨询委员会及其国会盟友再次破坏了联邦政府促进住房技术研发的努力。约翰逊总统的"伟大社会"政策取得了相对大一点儿的成功,产生了短暂的"突破行动"——美国航空航天局工程师运营的一项紧急措施,属于扶贫战争的一部分,但结果也只是一次惨痛的失败。[50]

住房行业的反托拉斯执法

改革自由主义在住房行业的最后一次努力得到了最大的关注,但也消逝得最快。为了自己心目中消费者运动最美好的梦想——房屋所有权,瑟曼·阿诺德与反垄断部门的突击队一起展开了一场斗争。阿诺德希望通过打破各种行业的垄断以降低当前价格,加快引进更新、成本更低廉的住房技术,但最终阿诺德成了失败的一方。由于法律和政治原因,也许还有个人的反感,阿诺德把枪口对准了建筑业工会。按照最高法院法官费利克斯·弗兰克福特(Felix Frankfurter)撰写的一份意见书,最高法院在美国诉哈奇森案(1941年)中为工会提供了反托拉斯法豁免,让阿诺德遭到了最惨痛的失败,阿诺德因此发现他已经疏远了与军工行业斗争时最需要的强力支持者。积极的反垄断执法不仅没有改变住房行业,反而破坏了阿诺德更大的改革自由主义项目。

阿诺德将"罗斯福衰退"后住房市场恢复失败的原因归咎于高

成本，而成本是阻碍中产阶级和工薪阶级进入市场的重要因素。他告诉国家临时经济委员会："不合理的交易限制才是建筑成本居高不下最明显的原因，更何况几乎所有限制都可能违反法律。"阿诺德警告道，除非建立自由竞争机制，否则降低成本需要的技术进步永远不会发生。他给住房行业的各个方面打了分，认定垄断行为导致了落后技术的长期存在。建筑材料制造商利用专利合同和掠夺性行为压制了进行创新的竞争对手。分销商与制造商勾结，抑制新材料的应用，以换取区域垄断。承包商、工会和地方官员携手抵制了新设计和新方法的普及。因为这个环环相扣的链条，引进和推广符合公众利益新技术的努力遇到了重重障碍。[51]

因此，阿诺德制订了计划，以针对所有环节同时发起攻击，并计划在全国数个不同地区的制造商、分销商、承包商和工会展开调查。与此同时，以阿诺德为领导的反托拉斯部门通过媒体和演讲广泛宣传了他们的努力以及受到攻击的限制性行为。与其他调查一样，阿诺德希望以此改变行业的行为和思维，并动员公众，而不只是敲打少数不法分子。公共关系与诉讼都是这场运动的一部分。从联邦贸易委员会调入司法部，负责调查建筑业的著名经济学家科温·爱德华兹（Corwin Edwards）做出了精辟的总结："调查过程涉及的领域要比诉讼程序广泛得多。""只有涵盖整个行业的攻击才能改变该行业的心理，从而获得最大的经济效果"，活动开展时温德尔·伯奇在给阿诺德的信中这样写道。否则，调查只能强化这样的观念——"这只是又一起经济收效甚微的、零星的反托拉斯执法案例"。[52]

1939年5月，司法部公开宣布了住房行业调查行动。按照《建筑论坛》（*Architectural Forum*）杂志的报道，瑟曼·阿诺德承诺"在建筑业展开从上到下的扫荡"。截至夏季末，他开始裁减其他调查计划的人员，同时增加了住房业调查人员的数量。数个月后，这项调查的重点开始转向建筑业工会，但其他目标也无法完全舍弃。阿诺德以滥用专利的罪名提起了针对硬纸板行业的诉讼，以操纵价格的罪名提起了针对木材行业的诉讼，以串通的罪名提起了针对承包商网络的诉讼。事实上，截至1939年12月，联邦大陪审团提出的239份起诉书中只有30份提到了工会或工会官员。但是，劳工吸引了公众的目光和反托拉斯部门工作人员的注意。也许这种关注源于阿诺德的观念，即针对建筑业工会的调查是整个行动最薄弱的环节，以及他认为自己不能承受任何损失的担忧；也许阿诺德想证明自己的诚意，以巩固国会农业部门主要成员的支持；也许他认为这些工会是妨碍建筑业创新的最主要的阻力，也是对其权威最不可忍受的蔑视，希望为进步的竞争性工会提供更好的机会。[53]

虽然被指控与部分前任一样想要摧毁劳工运动，但这位负责反托拉斯部门的助理检察长并不打算起诉工会组织者或者只雇用工会会员的工厂。正如美国劳工联合会的一位评论家所述，阿诺德希望实行"仁慈的独裁"，以塑造自己自封的"技术进步守护者"的形象——或许这才是更准确的评价。阿诺德认为工会"专制者"扼杀了工人采用新技术的自然倾向，而他设定了释放这种创造力和提高基层工人生活水平的目标。阿诺德总是宣称在调查过程中得到了基层工人的支持，特别指出进步工会支持他反对建筑业工会案件的行为。进步工会指的是产业工会联合会。1939年10月，产业工会联合会宣布，该组织创始人约翰·刘易斯（John Lewis）的兄弟阿尔玛·刘易斯将在美国劳工联合会主导的建筑业中领导一项组织活动。响应全美汽车工人联合会领导人沃尔特·路则的大规模建造住房计划，建筑工人联合会组织委员会宣称"（本行业）迫切需要20世纪的建筑方法……管辖权纠纷、敲诈勒索、限制生产和行业工会的模式已经过时了"。产业工会联合会推动"现代工厂生产技术"的努力得到了阿诺德的支持，他向国家临时经济委员会描述了在伊利诺伊州贝尔维尔建造预制房屋过程中美国劳工联合会遇到的一起暴力冲突。[54]

出于对自身利益的考虑，美国劳工联合会提出了异议，质疑反垄断部门区分阻碍技术创新行为（阿诺德希望禁止此类行为）和帮助工人转型并适应技术改进行为（阿诺德声称支持这种行为）的能力。例如，在雇主和政府眼中，雇用不必要的劳动力是一种负担，而工会可能认为这是一种防止随意和轻率裁员的行为。阿诺德的方法将取代工匠们去判断哪些技术是真正进步的创新，哪些是低劣的可替代品，这将损害安全，仅为建筑商带来利润，无法为消费者提供任何价值。劳工联合会要求通过与管理层的谈判区分创新和反创新行为，而非交由司法部决定。对改革自由主义政府愿景的质疑构成了美国劳工联合会观点的基础。与建筑商担心大规模建造的公共住房可能成为社会主义的"星星之火"一样，建筑业工会也担心阿诺德的反托拉斯诉讼引发针对劳工的全面攻击。今天的"行政入侵"可能演变成明天的"独裁统治"。尽管私下与阿诺德对建筑业的组织工作达成了一些共识，产业工会联合会在大会上还是谴责了针对工会的反托拉斯诉讼。[55]

1939年11月，克利夫兰、匹兹堡、华盛顿特区、纽约市和圣路易斯的大陪审团提起了针对工会及其领导人［其中包括"木匠老板"威廉·哈奇森（William Hutcheson）——美国劳工联合会最有权势的人物之一］的第一批诉讼。针对工会的反托拉斯诉讼引发了一位记者所谓的"新政期间最疯狂的内部骚乱"。司法部因为得到了右翼势力的政策支持而陷入窘境，但阿诺德利用了这种支持，还有食品加工业运动所赢得的国会农村议员的支持，确保了更多的拨款。此外，他还克服了预算局的反对意见，这些反对意见表面上以国防项目的预算要求为根据，但也有消息称这是美国劳工联合会施加影响的结果。[56]

由于司法部对"独裁者"及其合作者的恐吓，加上法庭正在缓慢推进的相关诉讼，1939年和1940年的价格下降使司法部获得了直接的经济收益。美国劳工联合会拒绝与阿诺德展开谈判，并宣布与劳工联合会官员约瑟夫·派德威（Joseph Padway）所称的"无情、野蛮、相互矛盾且极具破坏性甚至毁灭性的"司法部彻底决裂。然而，在哈奇森案中，最高法院给了阿诺德迎头一棒。阿诺德认为，这项裁决将消费者、诚实的雇主和进步的工人置于住房、食品、服装以及其他消费品和国防行业既定利益者的摆布之下，而且这项裁决将被用来阻止新技术的引进，特别是那些非熟练工人可以使用的技术。在国家临时经济委员会的一次听证会上，阿诺德发誓要继续战斗，战斗对象包括排斥高效方法或预制材料的工会，以及"为增加就业而安排不必要工作的"一般性制度。[57]

阿诺德确实根据《谢尔曼法》额外提起了两起针对工会的诉讼，包括以试图阻止芝加哥引进预拌混凝土为由，针对建筑工人国际联合会（International Hod Carriers Union）的诉讼，但法院援引哈奇森案的判决，拒绝了阿诺德提出的复审要求。推翻哈奇森案判决的立法努力也从未成功过。在第二次世界大战期间，阿诺德也没有说服政府重新讨论哈奇森案，留给反托拉斯部门的只剩谈话一种工具。换句话说，反托拉斯部门只能口头说服工会采取"负责任"的行动来支持技术革新。在哈奇森案之后，住房行业的运动已经接近"名存实亡"了。此外，由于导致上述结果的斗争，反托拉斯部门丧失了潜在的宝贵支持。在1940年和1941年，阿诺德没能赢得与军事部门、战争动员机构和大型国防承包商的专利之争，后来在1944年恢复势头的努力中也不断失利。在部分和平时期的恢复政策中，双方达成了共同目标，但对于更实质性的问题，例如战后的长期经济政策，反托拉斯部门与工会之间的分歧从未真正得到弥合。[58]

战后住房政策以及改革自由主义与凯恩斯主义的分歧

面对国会的敌意，那些在 20 世纪 30 年代末自称"新政支持者"的人把这个标签当作了一种代表勇气的徽章。1937 年到 1938 年的"罗斯福衰退"让新政支持者们变得更加团结，但也迫使他们修改了对经济大萧条复苏的描述（新政支持者曾宣称，新政是结束经济大萧条和促进经济复苏的最大功臣），转而开始批评经济衰退，并提出了新的措施。新政支持者编写了复杂的因果故事，掩盖了隐蔽的线索。他们认为，经济健康发展的渠道，包括能够创造新就业和新行业的技术创新渠道，都受到了投资短缺的影响，无论短缺源于资本有意识的收缩，还是经济机器因为"生锈"不可避免地发生了故障，结果其实没有什么区别。无论持哪种立场，新政支持者都可以支持联邦行动，以打破瓶颈，响应瑟曼·阿诺德的呼吁，并实施新的投资，遵循阿尔文·汉森的主张。

按照迈尔斯·科林的描述，面对 20 世纪 30 年代末低迷的市场，改革自由主义和凯恩斯主义就积极改造住房技术计划的重要性达成了一致。结果清晰地表明，该计划几乎所有的内容都被保守派否决了，或者因为倡导者的错误和弱点而败北。流水装配线模式的大规模建造公共住房在唯一一次真正的测试中表现糟糕。1946 年的退伍军人紧急住房计划对预制板行业提出了一项不切实际的要求，要求大规模制造一种自身和公众都没有做好准备接受的房屋。由于国会和行业的顽强反对，国家住房局及其后继者无法实现更现实的公共住房目标，因为反对者认为这些机构只有接管整个行业这一个目标。联邦政府的住房研发开支也遇到了类似的障碍。早期的机会窗口随着 1940 年的战争动员而关闭。在第二次世界大战结束之际，社会主义的反对者将此类开支当作政府接管阴谋的一部分。即使有参议

| 伪造的共识　　1921—1953：美国的国家愿景与科技政策之辩

员塔夫脱的支持也无法抵挡这种反对意见，尤其是朝鲜战争的爆发再次为削减国内开支提供了合理而有力的论据。最终证明，1949年《住房法》为公共住房和住房研发提供了一个错误的承诺。

改革自由主义者提出的住房技术方案后因美国劳工联合会提出的政府接管理由而搁浅。美国劳工联合会认为继任的反托拉斯部门主管兼助理司法部部长可能不会像阿诺德那样，因此阻碍了阿诺德的竞选活动。哈奇森案成功粉碎了司法部的希望，即通过消除行业限制打开建筑业变革的大门。讽刺的是，三管齐下的努力带来的最显著结果却是一个联合主义实体——国家研究委员会建筑研究咨询委员会。然而，建筑研究咨询委员会并没有实现胡佛的梦想，成为促进整个行业发展的力量，反而变成了旧秩序的代表，阻挠了能够促进住房技术创新的制度变革。

尽管经历了上述失败，第二次世界大战结束后不久，美国住房行业和住房技术还是发生了重大变化。大型"技术建筑商"的出现，虽然在科林眼中只是20世纪30年代的一丝微光，但成功地在40年代刺激了新材料、标准化设计、预制部件和电动工具的应用。行业工会分散对立最严重的领域也陷落了。到1949年，美国50%以上的住房建设都由专业公司完成。处于领先地位的莱维特父子公司（Levitt and Sons）在1947年建造了第一个莱维特镇，并且有意识地以汽车行业为模板。按照历史学家马克·魏斯（Marc Weiss）的描述，技术改革主要是在罗斯福总统第一和第二任期内实施的联邦住房融资计划以及美国退伍军人法案推动的结果。战争爆发前的改革自由主义者坚信，私人"独裁者"将吸干源自政府的新增购买力，但事实证明这种想法是错误的。通过降低利率、实施标准化抵押贷款制度，以及降低贷方风险，联邦政府创造了一个大众市场，结果引发了住房建设领域熊彼特式的"创造性破坏风暴"。阿尔文·汉森认为，这种以消费为导向的措施必须以政府促进经济恢复增长的新技术投资作为辅助,但这种观点很快失去了凯恩斯主义者的支持。[59]

凯恩斯主义对改革自由主义的质疑,在第二次世界大战后美国住房政策的历史中得到了生动的注解——尽管怀疑在战前就已经存在。20 世纪 30 年代末,虽然几乎没有成功通过任何促进公共投资的立法,但经济仍然重新恢复了增长。忽视投资以总消费函数向上转移为目标的替代政策,例如累进税和社会福利开支,具有政治上更容易接受的优点,同时还提供了凯恩斯主义追求的财政刺激。在汉森看来,虽然刺激消费而忽略投资的政策只完成了应对长期停滞努力的一半,但总好过什么都没有。也许,扩大消费有可能唤起投资者的活力,让公共投资变得多余。[60]

此类"需求管理"使瑟曼·阿诺德陷入了困境。如果仅通过刺激消费就能疏通经济大动脉,那么侵略性的反托拉斯执法显然是不必要的。尽管他仍然坚持不懈地提起针对专利侵权者和"隐蔽的劳工抢劫犯"[阿诺德在《读者文摘》(*Reader's Digest*)中的原话]的诉讼,但是反托拉斯部门慢慢陷入了拘泥于法律法规的泥潭,越来越多地倾向于根据胜利的可能性做出起诉与否的决定,而不是基于对经济政策的贡献。[61] 无论如何,司法机构作为管理技术创新的机构都会受到明确的限制。除了极少数案例,法官都缺乏深入考虑案件涉及的行业结构技术前景的专业知识和权力。在缺乏新的专利或反托拉斯立法以及新技术公共投资的情况下,反托拉斯部门孤军奋战,最大限度地利用了次最优判例法①来制定战略。这项努力确实推动了法律体系的重大变化,例如强制性专利许可,但不可避免地面临收益递减的问题。

战争动员短暂延缓了改革自由主义与凯恩斯主义之间的疏远,

---

① 次最优判例法指在现有的法律框架内,通过对判例的创造性解释或发展法律原则来寻求解决方案。——编者注

并且事实上推迟了凯恩斯主义阵营内部的分裂。在争取公共投资和反垄断执法的斗争中，国家安全始终是一个强有力的武器。虽然新的理论依据并没有立即消除所有障碍，但新政支持者们凭借"全力以赴"与"稀缺经济学"展开最后决斗的伪装获得了重要的盟友，尽管他们仍然保持了与国家复兴管理局和大企业的联系。然而，与此同时，军官和领取象征性薪酬的美国公司借调人员越来越多地在运行层面控制了公共投资议程。最终，这些新的参与者将"瑟曼·阿诺德主义"推到了一边。相比之下，凯恩斯主义理论受到了考验，因为现在需要的是抑制消费，而不是刺激消费，以便为庞大的军事开支计划留足资金。战争带来了改变。在第二次世界大战结束后，随着失业再度成了政策制定者心中与军事动员同等重要的挑战，改革自由主义和凯恩斯主义之间原本已有的裂痕变成了难以弥合的鸿沟。

第五章

旧的争斗,新的适应

战时实验与改革自由主义的消亡

（1940 年至 1945 年）

新政后期声势浩大的反托拉斯攻势以及相关的改革自由主义和凯恩斯主义政策倡议，与新政初期的国家复兴管理局及类似的联合主义机构一样，都没有达成结束经济大萧条的目标。按照实际国民生产总值衡量，1939年的美国其实比1929年更"穷"了。[1]第二次世界大战爆发之后，围绕应对经济大萧条政策的未决争论其实仍然没有完全消失。在实施动员令和管理战争努力的过程中，相互竞争的政策企业家们将20世纪30年代的矛盾延续到了40年代，为重新定义政府和市场间关系提供了特别的机会。然而，环境已经发生了巨大的变化，新的参与者加入了进来。全国动员和战争强有力地刺激了自第一次世界大战以来陷入沉寂的国家安全主义政府愿景。以捍卫自由企业和民主的名义，军官和国防官员在众多经济部门向自由主义传统发起了挑战。在1939年之前，无论保守主义、联合主义、改革自由主义还是凯恩斯主义，都没有太过关注国家安全问题，他们努力将确保国家安全的政府行动与经济繁荣的目标相统一。另外，在受到忽视数十年之后，国家安全主义的倡导者缺乏实现紧要目标需要的资源。"全面战争"不仅迫使各方达成了新的妥协，有时还成了赢得国内原有斗争和在海外新"战役"中获得胜利的手段。

美国军队的技术准备尤其不足。两次世界大战之间，美国军事研发资金匮乏，许多军官对新式武器缺乏兴趣，也不了解应该如何开发新武器。获得了一定的资金支持和现代化认识（或许源于敌方技术领先迫在眉睫的威胁才是灌输新知识最高效的方法）之后，陆军补给部队的布里恩·萨默维尔（Brehon Somervell）将军和陆军工程兵团的莱斯利·格罗夫斯（Leslie Groves）将军等负责人起初用了最厚颜无耻的做法：迫使私人公司和民间科学家展开创新，同时又很不乐意依赖这些人。国家安全主义倡导者同样偏爱中央集权和等级制度，表面上看似乎与改革自由主义有些相像，而且副总统亨利·华莱士等改革自由主义者也曾尝试过建立联盟。然而，华莱士的政府愿景包含了与国家安全主义竞争的目标和活动，甚至危机时期也是如此。国家安全主义者没有淡化推行改革事业的努力，而是学会了在需要保证科技资源的时候淡化自己对等级制度的偏爱。

1939年，范内瓦·布什离开麻省理工学院来到了华盛顿，担任卡内基研究所所长，他的科技政策主张显著促进了国家安全主义者技术水平的提升，并激励他们部分采纳联合主义方法来管理创新。布什和他的同事们利用在两次世界大战之间远远超越军事部门的学术和工业技术中心，设计和管理了一系列强有力的组织，凭借重要的新式武器和装备为战争努力做出了显著贡献。但是，尽管可以利用"全面战争"，布什还是小心翼翼地划定了并不断调整着军用科技与民用科技之间的界限。得到国防机构的支持后，布什遏制了华莱士和其他改革自由主义者的政策主张，因为后者试图利用国家安全的理由来模糊军民科技界限，并在预期能够刺激战后增长的经济部门建立联邦研发机构。

布什的成功很大程度上归功于总统。由于国会授予了总统全面的紧急权力，动员和战争暂时让决策的主要舞台回到了行政部门。讽刺的是，随着国家安全受到越来越多的重视，20世纪30年代努力推行这种转变的新政支持者们发现，他们失去了对关键行政职位的控制。由于国家需要即时的大规模生产，政府不得不与布什等科技界领导者保持合作关系，因为他们可以帮助政府间接支配研究型大学和公司智库的力量。由于外交和军事政策需求的增长以及官僚机构规模的扩大，白宫将越来越多的权力下放给了动员机构的提名者。布什卓越的政治技巧以及与罗斯福的关系帮助他进一步巩固了自己的地位。

| 伪造的共识　　1921—1953：美国的国家愿景与科技政策之辩

相比爆发，第二次世界大战的消退更加突然，留下了一系列的战时试验。战争结束后不久，保守主义的复苏，以及国会重新成为决策中心，击穿了这些试验的最薄弱部分——改革自由主义支持者努力推行的温和战时计划。从距离总统宝座只有一线之隔的位置到黯然离去，亨利·华莱士的"政治旅程"象征了改革自由主义的消亡。改革自由主义的消亡为凯恩斯主义成为第二次世界大战后美国左派的基石扫清了障碍。政府出于经济政策目的而直接参与技术发展的做法被抛弃了，那些可能有效执行改革自由主义科技政策的机构也几乎遭到了全面裁撤。随着战后国际体系的建立，保守派也对国家安全主义政府更大规模和更坚实的组织创新提出了挑战，向第二次世界大战期间发展的联合主义理念提出了和平时期的难题。

沉睡的巨人：两次世界大战之间的军事创新

对许多欧洲人来说，第一次世界大战的惨痛经历清楚地表明，战争、技术变革以及政治和经济发展，无论结果好坏，彼此都密切相关。刘易斯·芒福德（Lewis Mumford）在1934年写道："松巴特[①]认为1914年是资本主义自身的一个转折点。"然而，战争和军事技术革新并没有在政府以及政府与经济关系等理念中占据重要地位，也没有在两次世界大战期间的美国国内激发任何政治行动。随着战争阴云笼罩美国以及后来美国真正卷入战局，政府不得不相当草率且迅速地填补这种意识形态缺失。当然，造成意识形态缺失的根本原因在于美国并没有感到威胁，而且美国当时无意为了领土安全对抗一个在技术方面势均力敌的敌人。除此之外，这种地缘政治基础

---

① 德国著名经济学家。——译者注

得到了意识形态的巩固。²

保守主义认为,军队是地方政治和个人自由面临的持久威胁,而后两者代表了自由主义,是发明创造以及其他众多美好事物的源泉。这种观念加强了哈丁总统和柯立芝总统限制军事开支的决心,增强了他们支持通过谈判达成武器限制条约的力度。大多数具有政治影响力的联合主义支持者也希望尽可能限制军队在政府中的重要性。尽管伯纳德·巴鲁克努力保留了联合主义的火焰——他曾在第一次世界大战期间担任战时工业委员会主席,但赫伯特·胡佛还是断然拒绝了巴鲁克的建议。例如,在担任商务部部长期间,胡佛曾尝试让飞机制造业脱离军方的掌握。改革自由主义者也对以战争为目标的技术创新提出了质疑。他们认为军事研究是浪费国家财政的行为,而且以牺牲社会福利为代价。按照英国物理学家约翰·戴斯蒙德·伯纳尔(John Desmond Bernal,改革自由主义思想家的最爱)的说法,军事研究"比最低效的工业研究还要糟糕"。³

毫不奇怪,预算少是两次世界大战之间美国军队面对的最显著事实,因此不可避免地导致了军队现代化投资不足,甚至缺乏新技术,尽管这种现代化可能是必要的。《凡尔赛和约》签署20年后,第一次世界大战期间施加于美国国家创新体系的战争组织外衣已经所剩无几。例如,因为严重的战时赤字,陆军军械部在1919年展开了一项重要审查,但直到1939年该部门也没有达成设定的目标。摩托化炮兵是审查的重中之重,但按照陆军军械部的官方历史记录,审查"进展甚微"。20世纪30年代末投入使用的反坦克武器"在标准化之前就已经被淘汰了"。试制坦克每年只能完成一款型号的测试,因此重型坦克设计"几乎被放弃了"。⁴

海军的情况稍好一些,部分原因在于第一次世界大战期间海军深受助理国务卿富兰克林·罗斯福的青睐,当时罗斯福还因为各类高科技计划与海军总司令发生过争执。海军研究实验室(成立于

1923年)在第一次世界大战之后的和平时期幸存了下来,但只能通过展开常规测试来证明自身对其他机构的作用。1930年,海军研究实验室在雷达探测飞机方面的突破并没有赢得这一重大发现应得的资金。其他海军机构则通过秘密合同来开发高科技项目,例如测距仪和投弹器,同时避开了以竞争性招标进行采购的规定。借助这种奇特而又温和的安排,海军军械局只花了42.7万美元就让一位常住美国的德国裔外国人——卡尔·诺登(Carl Norden)设计出了世界上最好的投弹器。按照惯例,海军拒绝与陆军分享诺登的投弹器,尽管习惯了投掷鱼雷和俯冲轰炸的海军飞行员很少用到投弹器,而陆军航空队则一直受困于高空轰炸精度不足的难题。[5]

陆军和海军都实施了航空投资项目,开发了自动驾驶仪和航空母舰,但飞机制造业在两次世界大战之间受到的军事支持严重不足,以至于大多数美国飞机制造商只能通过海外销售和纯粹的企业家热情来维持生存。20世纪30年代,美国陆军航空队借助远程轰炸机开发计划努力争取组织独立。该计划向飞行员承诺了舰船和陆军支持以外的更多角色和职责。然而,支持该计划的拨款增长缓慢,即使慕尼黑会议结束之后总统发出了建造2万架轰炸机的呼吁,但采购过程也受到了设计权和私人利润冲突的困扰。军事航空的其他方面,例如战斗机和后勤,也受到了忽视。1939年,美国糖果业的规模仍在飞机制造业之上。在40年代结束之际,美国军事研发开支仅维持在1000万美元左右,远远落后于农业部的相关预算。[6]

两次世界大战之间负责技术发展项目的军官大多是训练有素的工程师,他们了解民用行业和国外技术的发展状况,而他们的"敌人"包括那些目光仅限于枪口以下的野战军官,以及对现金持谨慎态度的国会和政府。有些军事机构,特别是陆军航空队和海军,利用了私营公司的技术能力,但对其的依赖程度远不及后来。各军种继续运营大规模的武器生产设施,例如费城的海军飞机制造处和朴茨茅斯海军造船厂,但军方与承包商的关系很不稳定,而且受到繁文缛节的困扰。第一次世界大战期间建立的允许军方借助独立民间科学家和工程师的机制大多遭到了削弱。美国国家研究委员会成立于1916年,允许国家科学院摆脱会员制的相对限制,向军方提供关于潜艇探测等问题的建议。虽然能够在两次世界大战之间继续为政府提供部分建议,但国家研究委员会此时最重要的职能是管理私人研究生奖学金。国家航空咨询委员会成立于1915年,旨在协调与航空相关的研究,因此在某种程度上更为活跃,属于少数几个允许不同军种、公司和学术界专家交流技术信息的机构之一。然而,由于20世纪30年代预算削减以及与官僚主义对手的斗争,国家航空咨询委员会的生存受到了威胁。[7]

20世纪20年代和30年代,美国平庸的军事技术与领先的民用经济形成了鲜明对比。美国的大规模生产技术和消费品全球闻名。在两次世界大战之间的和平时期,美国公司稳步扩张研发设施并增加了研发资金投入,只有经济大萧条曾短暂打断了他们的步伐。美国的高校同样赢得了全球性声誉,虽然因为法西斯主义而逃离欧洲的"难民"提供了一些帮助,但这个结果并非完全是他们的贡献。罗斯福总统在慕尼黑事件后果断增强了国防建设,而且取得了成功,因为美国当时拥有坚实且可以用于军事目的的民用技术基础,缺乏的只是有效的政府能力。

范内瓦·布什和战时军事创新制度化

受纳粹德国西部攻势的刺激,总统设定了疯狂的轰炸机制造目标——5万架,但他很难为军事机构提供实现目标需要的充足资金。许多选民反对这个计划,甚至总参谋部也认为这可能导致严重失衡。因此，在法国沦陷前国会一直拒绝提供资金，直到珍珠港事件之后才决定向行政部门全面下放动员权。除此之外，落后的军事技术、紧迫的需求以及国家高科技公司和学术机构令人印象深刻的能力，为改造民用科技机构以适应动员和战争期间的军事需求提供了保证。实践过程中，压力迫使第二次世界大战爆发前的联合主义和保守主义支持者们结成了事实联盟，其中包括范内瓦·布什、麻省理工学院校长卡尔·康普顿、哈佛大学校长詹姆斯·科南特（James Conant）和贝尔实验室总裁弗兰克·朱厄特。凭借与总统建立的特别关系以及应对国会的精明策略，布什获得了对军事技术革新组织的特殊影响力，并且能够帮助缓冲军事创新对公司和高校的冲击。格罗夫斯将军与麾下的科学家们在新墨西哥州洛斯阿拉莫斯发生的著名冲突表明，协调军事和民用方法并不总是那么容易达成的目标。不过，这些创新成功帮助盟军取得了胜利。也许，按照历史学家拉里·欧文斯的想法，部分原因在于参差不齐的创新质量代表了众多组织实验的结果。战时努力的成果对战后产生了影响，其中最重要的当属军方高层转变了对技术创新的态度。

德国闪袭波兰之后，搅乱美国的外交政策矛盾跨越了引发经济观点分裂的意识形态界限。尽管伯纳德·巴鲁克在两次世界大战之间付出了巨大的努力，商业界对动员仍然反应冷淡，许多地方甚至在法国沦陷后也没有改变。工业家们担心过度建设，害怕劳工占据上风，忧心政府的官僚主义，顾虑销售额可能减少。1941年是美国汽车史上的第二大年。1940年10月，《财富》杂志实施的一项调查显示，60%的公司高管对军备重整持保留态度。工会成员之间也存在分歧。全美汽车工人联合会的沃尔特·路则在1940年建议汽车行业每天制造飞机500架，引发了管理层的不满，但许多基层员工更认同约翰·L. 刘易斯（John L. Lewis）质疑军备建设的观点。不过，刘易斯可能只是附和温德尔·威尔基（Wendell Wilkie）的意见。国会动员的反对派最终迫使总统以牺牲国内优先目标的代价支付了军事拨款。法国的崩溃也仅仅保证了众议院通过义务兵役议案需要的最基本多数支持。[8]

因此，总统在国会并不情愿的情况下获得了启动紧急状态的权力，甚至在珍珠港事件之后国会仍要求总统只能在紧急情况下宣布暂停正常状态。如同一位酗酒者在打开酒瓶之前把车钥匙藏起来一样，国会希望控制战争对政府的影响。1939年，动员机构开始在华盛顿成立，并于1940年后大量涌现。不过，动员机构终究诞生于特殊的时期，因此存在时间限制。原来的美国政府，至少在法律上，总是差一份或两份和平条约。任何情况下，罗斯福总统释放的都是混合信息，目的是为自己提供政治掩护。他在1939年中期设立了战时资源委员会，卡尔·康普顿是委员会成员之一，但同年年底又因为新政和孤立主义支持者的抱怨下达了解散命令。次年春天，假战（第二次世界大战前期平静、少战事的阶段）结束刺激了国防顾问委员会的成立，取代了战时资源委员会的位置。然而，国防顾问委员会主席、通用汽车公司的威廉·努森（William Knudsen）并没有提供政府干预支持者期望的"全力拥护"，国防顾问委员会的权力也从来没有明确。同样，总统让谨慎的杰西·琼斯（Jesse Jones）负责重建金融公司以及新的子公司——国防工厂公司。琼斯在工厂融资方面的拖延很快变得尽人皆知，而这个问题在珍珠港事件之后再度成了烫手的山芋。琼斯领导的这个松散的行政机构很可能反映了罗斯福对建立国家安全主义政府的疑虑，因为总统从来没有建立集中掌控战时生产的制度，更倾向于以自己作为最终仲裁者的临时管理机制。[9]

尽管表现得非常犹豫，但罗斯福十分欣赏那些与他一样满怀热情抵制法西斯的人，其中就包括范内瓦·布什。在麻省理工学院的20年中，作为一位优秀的发明家，一位实现电子工程与数学和物理

| 伪造的共识　1921—1953：美国的国家愿景与科技政策之辩

学相融合的富有想象力的研究学者,一位改革派校长康普顿任期内精明的管理者,布什建立了卓著的声名。布什与朋友康普顿、科南特和朱厄特一起构成了战时技术领导层的核心,而且他还是军事准备理念早期的信仰者之一。受杰出移民涌入的警示,加上纳粹高压政策引发的深切担忧,布什等人在1937年得出结论,美国需要采取更激进的措施来实现军事力量现代化。1938年,他们设法让朱厄特当选国家科学院院长,工业科学家第一次登上了国家科学院院长的位置。布什搬到华盛顿之后(出任美国国家航空咨询委员会主席以及卡内基研究所所长),他们开始更积极地鼓动反对"毕林普上校"的情绪。漫画人物毕林普上校是老顽固的代名词,代表了当时的一种观点,即研究永远无法足够快地带来有助于赢得战争的回报,布什等人认为这种观点恰当地描述了当时军事部门的状态。最初,他们在幕后默默工作。例如,布什曾于1939年4月从斯坦福大学写信给赫伯特·胡佛,称军方对雷达缺乏兴趣,要求胡佛协助其在精英圈建立共识,以支持更积极的防空研究计划。[10]

尽管布什对技术准备工作充满热情,但他与大多数美国人一样,认为动员和战争都属于特殊情况,(按照欧文斯的描述)国家安全主义政府"需要受到限制和谨慎控制,并且总会引发恐惧"。尽管赞同企业家鄙视银行家和大企业的态度,但布什的政治哲学更接近胡佛而非新政,因为他称胡佛为"首长",而从未这样称呼过罗斯福。与20世纪30年代的康普顿一样,布什试图将分配资源和制定联邦资助研发议程的工作交给与他类似的非政府专家负责,并做出了最大的努力。1940年5月,布什向总统的得力助手哈里·霍普金斯提出了一项建议。霍普金斯当时已经在思考军事创新的问题,并发现布什有能力整合全国最出色的技术资源,特别是私营部门的技术资源,帮助政府增强国家安全。正如布什在他的回忆录中所写:"他(霍普金斯)是一位新政拥趸,我却并非如此。然而,有些东西是相通的,我们很有共同语言。"6月15日，总统批准成立国家防务研究委员会，布什出任委员会主席，其他成员包括康普顿、科南特、朱厄特、加州理工学院的理查德·托尔曼（Richard Tolman），以及陆军、海军和专利局的代表。[11]

1940年夏天，布什迅速与罗斯福建立了一种"非凡的共生关系"。获得国会紧急发动战争的授权之后，总统进一步将科技政策事务下放给了布什。到了1940年年底，赢得布什的认可成了任何联盟在科技政策领域取得胜利的条件之一。作为国家防务研究委员会主席，以及后来的科学研究与发展办公室主任，布什为大大小小的研发项目输送了4.5亿美元的资金。他与霍普金斯和罗斯福的密切关系也为他赢得了一个卓有影响力的顾问职位。其顾问职位在1941年建立科学研究与发展办公室的行政命令中得到了正式确定。总统经常要求布什参与科学技术相关事务的裁决，而且布什得到了特别行政自由保证，国会也对他的超级机密领域回避三分。甚至，布什可以越过武装部队的负责人而赢得胜利，有时他真的会这么做。然而，滥用职权，无论是否产生了军事成果（虽然布什的项目经常收获颇丰），都会带来风险。因此，布什的成功同样取决于"老练"，正如他自己所说，要"对武装部门承担军事问题"的"主要责任"适当认可。[12]

尽管布什领导了第二次世界大战期间最出色的研发机构，但它们并不是国家安全主义政府唯一关注军事创新的部门。战争催生了一大批分工精细的科技机构。有趣的是，许多分析家认为，美国为盟军胜利做出的最大贡献并不是新技术的发明，而是战前或参照设计开发的大规模生产军事系统。例如，科学研究与发展办公室及类似机构的发明创造在1944年之前几乎没有对步兵作战产生任何影响；原子弹直到第二次世界大战接近结束时才面世，而此类武器的军事效果一直都是引发热议的话题。"最高技术指挥"（《财富》杂志对布什及其伙伴的评价）曾错失过其他国家发现的机会。布什在1949年承认，如果历史进程稍微发生一些改变，喷气式发动机、导弹、潜艇通气管和远程鱼雷等新设备可能会帮助德国获得胜利。尽管如此，即使没有发挥决定性作用，美国的军事创新仍是赢得战争的重要因素之一。[13]

科学研究与发展办公室的强项在于第二次世界大战之前没有出现的技术，特别是雷达、电子技术和原子弹。麻省理工学院著名的"雷达实验室"获得了该机构最多的资金。借助英国的技术突破，该项研究在大西洋战役和中途岛战役中迅速收获了回报。科学研究与发展办公室的其他大型合同支持了约翰·霍普金斯大学近炸引信和加州理工学院火箭技术的发展。布什团队还资助了一系列较小的项目，推动了计算机和青霉素等不同领域的技术开发。当然，科学研究与发展办公室孵化了著名的曼哈顿计划，然后将该项目移交给了美国陆军工程兵团，以隐藏项目预算并进一步扩大规模。布什竭力维护了科学研究与发展办公室学术承包商的自主权，甚至打破了政府/社会关系中的相关先例。获准加入的高校享受了慷慨而灵活的条件——现有设施得到了最大限度地使用，技术决策权被进一步下放。与布什一样，大多数按照科学研究与发展办公室合同工作的科学家和工程师仍然由私营机构发放工资。因此，管理科学研究与发展办公室各部门的委员会至少与20世纪20年代胡佛设想的行业协会研究委员会存在相似之处，能够跨越组织界限来发现新的机会，然后汇集知识资源实现这些机会。不过，二者的区别在于现在政府承担了成本并获得了利益。[14]

科学研究与发展办公室新开辟的领域受到了军事机构和国家航空咨询委员会既定管辖范围的限制。摆脱了战前的贫困状态之后，1941年6月更名的陆军航空队开始以有点类似科学研究与发展办公室的方式积极追求新技术，而且规模要大得多（事实上，国家航空咨询委员会因此遭到了边缘化）。同科学研究与发展办公室一样，陆军航空队通过谈判签订了灵活的合同，以适应源于意外而无法确定成本的技术进步。基于这些合同，包括承包商、学者和军官在内的技术网络应运而生，而俄亥俄州代顿市莱特空军基地的采购官员是网络的中心。因为协调委员会的存在，这些机构之间建立了充分的信任，形成了正式的网络，提供了一个自由共享设计和技术信息的平台。覆盖全行业的生产委员会最终形成了胡佛式的行业协会，并渗透进陆军航空队的长期规划过程。由于这些联合机构的存在，美国军用飞机的能力，特别是远程轰炸机的能力，得到了大幅改进。然而，这个高科技领域也相当依赖战前的设计。例如，作为陆军航空队主力机型的波音 B-17，第一架制造于 1937 年。美国正式宣战后，借助汽车公司实现的战前设计大规模生产，是美国空军战时获得的最重要技术能力。大规模制造的飞机下线后接受了进一步改装。美国飞行员可以确信，他们的飞机装备了一些优于对手的部件（例如诺登投弹瞄准器和反雷达装置），但他们不太确定能否在战斗中战胜或超越对手。美国的喷气式发动机严重落后于德国（和英国），尽管该项创新技术在第二次世界大战爆发后才开始投入使用。[15]

海军技术局尽可能抓紧了自己的传统优势，但不能保证应用最新的工作方式，以便更有效地获取和吸收新技术。例如，海军军械局新组建的研发部门指导了近炸引信的开发。近炸引信是一种植入炮弹头部的微型电子装置，该装置的开发项目由科学研究与发展办公室的 T 部门负责，高峰期曾有 300 多家公司参与其中，占美国电子工业产能的四分之一。与飞机制造业类似，电子工业面临的生产挑战和快速创新导致了"一种全新且灵活的工业经济学方法"。第二次世界大战之后发表的一篇评论称，这种方法"开放"了知识产权，并催生了管理发展协调委员会。布什也为海军开放和接受新思想提供了帮助，包括帮助麻省理工学院的老同事杰罗姆·亨萨克（Jerome

Hunsaker)于1941年中期赢得了"海军研发协调员"这个新设立职位的任命。然而,直到1943年10月,布什仍对海军的顽固不化感到遗憾,例如海军拒绝了和科学研究与发展办公室合作,并坚持以中央集权的方式领导更偏狭的技术部门(例如舰船局)。[16]

1940年,美国陆军很高兴地将一些花费时间较长的项目移交给了科学研究与发展办公室,以便集中资源实施大规模生产,但同时也满怀嫉妒地捍卫着自己最宝贵的领地,例如坦克设计,以避免民间外来者的"侵入"。但是,陆军和海军一样,在第二次世界大战期间都显著增加了对承包商的研发和生产依赖。到了战争结束之际,大约80%的研发资金都支付给了外部承包商。例如,军械部与克莱斯勒和其他汽车制造商在坦克和坦克发动机方面进行了密切合作。第二次世界大战期间,"美国的工业与军械部团队"开发了100多种战斗和支援车辆,但美国的重型坦克技术仍然落后于敌方和盟国。战争部部长亨利·史汀生——布什战后报告的接收者——是帮助军队清理引入技术创新传统阻力的重要功臣,特别是他促进了外部开发技术在军事领域的应用。史汀生雇用了麻省理工学院的爱德华·鲍尔斯(Edward Bowles),将其作为他和科学研究与发展办公室以及其他此类技术源的联络人。[17]

曼哈顿计划是一个行政反常现象。虽然名义上归属陆军工程兵团,但曼哈顿计划实际是一个独立的实体,具有最高的战时优先权,受布什领导的最高级别机构间政策委员会监督(据称格罗夫斯将军也受到了监督)。该项目的花费超过20亿美元,而且通过科学研究与发展办公室的合同雇用了许多最杰出的科学家,还从一些技术最先进的公司购买了庞大的实验生产设施。尽管有学术界和工业界承包商的深度参与,该项目最终还是有些落后,变成了一个武器系统——高度机密垂直整合的国有企业。[18]

除了曼哈顿计划,联邦政府在战争期间的研发支出超过20亿美元,差不多平均分配给了海陆空三军和科学研究与发展办公室。总的来说,外部合同和政府项目基本平分了这笔开支。外部合同高度集中,前68名承包商据估计占走了总开支的三分之二。在某些领域,学术界、企业界和政府专家们和谐地展开了合作,共同制定和实施研究议程;在其他领域,"科学庄园"占据了主导地位,而"庄园"一词源自唐·普莱斯(Don Price)的描述。当然,整体来说这种结构从没有完全实现布什主张的联合主义愿景。用布什的话说,最重要的协调机构,即参谋长联席会议的新武器联合委员会,仍然"软弱无力"。虽然布什的组织愿望没有实现,但他宣传的理念——科学技术是长期军事战略的一个要素——收获了回报。第二次世界大战结束后,军事机构积极采纳了科学研究与发展办公室的工作方法和赞助精英科学机构的模式,而新涌现的高级军官受"马奇诺防线"①情结的困扰,担心他们只能做好应对上一场战争的准备,而不是下一场战争。国防部部长在1947年的第一份报告中指出,技术是可能引发"极端国家安全后果的因素之一"。研发和创新将在第二次世界大战之后的国家安全主义政府中占据有利位置。[19]

以其他方式实现和平:联合主义和改革自由主义

科学研究与发展办公室和军方技术部门之间的分界线从来都不清晰。尽管出于政治权宜之计,布什没有理睬有些部门划定领地的要求,但他经常积极推动扩大平民的影响力。布什设定的另一组模

---

① 第一次世界大战后,法国修筑了庞大的马奇诺防线,但在第二次世界大战中却几乎没有发挥作用。——译者注

糊界限很大程度上用于区分"武器和战争工具"以及民用产品和工艺。其中,前者正式界定了科学研究与发展办公室的范围,在联邦政府内部收获了大量支持。相比之下,后者不属于国家安全主义政府的范畴。随着战争的持续,科学研究与发展办公室偶尔会违反布什自己制定的规则,进入下游的生产和服务领域,或向上进入材料研发领域。但这些行为让布什感到不舒服,因为他担心"全面战争"会彻底抹杀战前秩序。事实上,这是改革自由主义支持者的目标,其中包括战时生产委员会的莫里·马弗里克(Maury Maverick)、参议员哈利·基尔格和副总统亨利·华莱士。他们设想了一场"双线战争",意图在国内扩大新政范围,并向海外出口,而战争就是通过其他手段实现的和平。布什倾向于扮演防卫角色,坚守自己的领域边界,同时平息推广改革自由主义政策的活动。在那些民用产品或原材料生产瓶颈威胁到战争努力的时候,例如合成橡胶,布什和他的盟友更倾向于联合主义政策,而不是其他刺激技术革新的政府干预措施,毕竟布什与联合主义支持者在战争爆发之前就建立了联系。[20]

对于改革自由主义者来说,战争最初似乎带来了一个黄金机会,能够让联邦政府创造和平时期被国会拒绝的技术能力。在一场"全面战争"中,任何能够增加短缺物资产量或提高生产力的事物都可以因为国家安全的理由变得合理。和平时期的工业研发已经令人信服地证明,它能够实现上述两个目标。"既然这场战争将引发全面的问题",一位全面战争观点的支持者在珍珠港事件后说,"那么科学研究领域的全面动员也是必需的"。[21] 科学研发可能会创造推动战后发展的新产业,打破战前垄断者的控制,这个期望可能是支持者最重要的支撑。而且,他们预期联邦政府资助的民用工业研发不仅可以帮助美国赢得海外战争,也有助于赢得国内和平。

早在 1940 年 8 月,内政部部长哈罗德·伊克斯就提出了全面战争的观点,并向总统提议设立由伊克斯管辖的科学联络办公室。白宫把这个问题交给了布什，而布什在1941年3月拒绝了伊克斯的提议。珍珠港事件之后，国家安全成了布什心中更有说服力的促进工业研发的理由。1942年1月，布什发现了保护和替代材料等方面的差距，而这种差距在前年春天还不明显，且属于科学研究与发展办公室和军事部门都无法填补的差距。他向战时生产委员会的高管威廉·巴特（William Batt）建议"在战时生产委员会成立一个充满活力的小组"，并暗示了联合主义结构对他的吸引力，同时指出了"一个值得探索的有趣机会，可以在一个行业不同单位之间产生有益权利交换的机会"。当时，布什提到了战时生产委员会多达4000万美元的研发开支。[22]

巴特并不青睐布什的想法，但数名与战前改革自由主义活动温床有关联的战时生产委员会官员采纳了布什的建议，这些官员以莫里·马弗里克为首。马弗里克在战时生产委员会内部代表州和地方政府的要求，但他绝不局限于这项任务。作为一个小型改革自由主义集团的领导人，马弗里克的正式政治经历包括20世纪30年代的两届国会任期。以田纳西河流域管理局为模板，该集团致力于实现爱国主义言论与政府主导经济发展理论的结合。马弗里克在战时生产委员会规划了一个专注于研究的局级机构，下设对应金属、燃料、化学品、塑料和橡胶以及其他商品的行业部门。马弗里克直接向副总统华莱士、哈里·伯德参议员、预算主任哈罗德·史密斯（Harold Smith）等人寻求支持，不过他也在给战时生产委员会高层的备忘录中强调："范内瓦·布什博士说……我提出的想法实际是正确的。"事实上，总统征求了布什的意见。布什（在1942年4月8日）高度概括地认可了战时生产委员会的研发组织计划，但他认为马弗里克的计划有些"不必要的复杂"，而且"内部组织的问题应交由纳尔逊先生解决"。[23]

相比马弗里克，布什可能希望担任战时生产委员会主席的西尔斯公司（Sears）前高管唐纳德·纳尔逊（Donald Nelson）能够发现，该委员会内部反对者的声音听起来更明智，例如威斯康星大学的地质学家 C. K. 利斯（C. K. Leith）。利斯曾是 1935 年卡尔·康普顿科学顾问委员会中最保守的成员之一，当时是战时生产委员会矿物行业分会的顾问。他指出，与第一次世界大战期间一样，国家研究委员会已经任命了包括大学和工业专家在内的一些委员会，与战时生产委员会的工业单位展开技术问题磋商。在利斯看来，这种机制运行良好，而且可以很容易地扩大规模，并适应战时生产委员会可能收到的任何新要求。与马弗里克提议的中央办公室不同，利斯领导的协调委员会能够管理战时生产委员会的研发工作。利斯暗示，1942 财政年度剩余月份（5 月和 6 月）大约还有 50 万美元的预算，战时生产委员会应该做的只是加快应对全行业问题。[24]

如果布什曾希望纳尔逊倾向于利斯的联合主义，那么他的希望很快就破灭了，因为纳尔逊让马弗里克担任提交相关报告的委员会负责人。马弗里克在 1942 年 5 月举行了一系列体现公正性的正式听证会，但听证会往往成了对利斯和"老人俱乐部"展开人身攻击的平台，而且利斯在行业分会的盟友们被挡在了整个听证过程之外，虽然这些商业主导的分会控制着战时生产委员会的日常管理。与此同时，纳尔逊还征求了战时生产委员会规划委员会的意见。规划委员会由凯恩斯主义先锋和经济学家罗伯特·南森（Robert Nathan）担任主席，是战时生产委员会内部的新政自由主义堡垒，与各行业分会一直存在冲突。[25]

毫不意外，马弗里克的委员会和规划委员会都赞同改革自由主义的立场。马弗里克呼吁成立战时生产委员会技术发展办公室，经费为 8000 万到 1 亿美元，以集中控制委员会的研发工作。（相比之下，科学研究与发展办公室在 1943 财年的预算为 7300 万美元，此外还有来自军队的 6180 万美元转移资金。）技术发展办公室将根据

"代表广泛利益而非各部门技术知识"的政策运行。南森的小组支持一个规模大致相当的战争研究发展公司,但要求该公司拥有研发以及建立试验工厂和生产设施的授权。弗雷德·希尔斯(Fred Searls)曾描述称,战争研究发展公司将结束公司之间因为利润损害而不愿意为国家安全做出贡献的"推诿"现象。战后论战作品《华盛顿军阀》(Warlords of Washington)的作者布鲁斯·卡顿(Bruce Catton)称,希尔斯这位规划委员会成员是"一位信仰共和主义的执拗绅士"。在1942年夏天纳尔逊思考面前的选项时,马弗里克提出了一项计划草案,要求为包括航空货运飞机开发在内的运输项目拨款2500万美元,为包括合成橡胶在内的材料项目拨款1500万美元,为住房研发项目拨款1000万美元。计划草案赢得了罗斯福密友罗森曼和《纽约时报》的支持。布什保持中立,无视马弗里克的游说,但幕后他已经开始破坏这个计划。布什同意利斯的担忧,即按照"瑟曼·阿诺德的理论",让战时生产委员会致力于"建立战后产业"的马弗里克已经侵入了禁区。[26]

8月初出现了标志着马弗里克陷入严重麻烦的第一个征兆——他的预算被拒绝了。此后不久,乔治·马歇尔将军拒绝了纳尔逊提出的调动前农场安全局总工程师罗亚尔·罗德上校(Royal Lord)和亨利·华莱士战时经济委员会现任业务主管至技术发展办公室担任主任的请求。8月底,《纽约时报》以"来自华盛顿令人不安的意见"为由,改变了立场。与此同时,马弗里克向他的朋友、来自西弗吉尼亚州的狂热新政支持者参议员哈利·基尔格寻求帮助。8月17日,基尔格提出了明显带有马弗里克和南森提案主要特征的S.2721议案。基尔格提议建立直接向总统负责的独立技术动员办公室和价值2亿美元的技术动员公司。这些机构将有权监督所有的联邦研发工作,选拔技术人员和设施,以及强制执行专利许可。而且,这些机构将不仅独立于战时生产委员会那些领取象征性年薪的雇员,也独立于军队。但是，这些雇员对马弗里克的胜利近在眼前。[27]

尽管基尔格的提案最终蜕变成了第二次世界大战之后的《国家科学基金会法案》(National Science Foundation Act)，但它最初没有对政府产生有效的影响。9月初，按照巴特的建议，纳尔逊转向韦伯斯特·琼斯（Webster Jones）——深受布什欣赏的卡内基技术研究所所长，以组织战时生产委员会的研发工作。巴特在写给利斯的信中表示，琼斯组建了"一个非常具有代表性的委员会"，而委员会成员包括大公司高管、军事研究主管以及来自麻省理工学院和科学研究与发展办公室其他签约高校的学者。10月21日，布什告诉纳尔逊，琼斯所在的委员会编写了一份"合理和经过深思熟虑的"报告，因此布什表示他已经向陆军部的罗伯特·帕特森（Robert Patterson）和白宫详细介绍了这份报告。虽然仍需要举行听证会，但基尔格表现出了和解的态度，宣称琼斯的报告和S.2721提案的观点一致。[28]

1942年11月23日，纳尔逊签署了一项行政命令，在战时生产委员会内部设立了生产研究发展办公室。生产研究发展办公室正式获得了马弗里克为技术发展办公室设计的许多权力，例如"贯穿到生产阶段的技术开发"权力和监督所有战时生产委员会研发合同的权力。然而，根据琼斯所在委员会的建议，生产研究发展办公室的自主权受到了"与工业部门密切联系"的限制。更重要的是，琼斯提议的预算只有500万美元。[29]生产研究发展办公室与提议的技术发展办公室不同，并没有足够的资源帮助战时生产委员会在发展新工业技术方面打造强大的影响力。

生产研究发展办公室以科学研究与发展办公室为榜样，并宣称与后者平起平坐。生产研究发展办公室主任哈维·戴维斯（Harvey Davis）认为，与他面对众议院拨款小组委员会时的陈述一致，科学研究与发展办公室负责"要生产什么"，而生产研究发展办公室负责"如何生产"和"使用什么资源生产"。生产研究发展办公室确实

第五章　旧的争斗，新的适应

对酒精和青霉素等商品的大规模生产以及焊接和层压等工业过程做出了重要贡献，但关于激进的工作建议，例如住房太阳能加热系统，以及代表美国农业部和国家住房管理署等民用机构的建议，遭到了战时生产委员会、"最高技术指挥"和国会内部怀疑论者的扼杀。生产研究发展办公室"为所有州和地区奠定新工业基础"的更大规模计划被认为只是不负责任的空谈。[30]

第二次世界大战期间，生产研究发展办公室受到的限制不断收紧，甚至时间范围也被缩短了。在1944年和1945年，该委员会的作用仅限于解决问题，例如，建立"生产经济"分部来探索控制质量和节省劳动力的新方法。生产研究发展办公室甚至被剥夺了使用全部拨款的许可。第二次世界大战期间，生产研究发展办公室的总开支为900万美元，是科学研究与发展办公室的2%，相比每年约900亿美元的战争开支几乎不值一提。按照布什意图接手的掌权者不仅限制了生产研究发展办公室的范围和规模，而且约束了其运行模式。大多数生产研究发展办公室项目需首先交由战时生产委员会行业分会、国家研究委员会或专业协会审核，然后再签订承包合同。这些合同的结果将分发给特定行业所有感兴趣的公司。相比马弗里克和基尔格的改革自由主义愿景，这种技术精英主导的分散协商模式与布什青睐的联合主义政府概念拥有更多共同之处。[31]

合成橡胶研发项目为生产研究发展办公室提供了一个有用的对比。1942年夏天，橡胶危机达到了顶峰，马弗里克的小组多次与橡胶和化学工业专家会面，以充实合成橡胶研发计划。该机构的部分内部人士指出，如果战时生产委员会能够坚持对该项目的控制权，那么战时生产委员会将大大巩固自己的形象，增强抵御武装部门和其他对手的能力，因为这些对手似乎一心想要削弱战时生产委员会的集中权力。[32] 相反，布什努力推动了从战时生产委员会剥离橡胶项目的计划，并强化了橡胶项目的许多联合主义特征。

153

| **伪造的共识** 1921—1953：美国的国家愿景与科技政策之辩

第二次世界大战爆发之前，美国是世界上最大的橡胶进口国，这种局面无疑为橡胶供应埋下了隐患。日本占领了供应美国97%进口橡胶的地区，引爆了这个隐患。美国早在珍珠港事件之前就发现了这个隐患，但始终没有采取行动。尽管拥有制造合成橡胶的关键专利（凭借与德国巨头法本化学的交易），但新泽西标准石油公司无法达成允许四大橡胶公司使用该专利的协议。杰西·琼斯领导的重建金融公司受总统指派处理这个问题，但他不愿意通过强迫手段达成专利使用协议，因为此类协议似乎只能让国家背上昂贵而毫无价值的累赘。在珍珠港事件和日本占据橡胶资源丰富的东南亚之后，琼斯和标准石油公司面临着公众日益强烈的不满，迫使标准石油公司在1942年年初同意了重建金融公司促成的全行业交叉许可和技术信息共享协议。就在1942年3月标准石油公司的国内活动被暂停之前，司法部反托拉斯部门迫使该公司根据上述协议做出了更大的让步。[33]

尽管整个行业似乎因为这些协议达成了妥协，但政府内部关于橡胶的斗争仍在继续。7月，马弗里克试图建立战时生产委员会的权威，国会通过了一项构思拙劣的法案，促使布什采取行动。布什帮助并鼓动创立了橡胶调查委员会，其中包括主席伯纳德·巴鲁克以及布什的亲密盟友詹姆斯·科南特和卡尔·康普顿。橡胶调查委员会的任务是审查橡胶行业的状况并提出建议，然后凭借公正的名声帮助总统分担压力。出于同样的原因，巴鲁克也不得不遵循橡胶调查委员会1942年9月10日报告的建议。在科南特和康普顿的推动下，巴鲁克剥离了战时生产委员会和重建金融公司的合成橡胶项目管理权，并成立了独立的橡胶生产办公室。橡胶调查委员会还主张在技术共享之外筹建一个中央橡胶工业研发项目。该项目于1942年10月正式启动，负责人是弗兰克·朱厄特领导的贝尔实验室的两位化学专家。1943年，政府接管了标准石油/法本化学合成橡胶专利的管理权,条件是政府每年提供至少 500 万美元的拨款以继续资助橡胶研发。1944 年,一个政府资助的橡胶实验室在俄亥俄州阿克伦市建立。朱厄特的科学家们离开该项目后,橡胶行业的研究高管取代了他们的位置。事实上,在第二次世界大战结束后不久,四大橡胶公司就确定了由研究总监轮流担任政府项目主管的制度。[34]

从重要特征来看,美国在第二次世界大战期间的合成橡胶研发计划反映了联合主义者的愿景:合成橡胶的管理独立于其他行业,拥有自己的"沙皇";项目属于覆盖全行业的合作项目,而且支持成果共享;项目获得了政府实验室提供的服务,但研究议程的控制权属于来自领先私营公司的专家委员会;政府几乎没有独立的专业知识,只能依靠私营部门开发新技术。布什在 1942 年 7 月写给总统的叔叔、国家资源规划委员会的弗雷德里克·德拉诺(Frederic Delano)的信中提到,"(政府)引导和推动的自愿研究交流"带来了一个充满活力且发展迅猛的战后合成橡胶产业。基思·查普曼(Keith Chapman)估计,政府的支持帮助合成橡胶商业化进程加快了 12 年到 20 年。再加上德国的战败,合成橡胶项目帮助美国公司取得了世界领先地位。然而,如果没有珍珠港事件后严重的国家安全危机,那么贯穿全行业的持续合作可能无法实现。即使在冷战时期,橡胶行业也缺乏克服公司间彼此怀疑的足够动力,而这种怀疑曾导致了国家复兴管理局的失利。到 1957 年,费尔斯通公司(Firestone)接管了阿克伦的实验室,联邦政府资助橡胶行业民用研发的历史也随之结束。[35]

以合成橡胶为代表的政策组合,即受高压政治胁迫展开的技术合作以及享受政府资助和税收优惠的工厂及设备投资带来的刺激,并非特例(不过其他领域更多依赖公司内部研发推动技术发展,而非上述的联合项目)。例如,在化学工业的其他领域,约翰·史密斯(John Smith)已经证明,类似政策也能推动快速的技术进步,产生竞争优势。金属产业也取得了类似的结果。以铝业为例，美国铝业公司的生产技术在第二次世界大战期间得到了传播，而战后政府将拥有的工厂交给了美国铝业公司的竞争对手，直接扭转了该行业的垄断结构。不过，通常情况下，第二次世界大战结束后美国的行业竞争格局与战前的寡头垄断模式并没有改变，技术变革通常并不会伴随产业结构的变化。[36]

复苏、保守主义的重新崛起和改革自由主义的垂死挣扎

尽管有时会收获同样令人印象深刻的结果，但第二次世界大战期间的联合主义实验没有激发参与者（高校科学家除外）的热情，与第一次世界大战期间胡佛和巴鲁克取得的辉煌成就形成了鲜明的对比。除了因为政府采购减少而濒临崩溃的行业，或者因为与国家安全息息相关而迫使政府采取强制措施的领域，美国在第二次世界大战期间轰轰烈烈的合作项目很快烟消云散了。另外，尽管十分弱小，但在创始人心中，生产研究发展办公室象征着技术创新管理的改革自由主义理想。生产研究发展办公室和科学研究与发展办公室存在巨大的预算差距，权力和威望同样如此，但马弗里克希望他推动建立的这个机构能够转变成一个永久性组织，布什则希望解散这个机构。生产研究发展办公室是改革自由主义者的科技政策实验之一。尽管对战争的影响微不足道，但生产研究发展办公室为和平时期重要经济领域的政府政策树立了先例，例如传播新技术和向小制造商提供专业技术知识等。通过将第二次世界大战与战后充分就业等关键挑战相提并论，新任商务部部长亨利·华莱士领导的改革自由主义联盟汇聚了战时的剩余势力，并试图在战后最初两年重新焕

发活力。这一次,改革自由主义受到了复苏的保守主义的阻挠,国会受到的阻力尤其明显,与战前一样。

罗斯福总统去世不到一个月之后,亨利·华莱士对杜鲁门总统说:"新政的最大不足在于没有以应有的方式支持科学研究。"华莱士部长为完善新政做出了两方面的努力。他采取了行政措施,以固化改革自由主义战时实验的成果并扩大其规模。他还支持参议员詹姆斯·威廉·富布赖特(James William Fulbright)争取立法授权。华莱士在推行科技政策方面拥有非同寻常的资本。在担任农业部部长和副总统之前,他是农业经济学和玉米遗传学领域的先驱。由于同农业研究系统的渊源,华莱士认为,受政府推动和监管的激烈私人竞争最有可能带来创新、效率和繁荣。在战后短文《六千万个工作岗位》(Sixty Million Jobs,1945年)中,华莱士表示,政府实现充分就业的最佳途径是加强政府权力以鼓励"生产力竞争而非强盗行为"。[37]

通过外国财产保管人制度收缴的德国专利是华莱士手中的一张王牌。这些专利集中在化学品和药品、电气设备和塑料等领域,占所有未到期美国专利的约5%,因此外国财产保管机构成了美国最大的专利持有者。通过尽可能提供免除专利费的非独占专利许可以及特别关注小企业的方式,这些机构努力实现控制技术的最广泛应用,甚至组织了路演来向那些没有在华盛顿设立办事处的公司传播技术知识。除了外国财产保管机构和生产研究发展办公室,华莱士的其他资本还包括通过技术咨询服务协助小型工厂解决生产问题的战时小企业公司、鼓励独立发明家的国家发明家委员会,以及处理美国和敌方战时技术报告(这些报告可能有利于和平时期的美国工业)的出版委员会。[38]

与标准局和专利局等商业中坚力量一起,这些项目为小企业的技术发展提供了帮助——这是华莱士及其团队在1945年上半年制订的充分就业计划中的 9 项基本任务之一。新总统于 8 月批准了这项计划，允许将生产研究发展办公室和战时小企业公司（剩余财产职能除外）移交给商务部，同意其在 1946 财政年度寻求补充拨款并增加 1947 财政年度拨款，同时保证华莱士向处理科技政策的内阁委员会派遣代表。在杜鲁门于 1945 年 9 月 6 日宣布的 21 点恢复和平计划中，援助小企业被单独列为第 15 点，表明其重要性得到了进一步强化，而华莱士受命监督与此相关的立法与实施。[39]

为了安置此前的战争机构，商务部部长设立了技术和科学服务办公室。1947 财政年度，总统的预算咨文要求为技术和科学服务办公室拨款 455 万美元。技术和科学服务办公室计划将 150 万美元预算用于恢复生产研究发展办公室的研发职能，其中 100 万美元由技术和科学服务办公室直接支付给签订了研究合同的工程学院和其他非政府组织，而另外 50 万美元则通过标准局资助代表小型制造商团体的研究项目。此外，技术和科学服务办公室还将花费约 25 万美元建立一支工程师队伍，作为公司、政府研究组织和商业界之间的"技术联络官"。重新命名的国家发明家服务局保留了战时的预算规模，即 7.5 万美元。所以，按照总统的拟议预算，技术和科学服务办公室的国内部分预算规模（180 万美元）与美国国立卫生研究院的外部资助计划（170 万美元）大致相当。正如下文所述，华莱士还希望能够在富布赖特法案获得通过后为技术和科学服务办公室额外增加 300 万美元的预算，该部分预算将主要用于资助研究项目。[40]

技术和科学服务办公室剩余的 270 万美元预算被指定用于支持收集、编辑、出版和传播敌方技术信息以及解密美国战争文件的项目。商务部坚定支持广泛应用该项目发现的政策，而这项政策呼应了与外国财产保管机构的行为（该机构已转变为司法部反托拉斯部门的一个下属单位，并且与商务部保持了密切合作）。华莱士计划设立外地办事处以辅助技术和科学服务办公室。外地办事处约有 210

万美元的预算用于保证"在1947年继续为小企业提供（商务部）此前从未提供的服务。近年来，战时小企业公司（原文如此）的经验证明了此类服务需求的存在"。技术咨询是华莱士最希望提供给小型制造商的服务。[41]

国会资助了1947财政年度技术和科学服务办公室的研发项目，但没有大张旗鼓地展开宣传，也没有关注围绕拟议国家科学基金会（详情请参见第6章）展开的激烈争论。1946年秋，从赠地学院和外国资产托管机构收集项目建议之后，商务部发布了条例，并实际花费了100万美元预算中的87.8万美元。讽刺的是，相比亨利·华莱士，赫伯特·胡佛似乎更适合领导商务部并实施该研发项目。项目主管表示："工业研究最终得以实施了，在证明工业界需要研究并希望政府负责展开研究之后。"华莱士的外地办事处愿景甚至更糟。众议院的共和党议员，在民主党议员的默许下，几乎彻底将外地办事处排挤出了政府预算案，而反对的理由是华莱士正在抢夺政府的商业控制权。尽管参议院帮助该项目回收了部分资金，但外地办事处因为预算紧缩而取消了部分职能，技术咨询就是其中之一。华莱士经常将提供给小企业的技术服务与美国农业部提供给农民的技术服务相提并论，但商务部始终无法实现这个目标。[42]

事实证明，第二次世界大战期间产生的大量信息对华莱士的项目构成了一种负担，而非收益。技术和科学服务办公室的大部分预算都花在了处理不计其数的美国军事研发成果，以及完成"知识赔偿"计划的组织任务——该计划最终将数十名德国军事和民事专家、数百万页的文件和数吨的设备带到了美国。这些数量庞大的材料让技术和科学服务办公室公平传播研究结果的意图变成了一个笑柄。例如，技术和科学服务办公室的工作人员怀疑他们从德国收到的报告没有体现出正在收集信息的真正价值，在任务中占主导地位的大公司代表私自扣留了有价值的发现。鉴于这些信息可能包括能够提高工业生产力的隐性知识，收集计划不可避免地受收集者本身偏见的影响，因为这些知识只有现场的整理者才能获得。套用历史学家约翰·金贝尔（John Gimbel）的话说："个人和公司私自截留了'知识赔偿'，占有了原本'赔偿'给大众的知识。"[43]

"消费心理"引发的担心在1947财政年度商务部的讨论中变得十分明显，甚至主导了下一年的国会预算辩论。此时，共和党已经赢得了参议院和众议院的控制权，而亨利·华莱士在1946年9月挑战总统的外交政策之后离开了政府。由于华莱士对保守主义成员来说象征着激进分子对政府的渗透，华莱士曾领导的部门自然成了他离开后被攻击的目标。众议院拨款委员会的报告指控商务部在没有适当法律授权的情况下将战争活动不必要地延续到了和平时期，而且报告嘲讽研究计划，称"美国以营利为动机的私人研究迄今为止都成就斐然"。到1949年，华莱士最初的预算只剩下了20万美元额度，勉强能够满足清理解密军事研究报告的需求。[44]

商务部的战后科技政策拨款被轻易地取消了，表明作为科技政策授权和转让依据的紧急战争立法在和平时期将构成一个并不稳定的基础。于是华莱士部长发现，现在商务部可以依赖的只有对基本使命的广泛解读，即"促进、推动和发展国外与国内商业"。巧合的是，华莱士在阿肯色州第一任期内由民主党参议员詹姆斯·威廉·富布赖特在1945年提出的立法提案中找到了最有希望解决这个问题的答案。但是，这项提案也因为国会保守主义的反对而夭折了。[45]

1945年夏提出的富布赖特法案的最初版本粗陋且不成熟。在与参议员基尔格（同时提出了国家科学基金会议案）和商务部部长华莱士协商之后，富布赖特提出了一个替代议案，清晰地规划了改革自由主义愿景中联邦政府在工业创新管理方面的作用，并要求设置商业部下属的技术服务办公室负责以下业务：

评估发明的商业潜力，借助联邦设施加以开发，并提供给私人利用；

在部门实验室或通过合同发起并赞助技术研发，以应对具有普遍重要意义的工业问题；

在缺乏私人设施的情况下，向个体公司提供有偿的研究和测试服务；

奖励有创造力的联邦雇员；

建立并运营一个中央信息交流中心，以传播公共和私人部门的工程技术研发成果；

实施传播新技术的工业推广服务；

研究和分析科学与技术对经济的影响，以制定相关政策，提出立法建议，并在科学和技术领域采取以促进充分就业和提高生活水平为目标的合法授权步骤。

经过三天的听证和进一步的适度修改之后，参议院商业委员会在1946年1月29日做出了推荐该议案的决定（参议员基尔格和马格努森在1945年秋举行了著名的听证会，以讨论他们相互竞争的国家科学基金议案；听证会名义上也考虑了富布赖特的提案，但与华莱士商议时，富布赖特实际推迟了自己提议的审议时间）。商业委员会的报告强调了加快新技术投入制造实践速度的目标，以及面对国际经济竞争的重要性。报告还附有商务部的预期：该提案在1947财政年度需要约300万美元的额外开支，其中250万美元将用于资助研发项目，其余部分用于现场服务。[46]

富布赖特提案在参议院会议上引发了混乱。至少有一位参议员认为该议案在讨论之前其实已经通过了。华莱士在4月12日向总统报称"两项议案（即基尔格和富布赖特的议案）都获得了通过需要的票数"，但参议员罗伯特·塔夫脱阻止了全面审议。虽然华莱士把反对意见归结为"政治战略考虑",但参议员的反对基于更基本的意识形态分歧。1946年秋天,在共和党取得胜利时,塔夫脱的拖延战术收到了很好的回报。在找了一位新的共和党共同提案人之后,富布赖特在第80届国会上提出了一个删减版的议案,但因为糟糕的委员会推荐而再次夭折。[47]

1950年,第81届国会最终通过了一项议案,授权商务部作为国防部、原子能委员会和其他机构非机密报告的交流中心。因此,出版物委员会成了唯一能够在第二次世界大战后政治环境中证明可行性的战时实验。1950年授权的信息交流中心最终发展成了现在的国家技术信息服务局。政府资助民用工业研发并推广服务的概念被扼杀在摇篮中。套用莫里·马弗里克独特的措辞,"战时小企业公司的骨架被转送到了商务部,但此后并没有进入玻璃展示柜,更没有改头换面、焕发新生"。[48]

结论:左翼真空

国家技术信息服务局最终发展成了传播政府技术信息的有用工具,但与华莱士和马弗里克的期望相去甚远。第二次世界大战之后,美国政府几乎没有能力分析国家工业结构的演变,识别私营部门忽略的潜在技术和工业发展道路,也没有能力根据这些信息采取措施,以支持工业研发、传播技术成果,并打破利用这些全新公共知识的私人障碍。改革自由主义愿景是一次政治失败,而国家安全主义政府的战时敌意是导致其失败的重要原因之一。而且,改革自由主义信徒不可避免地反对"双线战争",而莫里·马弗里克与乔治·马歇尔展开了完全不相称的较量。身处布什的位置,一个更富同情心的人可能提供一些帮助,尽管他的权力仍然取决于军事成果。在这方面，很难想象华莱士——更不用提马弗里克——能够与布什相提并论。战时生产委员会的行业分会也是引发反对的一个原因。合成橡胶项目证明，联合主义在战争期间动员民用研发的计划最多只能激发大公司暂时的支持。改革自由主义者宣称小企业是他们的选民，但小企业认为改革自由主义政策更倾向于增加战时管理负担，而非提供对抗大型竞争对手的技术优势。此外，战时的小企业公司也无法复制数十年前美国农业部与农场主成功合作的案例。

事实上，第二次世界大战结束后不久，小企业对政府的恐惧就激起了反共热潮，华莱士是其中的一名受害者。华莱士的政治无能、离开副总统职务，以及出乎意料的经济繁荣，都进一步打击了他的科技政策主张。此外，战争的结束意味着立法恢复到战前状态，华莱士被迫在国会采取攻势，无法单独依靠行政命令行动。尽管许多最极端的右翼成员在对日战争胜利日之前已经离开，而且共和党领导层愿意就住房和教育等问题展开合作，但"自由企业"的口号被频繁提起，占领了共和党第80届国会以及第79届国会（1945年至1946年）。因此，保守主义政策企业家挤占了战后因为国家安全主义政府必然萎缩而出现的空间，击退了改革自由主义政策企业家任何可能的攻势。国家安全主义的倡导者们肯定会尽可能阻止战后的力量消退，正如下文所述，他们在塔夫脱领导的共和党和华莱士领导的民主党中都树立了敌人。尽管经济发展增加了政府收入，国家安全、国内开支和减税之间的矛盾依然十分尖锐。

政治权力向右翼转移增加了凯恩斯主义对前新政支持者的吸引力。为了组建可以获胜的联盟，特别是国会的胜利，新政支持者必须做出妥协。凯恩斯主义在第二次世界大战之后演变成了一个几乎毫无内容且不涉及结构性经济改革的开支处方，很大程度趋向于捍卫现状；尽管国防预算遭削减，但政府因为战争已经大幅扩张。围绕《1946年就业法案》的辩论已经证明，相比为争取新职能而组建联盟，组建联盟以阻止大幅预算削减要简单得多（要求相对松散）[49]。按照美国经济学家的解释，凯恩斯主义理论为经济黑匣子理念提供了知识基础，而经济黑匣子可以通过调整政府开支等财政投入加以调节。左倾民主党人因此转向了更可能实现的凯恩斯主义，甚至将凯恩斯主义的逻辑延伸到技术创新管理领域，而凯恩斯本人却对这个主题缺乏兴趣。

第六章

探索管理之路
美国科学、技术以及宏观和微观经济政策
（1945 年至 1950 年）

美国人带着清晰的记忆和强烈的消费欲望走出了第二次世界大战的战场。其中，记忆不仅包括混乱的战时治理和限制，还包括之前数年的物资匮乏，因此恢复和平的美国人渴望着"正常"的生活。按照阿隆佐·汉比（Alonzo Hamby）的描述，人们当时更怀念20世纪20年代，而不是30年代。[1] 鉴于过去15年的萧条，加上战争导致的经济、政治和技术领域的不正常，这种状况很容易理解，但可能并不容易实现。尽管同样无比怀念过去的繁荣和稳定，但许多第二次世界大战后的政策制定者们对过去数年历史及其对国家未来影响的解释存在严重分歧。例如，保守派认为经济大萧条和战争都属于一段反常的时期，因此应该被放入历史档案馆并束之高阁。国家安全主义的狂热者则认为这是国家走向成熟、将承担全球责任变成常态的一段历史时期。尽管因为战时实践失败而受到责备，但改革自由主义和联合主义支持者们仍然相信，属于其政府愿景的最佳元素已经不可逆转地改变了美国人的生活，并将永远占据一席之位。凯恩斯主义者认为，他们的技术已经成熟，并为他们认同的新世界提供了有效的治理工具箱。这些分歧反过来又导致了截然不同、相互矛盾的政策主张。第二次世界大战结束后不久，这些不同观点的支持者之间就出现了僵局。不过，随着原来的联合主义和改革自由主义支持者在新的凯恩斯主义理念中找到了共鸣，坚冰慢慢消融了。

造成僵局的一个原因是国会重新掌握了美国国内政策制定的控制权，恢复了因为战争而中断的趋势。早在1943年中期，国会议员就主动采取了措施来应对恢复国内和平的问题（而且经常出乎总统的意外），其中包括合同结算、剩余财产处置和援助调整等。国会正在考虑如何实现从战争状态到和平时期的经济转变，这直接导致了重组和平时期治理的立法提案，例如默里的充分就业提案和基尔格的国家科学基金会提案。默里和基尔格的改革自由主义提案自然遭到了国会议员的反对，因为他们宁愿恢复战前的状态。罗斯福总统的去世加剧了权力从行政部门向立法部门的转移。哈里·杜鲁门缺乏前任的声望，也因为战争结束失去了启动紧急状态的正式授权。

国会一贯是保守主义最好的表现舞台，而公众在1946年中期选举中表达了对管制、罢工和行政无能的厌恶，这进一步强化了这种趋势。新的共和党多数派不再满足于简单地通过挫败默里和基尔格议案的方式来遏制新政，开始主动采取措施恢复战前状态。1947年的《塔夫脱–哈特莱法案》(*Taft-Hartley Act*，又称劳资关系法案）是"无所作为"的第80届国会采取的最重要的措施。即使1948年杜鲁门后来居上赢得了总统选举，国会仍然是"自由企业"言论的堡垒，这很大程度上归功于保守派共和党议员。尽管未能施行议案中的大部分内容，例如他们预期能够释放私人资本以发展投机性技术企业的税收减免措施（以及其他举措），但保守派仍是第二次世界大战后其他意识形态竞争者需要跨越的最主要的阻碍。

20世纪40年代末，共产主义反对者再次形成了一股强大的政治力量，强化了保守主义理念。有趣的是，美国国内反对"颠覆分子"的言论升级，目的是保卫国家抵制"苏俄"的影响，但至少在开始阶段并没有带来国家安全主义政府的扩张。可以肯定的是，1945年到1950年的军费开支，特别是研发开支，仍然远远高于战前水平。然而，要求"正常化"的呼吁让那些担心国际承诺超出国家履行能力的人感到沮丧（详细内容请参见第七章）。在上述5年中，美国的军事和对外援助预算有所增长，不过幅度不大，但这些增幅也都是激烈斗争的结果。尽管国家安全主义的论据有时也会被挪用，以证明新设立的国内项目的合理性，例如国家科学基金会，但它们通常很难单独发挥作用。而且，即使获得通过，为实施这些措施分配的预算通常也微不足道。

然而，如果考虑战争债务和退伍军人计划，国家安全支出在联邦政府预算中的占比将大幅提升，甚至可能挤占联邦政府其他新计划的资源。事实证明，亨利·华莱士在第二次世界大战结束后继续实施大规模的民用技术研发计划的梦想因为保守主义、反共主义、军事需求和预算紧张等因素彻底破灭了。在华莱士于1946年9月辞职后，新政支持者已经从杜鲁门总统的内阁中彻底退出，国会中的人也所剩无几。为了避免所有努力都成为徒劳，那些与华莱士一样希望建立主动且专业的行政政府的人，例如新组建的经济顾问委员会的副主席利昂·凯泽林（Leon Keyserling），不得不重新思考自己的立场，抑制他们的野心，并寻找新的盟友。

联合主义者也面临着类似的两难境地。第二次世界大战让他们相信，通过不同于国家复兴管理局的方式，他们的参与可以帮助政府在经济管理中发挥有益的作用。任何情况下，联邦政府都十分庞大，而且将始终保持这种规模，因此必须善加利用以充分发挥政府的作用。虽然第二次世界大战并没有催生出类似赫伯特·胡佛和伯纳德·巴鲁克那样同时兼具地位和奉献精神的联合主义信徒，但范内瓦·布什和卡尔·康普顿等人保持了部分将政府权力和资金下放给私营部门"代表性"专家的信心，特别是在科学和技术政策领域。然而，他们的队伍太小，无法单独实现自己的目标。

改革自由主义和联合主义支持者没有在第二次世界大战刚刚结束的那个阶段立即实施调整，因为他们必须建立能够获胜的政治联盟，而且许多拥趸也发现了政府愿景中的缺陷。华莱士阵营的叛逃者担心行政政府可能遭遇"一刀切"（与战时生产委员会的遭遇相同），然后转向不那么友好的目的，例如侵犯公民自由或破坏罢工。前胡佛支持者担心，自愿的合作将引发违规风险，政府强制的合作可能导致繁文缛节和停滞不前。此外，凯恩斯主义宏观经济学也积极展现着吸引力。凯恩斯主义政府愿景似乎已经得到了战时经济超常增长和价格稳定的证明，而且凯恩斯为经济治理提供了一种新的语言和概念框架，并承诺在混乱的自由市场和严格的监管制度之间寻找一条全新的中间道路。但是，在投入和平时期的实践之前，凯恩斯主义需要进一步的规范。财政刺激（或限制）应该面向消费还是投资领域？财政刺激（或限制）应该通过减税还是增加政府开支的方式实现？即使总投入得到了适当管理，哪些领域仍有可能遭遇市场失效？

　　即使没有达到赫伯特·斯坦恩（Herbert Stein）描述的共识，经济政策观点在1945年到1950年的政治斗争中逐渐趋于一致。通过管理需求推动经济增长成了联邦政府的一项基本责任，甚至是一种癖好。著名的凯恩斯主义支持者理查德·尼克松（Richard Nixon）称这种现象为"控制增长主义"。而且，政府主要通过减税和"自动稳定器"等间接手段实现控制经济增长，符合支持者的要求。这些支持者后来被罗伯特·莱卡赫曼（Robert Lekachman）描述为"商业凯恩斯主义者"，其中许多是此前的联合主义者。不过，改革自由主义的观点并没有完全消失。"社会凯恩斯主义者"偶尔也会赢得吝啬的支持，进而维持甚至略微扩张一些新政微观经济监管和公共投资措施。[2]

　　科技政策领域也出现了观点的融合，不过是否形成了布鲁斯·史密斯（Bruce Smith）假设的"战后共识"并没有定论。构建有利的宏观经济环境，以保证预期需求足以支撑私人研发和技术创新行为，是科技政策的基本目标。政府需要发展分析能力来监测私人投资行为，以便在失效的时候提供补偿，虽然补偿的方式和方法仍然存在争议。除此之外，政府还需要在市场似乎已经失效的数个领域制定投资政策，例如学术科学研究和小企业创业。定义统一的市场失效标准是一个缓慢而痛苦的过程。讽刺的是，就在1950年春季这一标准似乎就要达成的时候,朝鲜战争爆发了,刚组建的国家科学基金会和新实施的风险投资项目不得不屈服于国家安全主义政府的要求。[3]

从停滞到兴旺:凯恩斯主义诊断结果的转变

从1938年到1948年的10年间,美国的凯恩斯主义传统发生了显著的转变。事实上,面对企业资本主义能否以令人满意的速度催生技术创新这个关键问题,凯恩斯主义理论提供的答案出现了彻底翻转。1938年,哈佛大学经济学家阿尔文·汉森的"长期停滞"观点占据了上风。汉森宣称,美国经济比以往任何时候都更依赖新技术,而生产新技术的能力却不及以往任何时候。汉森在同一年的美国经济学会主席致辞中表示:"(政府)必须采取深思熟虑但又远超以往设想的大胆措施,确保价格体系和自由企业具备充分的应对能力,至少可以允许集资,以便支持过去我们已经习惯的技术发展速度。"1948年,考虑到战争期间诞生的电子和原子技术奇迹,凯恩斯主义奇才保罗·萨缪尔森(Paul Samuelson)推翻了汉森的观点。萨缪尔森在经济学基础课程中应用多年的一本主流教科书中总结道:"相较于长期停滞,或许长期兴旺更应该引发我们深切的忧虑。"[4]

汉森在经济大萧条时期的悲观主义,不仅吸收了本土的经济思想,而且融合了英国剑桥大学的最新研究成果。关闭的国门、收紧的移民政策、明显饱和的汽车市场(却没有任何可以推动工业发展的替代因素),成了威廉·福斯特(William Foster)和瓦迪尔·卡钦斯(Waddill Catchings)等美国作家的流行主题。汉森认为,这些因素的综合表现就是缺乏新的投资渠道,而凯恩斯主义国民收入分析认为投资最容易引发波动。加上人们更关注节约资本的技术发明趋势，经济状况变得更加复杂，而且进一步抑制了总需求。汉森还赞同改革自由主义观点，即主导工业研发的大公司压制或限制可能冲击现有市场的技术发展，减少能够刺激经济和消费的竞争及机会。因此，汉森十分赞同瑟曼·阿诺德的专利运动，并主张政府资助研发和投资（尤其是预制房屋），甚至同时还在考虑能够促进消费的联邦开支计划。[5]

凯恩斯主义的其他早期支持者曾参与了1937年和1938年经济衰退期间赫伯特·斯坦恩所谓的"争夺富兰克林·罗斯福灵魂的斗争"，拒绝了停滞理论和汉森直接刺激投资的呼吁。上述凯恩斯主义支持者包括比尔兹利·鲁米（Beardsley Rumi）和拉尔夫·弗兰德斯（Ralph Flanders），他们是未来经济发展委员会的两位创始人，而经济发展委员会是第二次世界大战之后最有影响力的商业凯恩斯主义机构。比尔兹利·鲁米和拉尔夫·弗兰德斯都认同汉森的观点——经济会受到储蓄太多和投资太少的负面影响。不过，他们两人认为政府应该集中资源刺激消费者需求，以便通过提高销售预期间接扩大投资。此外，两人并不反对政府在经济下滑时实施赤字开支政策，同时十分关注惩罚储蓄和奖励消费的税收改革。汉森的观点可能更容易引发年轻经济学家的认同，这些年轻人在战时进入位于华盛顿的机构中任职；鲁米的观点可能更有效地影响了总统的观点，体现在1938年4月新批准的开支计划中。以消费为导向的措施，例如社会福利支出和累进税，主导了1940年的政府经济议程。[6]

第二次世界大战促成了一次戏剧性的转变。战争动员期间，凯恩斯主义的"全力拥趸"要求实施大规模的国防投资；在战争期间，联邦政府继续为工业厂房和设备提供了约60%的融资支持，并通过税收优惠政策实现了大部分的剩余补贴。尽管私营部门实际负责实施了大量的研发项目并且经营着大多数工厂，模糊了政府的作用，但汉森肯定因为公共投资产生的大量创新而坚定了自己的理念。

然而，随着美国全面加入战争，投资优先权得到了理所当然的肯定。经济管理面临的真正挑战在于，鉴于大规模的政府开支激励着总需求不断膨胀，政府应该如何抑制消费和通货膨胀。价格管理办公室和预算局等机构应用了凯恩斯主义理论来应对挑战，对"边际消费倾向"等难以捉摸的概念展开了定量评估，以提供政策指导。第二次世界大战显著促进了经济管理者对税收的理解，扩充了财政收入的基础，并提供了新的管理工具，例如通过预扣控制税收的财政措施。虽然有些建议遭到了财政部和国会更多传统理念支持者的阻挠，但凯恩斯主义在经历了战争的考验后脱颖而出。支持者们充满了信心，相信凯恩斯主义足够灵活的框架可以应用于战争以及和平时期，而且效果显著。[7]

在战争期间的战后规划工作表明，战争经验也可以用来证明凯恩斯主义的商业和社会理念。汉森起初通过全国资源计划委员会开展工作，因为总统于1941年向该委员会指派了制订战后规划的任务。全国资源计划委员会于1943年被国会扼杀后，汉森领导一个非正式机构间工作小组制订了《美国白皮书》(American White Paper)。工作组制订的草案以最近出版的英国白皮书为蓝本，确立了凯恩斯主义作为战后治理原则，主张采取积极的财政政策，其中包括慷慨的社会福利开支和国家主导的技术发展，而最突出的当属援助小企业和提供风险资本的计划。社会凯恩斯主义支持者给出的理由是，随着战时开支刺激作用的减弱，停滞可能再度出现，而这也是引发公众普遍共鸣的一种担忧。《美国白皮书》从未正式颁布，但其中的一些观点被收录进了1945年年初的多项重要总统声明。汉森的批评者宣称，当时他的观点已经成了"官方信条"。[8]

批评者显然有些夸大其词。全国资源计划委员会遭解散后，规划责任被移交给了战争动员与复员局，后者归更谨慎的詹姆斯·伯恩斯（James Byrnes）领导。伯恩斯在1944年和1945年提交给总统的报告中强调,除其他事项外,加速折旧税收政策将"为公司提供真正的激励,帮助我们建立领先世界的工业技术优势"。他还尖酸地评论道:"我们不应该因为催促而匆忙上马大型公共工程项目。"更重要的是,国会并不关注汉森的观点,全国资源计划委员会的解散已经表明,国会只给了战争动员与复员局或新成立的经济发展委员会些许信任。例如,乔治亚州参议员沃尔特·乔治(Walter George)担任主席的参议院战后规划委员会只是在玩弄凯恩斯主义的支持者,并剥夺了参议员基尔格、詹姆斯·默里和杜鲁门1944年恢复和平议案中大部分的经济规划机构,而且完全不考虑这些机构的类型。[9]

这种冲突因为《1946年就业法案》达到了顶峰。《1946年就业法案》确定了第二次世界大战之后美国经济政策的一般制定原则和制度安排。在1945年1月提出最初的《充分就业法案》(*Full Employment Act*)时,参议员默里预计了经济下滑的可能性,并建议按照《美国白皮书》的思路提供应对经济下滑且主要受总统控制的政府开支计划授权。尽管对日战争胜利日之后,参议院以相对完整的方式通过了默里的议案,但众议院保守派以及他们的商业界盟友掀起了一场激烈的反对运动。出乎意料蓬勃发展的经济进一步助长了反对方的声势,暴露了默里极力推行的模式的缺陷。最终议案保留了立法部门对税收和开支权力的控制权,并为国会提供了一个新的联合委员会,用于提供宏观经济政策建议,以匹配来自总统新经济顾问委员会的建议。任何经济状况可能要求的公共投资都必须经过适当审议才能批准。这种谨慎的做法与商业凯恩斯主义理念相一致。凯恩斯主义支持者认为内在的稳定因素,例如经济衰退期间税基萎缩导致的财政赤字,应该在政府获得授权并以新的开支计划提供补偿之前允许其发挥作用。[10]

《就业法案》规定了联邦政府在经济增长方面的积极责任,因而激怒了保守主义者,同时让社会凯恩斯主义者大失所望,因为该法案大幅限制了政府可以用来实现经济增长的手段。不过,该法案还是为社会凯恩斯主义支持者划定了一个可以遵守的法律框架。凯恩斯主义观点划定了未来经济政策辩论的方向,并且得到了经济顾问委员会以及国会经济报告联合委员会的保证。政府与国会都将培养监测经济发展的能力,并将根据需要制定补偿性政策,包括针对消费和投资的税收和开支政策。商业凯恩斯主义者认为,该法案最重要的特点在于承认政府并非国家经济福利的唯一管理者。面对经济下滑的情况,私营部门需要首先尽其所能,之后将获得一个长期的机会来纠正问题。经济发展委员会的拉尔夫·弗兰德斯曾在参议院证词中表示,经济的稳定和发展需要所有社会要素履行自己的责任,而不仅仅是政府。[11]

监管、呼吁和希望:管理特权和宏观经济监管

消除了《就业法案》辩论紧迫性的经济繁荣持续了三年多,发展势头在 1949 年略有减弱,但随后又恢复了。通货膨胀,而非经济衰退,成了主要的挑战。多亏了"兴旺"而不是"停滞"的经济状况,政府可以按照总统的预期激励私营企业、整理账目,甚至开始偿还战争债务,而无须担心财政紧缩政策突然引发经济放缓。凯恩斯主义支持者认为,已经赢得了战争的大公司现在正在赢得和平,因为研发已经成了大公司投资的常规组成部分。工人和消费者能否共享研发投资的生产力收益,进而帮助维持需求,这确实引发了政策制定者的忧虑。1950 年联合汽车工会与通用汽车的《底特律条约》(Treaty of Detroit)建立了生产力与薪酬之间的联系,为集体谈判树立了一个全国性模板,最终解决了这个问题。虽然管理层被剥夺了

决定技术变革速度和方向的特权,但劳工阶层已经证明了自己的强大,可以收获应得份额的成果。由于短期走势似乎得到了保证,经济顾问委员会和预算局的政策企业家们开始把注意力转向经济的长期增长潜力,跟踪并设定研发开支目标,还开始尝试将技术创新经济学纳入凯恩斯的均衡分析。

约翰·肯尼斯·加尔布雷思(John Kenneth Galbraith)在《美国资本主义》(*American Capitalism*,1952年)中总结了半个世纪以来社会凯恩斯主义和商业凯恩斯主义的融合,称大公司是推动技术发展的"近乎完美的工具"。劳动力成本已经因为工会的出现无法作为一种竞争优势,因此工艺改进和产品开发成为大公司相互竞争和实现发展的主要手段。企业研发实验室让创新变成了常规流程。第二次世界大战之前关于大公司相互勾结或利用自身法律和政治影响力压制新发明的恐惧逐渐消散。传统智慧认为,只要一个行业存在少量的竞争者,只要宏观经济环境足够宽松,创新过程就会快速持续地推进。因此,凯恩斯主义支持者很高兴战时行政官员结束了美国铝业公司的行业垄断,但并不特别担心仍受到三大集团严格控制的汽车行业,尽管亨利·凯泽(Henry Kaiser)和普雷斯顿·塔克(Preston Tucker)等企业家努力在恢复和平期间建立新的竞争者。政府最重要的作用不是重组市场,而是刺激买家继续购买,当然,形成了极端行业垄断的美国铝业公司公司是个例外。哈佛大学的西摩·哈里斯(Seymour Harris)表示:"充足的需求将保证高水平的生产力,进而实现低单位成本的产能和产出,提供推动科学进一步发展的剩余资金。"[12]

凯恩斯主义支持者重拾对大公司的信心部分归功于反托拉斯部门成功阻止了最恶劣的专利权滥用,但第二次世界大战以及战后经济的繁荣发展才是更重要的因素。战争挽回了企业的声誉,赋予了研发部门前所未有的威望。管理层将利润重新投入新的设施、设备和专业技术开发，巩固了暂时的信任。第二次世界大战刚刚结束的前几年中，私人投资总额不断刷新纪录，让经济停滞观点的支持者感到困惑，并坚定了经济发展委员会的信心。研发部门获得的企业投入达到了应有的水平，开启了历史学家肯德尔·比尔（Kendall Birr）所谓的"爆炸性增长"时期。以战时研发合同为基础（战后持续的军事研发在一定程度上维持了重视研发的势头），许多大公司迅速扩张了自己的中央研究实验室，有些甚至建造了媲美高校的豪华设施来吸引技术人才。在美国无线电公司以及其他高科技公司，研究主管职位往往成了升任首席执行官的垫脚石。《商业周刊》（Business Week）在1947年实施的一项调查发现，从第二次世界大战爆发以来，87%的公司增加了研发投入，72%的受访者预计将进一步扩大技术投资。[13]

如果不考虑军事开支，联邦政府几乎没有对企业的科技投资产生任何直接影响。大公司通常将研发开支作为当期成本申报纳税，而不是必须在多年内核销的资本开支。这种行为适度激励了大公司的研发投入，但其早在战争之前就已经存在。作为动摇西方选民的一种策略，1948年总统竞选期间曾短暂重现了以公共投资刺激私人投资的普遍理念，但杜鲁门总统在选举获胜后提出的立法计划并没有试图在这个方向展开新的突破。相反，1949年1月的"总统经济报告"遵循了利昂·凯泽林的指导。虽然曾担任参议员罗伯特·瓦格纳（Robert Wagner）的助手，但凯泽林当时与他偏向保守主义的上司、经济顾问委员会主席埃德温·诺思（Edwin Nourse）展开了对抗。凯泽林关注的不是公共投资，而是政府在为私人投资创造积极环境以刺激经济增长方面的重要作用。[14]

凯泽林明确表述了关于私营公司（尽管受到联邦政府的监视）的信念，甚至引发了政策圈中间派的注意，他被视为一名老资格的新政支持者。在1949年投资开支出现意外下滑之际，凯泽林的观点受到了考验。凯泽林在 1949 年年初时预计，消费已经滞后，如果在 1948 年总统大选之后政府要实施更积极的经济政策，那么政策关注的重心应该是消费而不是投资。衰退的早期迹象促使凯泽林开始重新考虑自己的主张。参议员默里的反衰退议案——据说同样引发了凯泽林的同情——为改革自由主义穿上了社会凯恩斯主义的外衣。默里认为，钢铁等重工业部门的大公司串通一气并且像国家复兴管理局一样挤压其他竞争者，因此建议授权联邦政府在上述领域展开研发和直接投资项目。但凯泽林阻止了这个反停滞主义方案。他的结论是，无论总统还是国会，都缺乏采取上述措施的勇气。取而代之的是一个能够取得成功的联盟，以便推行温和的财政刺激措施，以及获得研究商业投资稳定性的授权。随着经济衰退的迹象在 1949 年结束前逐渐消散，凯泽林赢得了政府的信任，并利用投资研究增加了长期经济政策议案的说服力（详情请参见下文）。[15]

根据凯恩斯主义观点，稳定的企业投资、渐进式创新和精巧的新产品本身并不足以确保长期而持续的经济发展。如果想要有效需求能够匹配不断增加的供应，那么工人阶层必须借助增加工资和降低物价等方式共享经济发展带来的收益。为此，从 1946 年开始，经济发展委员会和经济顾问委员会达成了一致：集体谈判应该建立并加强生产力发展与工资增长之间的联系。然而，战争的结束显著削弱了联邦政府对劳资关系的影响力，因此总统往往只能发出"强烈的呼吁"。而且，战后组建的经济顾问委员会有时担心劳工可能引发生产力和工资脱钩。例如，经济顾问委员会曾宣称，矿工联合会的约翰·刘易斯（John Lewis，也是杜鲁门的宿敌）在 1947 年提出了过高的工资要求，导致了通货膨胀压力。不过，经理和股东更容易引发经济顾问委员会的担心，因为前者更有机会囤积技术进步的成果。

白宫代表对"负责任"合同①的倡导，可能在一定程度上影响了管理层对待广受媒体和公众关注的劳资谈判的态度。更重要的是，面对不断扩张的经济，"反作用力"逻辑（套用加尔布雷思的术语）在多数主要工业部门建立了工资与生产力发展的联系。通用汽车公司，作为行业的领头羊，认为让罢工严重威胁 1948 年繁荣的市场毫无意义而且愚蠢，因此率先向全美汽车工人联合会提供了新的加薪方式，即在考虑生活成本的基础上额外提供 2% 的生产力发展加薪。新的协议于 1950 年获得批准，并因为率先树立了典范而被《财富》杂志誉为"底特律条约"。而且，新协议定义的原则成了美国战后劳资关系的支柱。[16]

联邦政府没有采取行动的权力，无法直接要求企业根据生产力发展状况提升报酬，同时缺乏可靠的相关统计信息。格哈德·柯姆（Gerhard Colm），经济顾问委员会的事实幕僚长，于 1947 年年末启动了很大程度上依赖生产力预测的长期模型研究，但该研究实际被迫应用了（与凯恩斯一样）几乎任意推断的历史趋势。柯姆下属的工作人员同 1946 年作为佛蒙特州共和党议员加入参议院的拉尔夫·弗兰德斯展开合作，在第 80 届国会为劳工统计局新实施的生产力测量项目进行辩护，否决了保守派提出的削减预算议案。1949 年年初，经济顾问委员会考虑实施新的项目，以跟踪推动生产力发展的技术改进，更仔细地研究工资与生产力的关系。[17]

关于研发开支的统计数据同样难以获得。不过预算局在战后不久就展开了开创性工作。第二次世界大战爆发前，跟随卡尔·康普顿科学咨询委员会的脚步，国家研究委员会工程与工业研究部以及全国资源计划委员会开始汇编统计数据，并最终在 1938 年至

---

① "负责任"合同是指在劳资谈判中，雇主和工会达成的合同应该具有负责任的特征，例如合理的工资和福利待遇等。——编者注

1942 年合作出版了三卷《研究：国家资源》(*Research: A National Resource*)。然而，如果缺乏更系统的统计数据以及这些数据在联邦决策中应用的框架，该标题的承诺将无法实现。从 1947 年开始，预算局开始提供系统的统计数据，虽然收集统计数据的最初目标只是无休止地寻找重复内容，以便削减预算目标。不过，由于授命为凯恩斯主义的需求管理政策提供支持，预算局收集数据的目的增加了。例如，1949 年春，预算局局长要求下属财政分析部门提供一份账单，以表明联邦预算资金在推动经济发展方面的作用。这份数据包括新的研发统计，不过工作人员严重不信任统计数据的质量。同年 8 月，该项预算更名为"投资预算"，并作为一项特别分析加入了 1950 年年初总统提交给国会的 1951 财政年度预算中。[18]

由白宫助理约翰·斯蒂尔曼（John Steelman）担任主席的总统科学研究委员会也在 1947 年美国科学政策报告中使用了预算局的统计数据。斯蒂尔曼的报告设定了在 10 年内（截至 1957 年）将公共和私人研发开支总额提高到国民收入 1% 的目标。该数字与凯泽林和柯姆为发展整体经济和特定经济领域设定的目标相一致，凯泽林和柯姆通过 1949 年经济报告公布了他们制定的目标。这些目标很难说是科学计算的结果，而且对国会或总统也没有约束力（更不用说私营部门了），但它们确实为政策评估提供了广泛应用的基准。数年之后，斯蒂尔曼 1% 的指标就变成了一个不仅适用于美国而且适用于全世界发展中国家的经验法则。[19]

通过在国家科技投资与国民收入之间建立联系，斯蒂尔曼的报告超越了此前，包括范内瓦·布什和哈利·基尔格在 1945 年的努力，因为他们仅仅以绝对值或者占联邦预算比例的方式提供了联邦政府的研发开支目标。然后，西摩·哈里斯以宏观经济模型为基础展开了所谓的"最优科学开支"评估，并且估计开支"很可能达到数百亿美元"。在经济学领域，凯恩斯主义的技术创新方法很快向

| **伪造的共识**　1921—1953：美国的国家愿景与科技政策之辩

更传统的微观经济分析方法提出了挑战，例如20世纪40年代初由洛克菲勒基金会资助并由麻省理工学院鲁伯特·麦克劳林（Rupert MacLaurin）提供指导的分析。麦克劳林的工作重点是工业史、公司规模和专利控制等熊彼特式主题。西蒙·库兹涅茨（Simon Kuznets）进一步强化了新浪潮，他后来因为量化国民收入而获得了诺贝尔经济学奖。库兹涅茨领导的社会科学研究经济增长委员会曾在20世纪40年代末和50年代初努力实现技术变化的量化描述，但计量经济学家们的期望并没有完全实现。尽管50年代发展起来的增长经济学树立了技术创新的核心地位，但事实证明测量创新极其困难。罗伯特·索洛（Robert Solow）1957年的获奖论文通过回避困难来解决这个问题：首先解读易测量变量（例如劳动和资本的增长）对经济增长的贡献，然后将无法解释的剩余增长部分归于技术。[20]

索洛将"剩余"部分经济增长主要归功于研发开支，形成了一个几乎没有人提出质疑的信仰。直到20世纪70年代，生产力增长的速度神秘地放缓了，而且与测得的研发开支变化无关。日本公司证明，管理实践也可以显著地促进创新，甚至根本不需要大量的研发开支。然而，美国的科技政策制定者很大程度上保留了这样的信念：总研发开支是评估政策的关键指标之一。第二次世界大战结束后仍然受联邦研发开支滋养的利益集团显然是这种信念的支持者，这种信念也是凯恩斯主义在科技政策领域的一项遗产。正如下文第八章所述，虽然政策企业家也曾努力修改20世纪40年代末延续下来的概念和政策框架，以涵盖关于微观经济创新基础的新见解，并改变强调总研发开支的习惯，但此类偶然的努力大多都没有成功。而且，上述概念本身的发展远不足以促进联邦政府将研发开支恢复到过去数十年曾达到的规模。为补偿科技市场失效制订的开支计划必须等待，等待深思熟虑和确认市场失效的确切领域后才能实施。即使如此，如同涓涓细流的补偿开支也难以引发未来的洪流。

市场失效范围1：受联邦政府资助的学术科学

第二次世界大战结束后，为了确定各方都能接受的联邦政府资助学术科学结构，相互竞争的政策企业家们遇到了一个十分讽刺的困难。战争结束之前，最杰出的两位政策企业家——布什和基尔格——都认为联邦政府需要发挥作用，因为市场不是可以信赖的依靠。此外，相比其他类型的公共投资，保守派并没有特别坚定地反对联邦政府为高校研究提供支持，因为他们认为战争期间科学已经证明了自身对国家安全的价值。然而，从1945年到1950年，政策企业家之间的竞争僵局持续了5年之久。对联合主义和改革自由主义政府愿景战前残存的留恋，虽然在战后被证明没有什么实际意义，却让布什和基尔格各自组建的联盟处于对峙状态，错失了他们可以联合并赢得总统支持和国会多数同意的时机。

赫伯特·胡佛和卡尔·康普顿都曾在两次世界大战之间试图建立支持高校研究的联合主义政策。20世纪20年代，胡佛曾寻求建立一个由私人资助但服务于公众利益的国家基金会，并交由组成国家研究委员会的专家委员会管理。胡佛认为，受赞助的学术研发将带来足够的利益，但他最终没有说服潜在的工业赞助者，然后经济大萧条彻底击溃了胡佛的努力。康普顿也分别于1933年和1934年发起了"恢复科学进步计划"和"让科学发挥作用全国计划"，这些计划也由私人专家负责管理，但资金由公共财政提供，而非私人捐助。康普顿的两项计划都遇到了保守派的反对，理由是担心这些项目会增强政府的侵略性，而改革自由主义则对将公共权力下放给私人机构表示不屑。不过，哈罗德·伊克斯的国家资源委员会给了后者致命一击。[21]

战时创新形成了一种广泛的共识，即科学也有很大的实际用途，联邦资助可以获得回报：雷达和计算机都是高校实验室的发明，物理学教授们造出了原子弹。虽然学者们并没有一直从事科学研究（更不用说纯科学了），但这些项目仍然被贴上了科学的标签。布什在战争结束后曾写信给胡佛说，他必须"把所有工作人员都包装为科学家"，包括工程师，以获得军事部门的认真对待。范内瓦·布什在1944年登上了《时代》杂志的封面，封面的标题是"范内瓦·布什，一位物理学将军"。[22]

在康普顿和布什忙于战争的时候，参议员基尔格提出了一系列主张联邦政府在战争以及和平时期资助科学的议案。其中第一项议案起草于1942年夏末。该议案建议政府积极展开投资，覆盖从学术界到工厂试验阶段的新技术，以发展基于新技术的产业，并实施全面经济动员。不过，该议案几乎没有通过国会的机会，因为它的主要目的似乎只是提供筹码，以帮助战时生产委员会的部分人员利用战时紧急权力在该机构内部新建一个富有影响力的研究部门，并帮助战时生产委员会延续到战争结束之后。尽管战时生产委员会的盟友最终失败了，但基尔格对这个主题情有独钟，他在第78届国会（1943年到1944年）关注大公司专利滥用的听证会上继续宣扬改革自由主义主张。瑟曼·阿诺德和亨利·华莱士扮演了主要角色。然而，到了1945年，基尔格的"技术动员办公室"已经蜕变为"国家科学基金会"。和平带来了真正的立法机会，加上国会保守派、商业组织和战时科学精英的反对，让基尔格的议案从修辞回归了实用。1945年6月，基尔格提出的S.1297议案要求将国家科学基金会90%的资金用于国防、医疗和高校研究；1945年年底，参议员富布赖特提出了区别于科学研究的技术发展议案。[23]

布什一直关注基尔格的动向，并努力在可能的时候将他推向更合适的方向。然而，在1944年年底第二次世界大战接近以胜利告终时，布什决定留下自己的印迹，特别是针对战争爆发前胡佛和康普顿关注的问题,即私营部门专家应该在多大程度上支配联邦研究资金。在1945年6月提交总统的战后科技研发政策报告《科学:无尽的前沿》中,布什呼吁建立一个非政府科学家控制的国家研究基金会,提供长期资金并自由支持仅追逐科学价值的研究。管理利益冲突和强制竞争性招标的规定将被废除。国家科学基金会的管理委员会与该机构主管一起直接对总统负责,基尔格希望管理委员会能够代表广泛的社会利益,而布什则非常信任科学家和国家研究基金会学术管理人员的良好意愿。[24]

尽管存在其他冲突,但关于机构行政结构的分歧才是对两个议案产生致命影响的因素。尽管双方对最基本的内容达成了共识,即联邦政府应该投资国家的"科学资本",而且双方都认同"科学资本"代表学术研究。按照布什在报告中的描述,以及作为对汉森1938年美国经济协会致辞的肯定,学术研究也可以为国家提供"一种取之不尽的资源",哪怕人口增长和地理扩张已经结束。布什和基尔格都设想了每年1亿到1.5亿美元的预算。两人都认为,这样一个项目可以大幅增强国家安全,促进国家繁荣。并且,相比原来的立场,两人都发生了很大转变:基尔格此前主张停滞主义,而布什一直是胡佛联合主义的代表。作为转变的代价,他们激怒了部分盟友。而且,在1945年年底和1946年年初,两人似乎都有意进一步妥协,并准备共同提交一份议案,以便在保守主义力量回升的国会赢得多数支持。[25]

事实上,在白宫的支持下,基尔格在同年冬季进一步修正了自己的议案,由此产生的S.1850议案赢得了布什及其盟友的支持,包括共和党和民主党温和派国会议员,不过布什仍然希望参议院会议进一步修订基尔格的议案。新议案增加了科学界在基金会人员配置和董事会成员中的比重,同时将最终权力留给了总统。不过,基尔格和布什之间的休战刺激了保守主义主张的增加。国家科学院和贝尔实验室主席弗兰克·朱厄特反对任何来自联邦政府的学术科学资助,理由是此类资助将不可避免地导致研究型高校受到政治的限治。朱厄特于1946年1月起草了一项议案,并于此后不久由参议员雷蒙德·威利斯(Raymond Willis)提出,为保守派提供了一个机会来展示"质疑科学基金会整体理念的力量"——来自社会学家塔尔科特·帕森斯(Talcott Parsons)的评论。这种质疑相当强大,尤其是众议院的质疑,而且表现得非常激烈,他们甚至用"社会主义"指控对手,以支持自己的观点。[26]

保守派的孤注一掷得到了回报,布什和基尔格再次陷入了分裂。虽然S.1850议案在参议院获得了通过,但因为布什的纵容,众议院商业委员会否决了该议案。保守派展示的力量显然让布什相信,他有可能在下一届国会赢得一个更符合自己心意的议案,而且第79届国会众议院通过任何科学议案的概率都很低,原因只有一个(如果没有其他原因的话),那就是共和党少数派(有时还会得到南方民主党议员的帮助)正在阻挠几乎所有的立法,以期加强中期选举的影响力。此外,在冬季制订妥协议案和春末提交国会审议之间的间隙,布什已经安排其他赞助者资助了他认为关乎国家未来的最重要的学术研究。物理科学家们发现,海军研究办公室奉行了布什的研究资助理念,给予了他们很大的自由裁量权。而且,富有同情心的公共卫生署及其国立卫生研究院接管了科学研究与发展办公室医学研究委员会的研究合同。不管形式如何变化,原子能委员会看起来都有可能继续负责实施曼哈顿计划。国家等得起,而且确实这么做了。[27]

在共和党控制的第80届国会,情况发生了变化。参议员霍华德·亚历山大·史密斯(Howard Alexander Smith)提出了布什的立场,但与总统、预算局以及温和的反对者达成了妥协,以避免议案遭到否决。修正后的史密斯议案赋予了总统任命国家科学基金会主任和董事会的权力,但允许董事会选举一个执行委员会来监督基金会主任。该议案于1947年5月获得参议院通过。此后不久，在朱厄特和国会著名的保守派参议员罗伯特·塔夫脱的敦促下，众议院共和党人删除了修正议案，而众议院会议通过的议案被递交给了总统。尽管几乎所有政府以外的利益相关团体，甚至部分政府人员，都赞同该议案，认为它聊胜于无，但杜鲁门被说服了，坚持认为该议案开创了一个不好的先例。杜鲁门在8月6日的否决意见中写道："它会把国家重要政策的决定权、大笔公共资金开支以及重要政府职能的管理权交给一群基本上是普通公民的人手中。"[28]

持续的僵局让保守派感到高兴，却让杜鲁门总统、参议员史密斯和参议员基尔格沮丧不已。1948年冬，他们制订了另一项妥协议案，然后交由两位参议员共同提出。新的议案要求总统任命的主任与决策委员会共享权力。与1946年一样，该议案在参议院顺利通过，然后遭到了众议院的否决，这次是规则委员会。塔夫脱的保守派也为否决议案做出了贡献。他们反对国家科学基金会的浪费性开支，并对基尔格的一些盟友做出了"红色"指控。1948年的总统选举改变了局势，足以颁布一项法案。基尔格和布什在第81届国会联合了各自的力量，尽管右派的攻击变得更加激烈。在该议案遭众议院规则委员会扣押后，基尔格和布什因为一项议会程序才得以脱身，因为该程序允许另一个委员会的主席在该月第二个或第四个星期一"释放"一项被规则委员会扣押超过21天的议案。[29]

1950年5月10日，杜鲁门总统最终签署了《国家科学基金会法案》(*National Science Foundation Act*)。根据该法案的规定，总统在考虑教育和科学组织的建议后任命国家科学委员会成员，然后国家科学委员会推荐一名主任，接受总统任命并与总统分享权力。关于具有广泛意识形态和物质利益的委员会成员，杜鲁门不仅选择了哈佛大学校长詹姆斯·科南特等来自科学机构的代表，还为委员会加入了具有广泛代表性的成员：黑人、妇女、天主教徒、中西部人士和社会科学家。在绕过立法意图并为国家科学委员会选择了多元化的成员后,总统完全忽视了法律,任命北卡罗来纳大学前校长弗兰克·格雷厄姆(Frank Graham)担任国家科学基金会的主任。然而,由于委员会机构成员的反对,总统被迫反悔,并最终任命美国海军研究局首席科学家艾伦·沃特曼(Alan Waterman)为国家科学基金会第一任主任。[30]

尽管开局并不算顺利,但最终结果证明一个具有广泛代表性的委员会和一位直接向总统负责的主任不会建立独裁控制,布什的担心毫无根据。值得一提的是,沃特曼对学术界科学家的包容甚至引发了布什的不安。沃特曼聆听学科同行评审委员会的意见,而且没有像布什的战时机构那样提出多学科问题来引导科学的研究方向(当然,由于没有国防、医学或工业研究管辖权,国家科学基金会能够解决问题的范围受到了很大限制)。相比联邦政府的任何其他部门,沃特曼的国家科学基金会无疑最接近杜鲁门在1947年否决意见中反对的行为,即赋予私人管理公共职能的权力。但是,国家科学基金会没有多少资金可以用来履行这些职能。在最终谈判中,为了安抚众议院的保守派,国家科学基金会接受了一个严格的预算限额。随着朝鲜战争的爆发,众议院提出完全取消1952财政年度的国家科学基金会预算;在全力宣扬国家科学基金会对国家安全的贡献之后,总统和国家科学基金会主任仅获得了350万美元的预算。[31]

丹尼尔·凯夫利斯(Daniel Kevles)称呼早期的国家科学基金会为"微不足道的小伙伴",所以它肯定没有实现哈利·基尔格最初的设想,或者丹尼尔·克莱因曼(Daniel Kleinman)所谓的"伟大愿景"[32]。在1945年开始认真对待立法工作之后,基尔格已经放弃了这个愿景,将技术发展的问题留给了参议员富布赖特和商务部部长华莱士。联邦政府对学术科学的资助,还有一种剩余作用,那就是提供了一种公共投资途径,这种公共投资可以通过不确定的渠道促进整个经济。社会凯恩斯主义观点——例如《美国白皮书》体现出来的——认为资助学术科学是众多的公共投资途径之一。然而，在面对政治现实选择这些公共投资途径时，社会凯恩斯主义支持者并没有把科学置于特别突出的位置。科学投资可以产生间接和长期的影响，涉及的金额（即使在最高的年份，更不用提 1952 财政年度的实际开支）也相对有限，而且没有引发工人阶层等社会选民的深刻反响，以及对这种政府愿景的赞同。尽管如此，布什和基尔格从 1945 年到 1950 年相互靠近的观点与同时期社会凯恩斯主义和商业凯恩斯主义的融合趋势完全吻合。科学与经济一样，属于可以通过操纵资金实现外部管理的系统，而且拥有令人满意的内部运作机制。基尔格与精英高校和平相处，就像凯泽林与大公司和平共处一样，剩余要做的就是保证足够的联邦研发开支，以便将科学转变为推动经济增长的有用工具。国家安全问题（1957 年表现为苏联率先发射人造卫星）最终成了国家科学基金会实现长期显著增长的关键催化剂。

市场失效范围 2：小企业融资和风险资本

20 世纪 30 年代和 40 年代，联邦政府向高科技创业公司提供的非军事财政援助的因果故事与国家科学基金会十分类似。第二次世界大战爆发前，联合主义和改革自由主义的支持者普遍认为，在向小企业提供风险资本方面，市场出现了"制度空白"。虽然借助凯恩斯主义经济学找到了解读上述空白的共同语言，而且双方一致认为政府应该采取措施来应对市场失效，但联合主义和改革自由主义支持者在战争结束的头 5 年中一直争论不休，始终无法就政府的确切政策达成一致。战后的经济繁荣和老牌新政支持者与大公司关系的改善让延迟制定政策变得更容易接受，而始终对市场失效心存怀疑的保守派帮助坚定了延迟推行相关措施的信心。1949年，投资放缓和随之而来的经济衰退让政策辩论重新变得紧迫。尽管美国经济在一年后就出现了反弹，但此次衰退促使各方形成了一致意见，开始以利昂·凯泽林的经济顾问委员会为首，推动联邦政府采取间接措施支持私人风险资本家。在朝鲜战争爆发之际，该项目的进展甚至领先于联邦政府的非军事学术科学资助计划。随着1958年《小企业投资法案》（Small Business Investment Act）出台，加上肯尼迪政府的积极推行，凯泽林主张的政策在近10年后才得以收获真正成熟的果实。

在经济大萧条期间，改革自由主义对银行系统提出了广泛而深刻的批评。例如，作为1932年罗斯福最初智囊团的成员，阿道夫·伯利（Adolph Berle）和雷克斯福德·盖·特格韦尔（Rexford Guy Tugwell）等人就曾批评美国银行家过于怯懦，不敢资助能够带来经济活力的新兴企业。这些智囊团成员希望向来支持银行和铁路的重建金融公司能够承担起责任。作家大卫·科伊尔（David Coyle）一直强烈呼吁支持富有技术革新精神的灵活小企业，尽管很少有新政支持者能够理解这种热情，但他们希望重建金融公司可以资助此类公司以及风险较小的工业企业。1934年，总统要求为重建金融公司提供向工业界直接贷款的授权，然后国会于1935年批准了这项授权。然而，国会同时为贷款计划（以及给予联邦储备银行的类似授权）添加了限制条件，也就是说只允许提供周转资金贷款，并且贷款取决于放款的私人银行和工业咨询委员会的决定，这大大限制了高风险企业获得政府资金的可能性。此外，重建金融公司的"沙皇"杰西·琼斯对改革自由主义者的鄙视不亚于对华尔街的憎恨，他反对借助政府的力量来重组经济的计划。琼斯的重建金融公司在一定程度上放松了银行业务的安全标准，为资金干涸的市场注入了新的活力，而不仅仅是继续深挖潜力。该机构提供的工业贷款数量从来没有接近过授权资金总额，当然这也并不让人感到意外。[33]

改革自由主义批评银行业的声音引发了部分联合主义支持者的共鸣，但他们的反应一如既往的克制。例如，作为拉尔夫·弗兰德斯《实现充分就业》（*Toward Full Employment*，1938）的共同作者之一——波士顿零售商林肯·法林（Lincoln Filene）在1939年进行了一项广泛的研究，证明小企业在获得长期融资方面遇到了巨大的困难。然而，法林的报告并不支持联邦行动，反而坚持传统银行业务自由化和私营小企业投资信托组织才是最合适的。麻省理工学院校长康普顿相对温和地表达了不同于法林报告的意见，他认为小型高科技公司"面临的最大阻碍并不是风险资本的匮乏……而是缺乏（投资者需要的）机会评估组织和技术"。与弗兰德斯和其他新英格兰理事会相关人员一起，康普顿在1941年组织了"私营公用事业的"新英格兰工业研究基金会来履行上述职能，并招募了匹兹堡梅隆研究所的劳伦斯·巴斯（Lawrence Bass）来管理该基金会。新英格兰理事会希望麻省理工学院"研究区"和其他的创新型小企业能够成为推动波士顿地区①经济增长的新的主要动力。[34]

随着战争的临近，这个领域势头最猛的立法倡议可能来自参议员詹姆斯·米德（James Mead）的议案，该议案提出建立一个由美联储监督的联邦工业贷款公司。美联储主席马里纳·埃克尔斯（Mairiner Eccles）被广泛认为是该议案的精神领袖。埃克尔斯是一位热心的凯恩斯主义支持者，甚至在凯恩斯发表其著作之前就提出了财政政策和货币政策扩张主义观点，也是将凯恩斯主义政府愿景带入新政时期经济政策辩论中心的人。对埃克斯来说，米德议案最重

---

① 波士顿是马萨诸塞州的首府，也是美国东北部新英格兰地区最大的城市，麻省理工学院就位于波士顿。——译者注

要的承诺是为经济注入额外的流动性：议案授权美联储投资小企业股权，并以类似联邦住房管理局提供抵押贷款担保的方式为银行贷款提供担保。米德议案承诺将兑现阿尔文·汉森的断言："政府正在成为一个投资银行家。"联合主义者认为米德议案是一种姿态、威胁和"邀请"的混合，目的是"唤醒私人资本"。[35]

动员取代了米德议案引发的辩论，将小企业代表的企业家能量引入了国防合同管理中。军方采购官员偏向于大公司，认为大公司更可靠、技术更先进、更容易打交道；国防文职官员大多是来自大公司领取象征性薪资的借调人员，因此普遍带有类似的偏见。战时小企业公司应参议员莫里的要求于1942年成立，曾尝试作为小企业在战争期间的集体代理，但一直存在基础薄弱且组织混乱的问题。从1944年开始，在莫里·马弗里克的领导下，战时小企业公司变得更加主动，并将注意力转向了小企业在战后时期的技术竞争力。正如我们所见，这些努力最终被纳入了商务部部长亨利·华莱士失败的技术政策中。[36]

战时小企业公司和商务部在战争期间推动了微观经济改革来帮助小企业，而预算局则尝试从宏观经济角度提供激励。预算局的工作人员专注于为小企业提供联邦财政支持，而不是技术和管理援助（虽然也赞同此类援助），部分原因在于经济衰退期的资金援助可以被视为一种提振经济的财政刺激手段，相比一些其他替代方案，其更节省公共资金。接续伯利在20世纪30年代的工作，预算局建议重建金融公司向小企业提供贷款和担保。经济发展委员会的亚伯拉罕·卡普兰（Abraham Kaplan）起草了一份竞争性计划，得到了美国投资银行家协会的支持。卡普兰的计划以战前的米德议案为基础，在重要方面进行了修改，建议允许私人投资者成立小型商业投资公司，以及联邦储备银行应把投资增加两倍。在第79届国会，这两项议案都遭到了参议院银行委员会的否决。重建金融公司直接贷款的倡导者，例如参议院小企业委员会的成员，严重不信任"货币信托"；美国投资银行家协会计划的支持者，例如美国企业协会的朱尔斯·博根（Jules Bogen），认为重建金融公司的贷款是"迈向社会主义国家的一步"。与国家科学基金会议案的情况相同，许多国会议员和小企业主都认为没有采取联邦行动的必要。如果认为市场失效事实上存在的支持者之间无法达成和解，任何小企业贷款法案都将注定失败。[37]

僵持不下的双方都做出了自己的努力，以代替立法行动。重建金融公司向实现技术创新的公司提供了部分贷款，而且不限制这些公司的规模，其中包括汽车公司恺撒-弗雷泽（Kaiser-Frazer）和预制房屋公司拉斯特朗（Lustron）。这些贷款以挑战战前状况为目标，但无一例外地遭遇了惨败，拉斯特朗公司更是变成了一个包袱。该公司唯一显著的能力就是通过政治关系获得贷款，特别是与参议员约瑟夫·麦卡锡关系紧密。重建金融公司在战后"全面参与"银行小企业贷款的计划同样命运多舛。爆炸性增长的贷款迅速超过了重建金融公司的监管能力，甚至引发了丑闻，于是在1947年1月该计划遭到取缔。在杜鲁门总统的整个第二任期内，重建金融公司一直受国会调查员滥用裙带关系指控的困扰，包括民主党和共和党调查员。[38]

同时，新英格兰工业研究基金会创始人践行了广泛讨论的汇集私人资源作为风险资本的想法。拉尔夫·弗兰德斯在战争期间成了波士顿联邦储备银行主席兼经济发展委员会研究和政策委员会主席。被卡普兰及其同事的工作所说服，弗兰德斯认为风险资本的可用性确实是一个问题，这在保险公司等风险规避机构的金融市场影响力日益增加的时代尤其如此。反过来，弗兰德斯也帮助卡尔·康普顿改变了自己的观点。1945年到1946年的冬季，他们与富有同情心的金融家们一起，找到了哈佛商学院院长唐纳德·大卫（Donald

David）和哈佛商学院教授乔治斯·多里奥特（Georges Doriot）将军（当时多里奥特将军刚刚离开了军需部门），寻求组建"发展资本公司"的援助。后来，该公司改名为美国研究与发展公司。美国研究与发展公司筛选新的高科技商业机会，为这些公司招募资金，并参与管理。弗兰德斯担任了1946年6月成立的美国研究与发展公司的总裁，然后在1946年秋因为当选参议员而卸任，将管理职责交给了接任者多里奥特。康普顿和麻省理工学院的其他教授则成了该公司的顾问。获得证券交易委员会的特别豁免之后，美国研究与发展公司于1946年8月9日公开发行了股票。[39]

美国研究与发展公司试图保持联合主义传统，努力通过有意识地履行公共使命，为其他热心公益的私人团体树立全国性榜样。多里奥特将军曾表示："我们需要唤醒资本家。"这个主题成了宣传的重点，赢得了媒体的好感，并帮助美国研究与发展公司成为政策辩论中被广泛提到的榜样。但是，该公司的股票出售并不顺利。尽管首次公开发行的股票获得了340万美元的认购（包括来自数所高校的22.5万美元），但远远没有达到预期的500万美元。美国研究与发展公司早期的财务表现也没有成功点燃投资者的热情，这并不奇怪，因为作为投资对象的初创公司必然需要花费多年时间才能盈利。直到20世纪50年代中期，美国研究与发展公司放弃了自己的公共使命，转而完全围绕具有盈利前景的控股公司展开营销，才实现了财务状况的稳定。在这段时间内，没有其他团体追随美国研究与发展公司的脚步。在1961年的自传中，弗兰德斯感叹美国研究与发展公司"是同类机构中唯一一家履行公共经济使命的公司"。美国研究与发展公司在最初20年中保持了约7%的投资回报率——被该公司的历史学家帕特里克·莱尔斯（Patrick Liles）描述为"不光彩"但也称不上"灾难性"的结果。不过，凭借对数字设备公司的投资，美国研究与发展公司最终在60年代末取得了巨大成功。[40]

第六章 探索管理之路

重建金融公司和美国研究与发展公司都没有达到支持者的预期。然而，鉴于1947年和1948年的投资规模保持在创纪录的水平，繁荣的经济无法激励联邦小企业计划代表的企业家精神。政治氛围也不乐观，因为公众已经厌倦了政府的干预措施。事实上，1946年共和党在国会获得胜利之后，保守派采取了主动措施——第80届国会的众议院1号议案要求将个人所得税下调20%。保守派认为，该措施将刺激风险资本的形成，因为朋友和家人仍然是新组建公司最主要的资金来源。事实上，正如赫伯特·斯坦恩所述，保守派相信减少的税收最终将以投资带动经济增长的方式返回。然而，没有理由认为，任何源于所得税减免的新投资都将流向小企业，更不用说高科技初创公司。1947年6月，杜鲁门否决了该议案，其中一个原因是缺乏充足的投资。如果要找一个理由，凯泽林和政府中的其他凯恩斯主义者认为促进消费可能是施行减税政策的经济因素之一。经过短暂的考虑之后，他们放弃了激励私人研发的税收政策。尽管都对减税持同情态度，但参议员弗兰德斯和经济发展委员会倾向于采用更符合凯恩斯主义理念的计划。商业凯恩斯主义者并没有遵循保守派的希望——首先通过减税来迫使开支下降，而是倾向于设定税率，以便在低失业率时获得适度的盈余，并逐步降低税收和开支。面对这些观点，保守派不得不做出实质性让步，以便赢得温和派的支持，推翻杜鲁门的税收议案。最终，他们的努力在1948年4月第三次尝试时获得了成功。不过，杜鲁门的议案不包括（原因不详）一项专门刺激小企业技术创新的拟议措施，该措施将允许小企业扣除研发开支而不是将其资本化，与设置了研发部门的大公司一样。[41]

1949年战后的第一次经济衰退为凯恩斯主义者提供了一次机会，一次采取行动以缓解风险资本充足性和稳定性忧虑的机会。总统感受到经济下滑之后采取了阻力最小的方法，寄希望于自动稳定器能够迅速发挥作用（事实确实如此），并借机制定了应对经济衰退长期原因的新政策。经济顾问委员会的数据显示,私人投资在1949年减少了18%,证实了(经济顾问委员会与新成立的机构间投资工作组联络人的原话)"美国经济的不稳定基本源于私人投资的不稳定"这一结论。在1949年11月的第一次会议上,机构间投资工作组一致认为未来数年将面临通货紧缩的经济形势,因此联邦政策应该刺激投资和消费。工作组将小企业资本开支作为核心政策关注的重点,而新的预测表明小企业的资本开支可以额外贡献15%到20%的总投资增幅。然而,他们的兴趣不仅在于恢复总需求,还希望通过小企业与大企业的竞争效应为经济注入新的理念,包括新的技术理念。到1950年1月,政府已经同意为中小企业提供一些适度的税收优惠措施,而总统的国情咨文则承诺了一个更积极的计划。[42]

国会经济报告联合委员会在1949年12月举行了关于投资问题的听证会,美国研究与发展公司官员向政府施加了压力。该委员会赞同卡普兰为经济发展委员会准备的计划,即建立一个全国性私人投资公司网络,以便在美联储的监督下向小企业提供贷款并购买其股票。经济顾问委员会领导的工作组为这些企业制订了一揽子类似的担保、税收优惠和监管计划,但更倾向于将监督权交给商务部,后者受到了总统的强烈支持,因为总统本能地不相信银行家。然而,在拟议计划进入最后阶段后,总统不得已向国会做了让步,将监督工作交给了美联储。政府的一揽子计划还包括一项规定,如果私营投资公司不能满足小企业的资本需求,重建金融公司将获得相关授权。重建金融公司的贷款,不仅规模相比1945年到1946年的建议明显缩小,还受到了法律限制。面对经济衰退的威胁,此类贷款可以为行政部门提供一个适度的自由裁量工具。1950年5月5日,总统向国会发送了小企业咨文,并将小企业列为"十大优先事项"之一,因为小企业能够为国家经济稳定和增长做出广泛的贡献,包括刺激竞争和引领新技术的开发与应用。[43]

凯泽林和卡普兰，经济顾问委员会和经济发展委员会，最终就纠正风险资本市场失效的联邦措施达成了一致。他们都同意，公共部门应该补偿可能源自市场失效的投资不足。公共部门应提供便利措施，帮助私人填补不足，重组资本市场以更好地服务小企业。公共资本应准备好随时以反周期方式满足私人需求，但同时需要制定严格的条件。小企业咨文体现了克劳福德·古德温（Craufurd Goodwin）描绘的"短暂黄金时期，可以冷静且创造性地审查前4年问题的太平盛世"。然而，古德温的乐观情绪必然受到小企业议案在国会前景的抑制，因为该议案的前景并不光明，尽管只涉及很少的净开支。于情于理，众议院小企业委员会主席布伦特·斯彭斯（Brent Spence）都应该拥护该议案，但他逃避了自己的责任。更糟糕的是，政府本身似乎也犹豫不决，存在不同意见：商务部部长查尔斯·索耶（Charles Sawyer）作为该议案的主要支持者，显得无知而且愚蠢。随着时间的推移，这些问题本可以被克服，但最终失去了机会。当朝鲜战争于6月25日爆发时，政府突然面临着一系列全新的问题和立法优先事项，小企业议案被遗忘了。[44]

和平时期小企业议案的一些想法最终被纳入了1951年成立国防小企业管理局的立法，但国防小企业管理局甚至不及弱小的战时小企业公司。1952年的总统选举带来了更大的变化。共和党激烈攻击重建金融公司。然而，为了赢得终止重建金融公司10亿美元贷款计划的选票，艾森豪威尔政府勉强同意建立独立的小企业管理局作为替代，并批准了2.75亿美元的贷款资金。然而，小企业管理局无法提供长期信贷，也没有做任何事情来缓解对风险资本短缺的担忧。1955年到1957年的货币紧缩加剧了这种担忧，而美联储在随后经济衰退时期发表的一系列研究报告最终证实了风险资本缺口的存在。1958年，国会通过了《小企业投资法》，该法案与1950年的政府建议相似，但将监督和支持新的小企业投资公司的权力交给了小企业管理局。[45]

在艾森豪威尔的小企业管理局时期,新成立的小企业投资公司很少,但约翰·肯尼迪"让美国前进"的总统承诺改变了这个状况。在肯尼迪任命官员的积极推动下,小企业投资公司的数量于20世纪60年代初激增。根据管理分析师爱德华·罗伯茨(Edward B. Roberts)的描述,虽然小企业投资公司可能只为高科技创业公司提供了约10%的资金,但它们为现代风险投资行业奠定了基础。例如,波士顿第一国民银行(现在的波士顿银行)创建了第一家小企业投资公司,为新英格兰地区的高科技公司输送资金。参与这项工作的银行家骨干成了60年代兴起的波士顿风险投资界的核心。当然,这些投资者在波士顿(以及未来位于旧金山附近的硅谷)发现了许多前景光明的新兴公司,而这些新兴公司当时都在开发国防技术。与此前激励联邦政府资助非军事学术科研类似,国家安全主义政府在推进联邦政府为高科技创业公司提供非军事援助方面发挥了同样重要的作用。[46]

1950 年的可能性

1950年上半年,民用科技政策中出现了类似"关键核心"的说法——小阿瑟·施莱辛格(Arthur Schlesinger, Jr.)创造的一个术语。生产力谈判、国家科学基金会的建立和小企业立法的过程表明,联邦政府现在将发挥适度但具有建设性的作用,以支持有助于经济发展的新技术的开发和推广。原来的联合主义和改革自由主义支持者对科学和技术市场失效含义的认知趋于一致,并且同意联邦政府做出适当反应,这种趋势源于妥协和疲惫(两种因素可能不分高下)。两个群体都学会了关注需求管理、投资和消费等新凯恩斯主义话语,而且明白了他们必须联合起来反对那些宁愿什么都不做的人,才能实现影响这些变量的目标。

商业凯恩斯主义者的转型相对容易,这不仅是因为他们很大程度上实现了目标。虽然愿意与新政支持者建立的政府共存,但范内瓦·布什,参议员拉尔夫·弗兰德斯、卡尔·康普顿和经济发展委员会更倾向于首先尝试赋予了公共精神的私人补救措施,以应对未解决的问题,例如富于创造性但不富裕的美国研究与发展公司。虽然华盛顿出现的僵局既不令人振奋也不理想,但只要经济保持令人满意的增长速度,商业凯恩斯主义计划就不需要大规模改变公共部门的现状。缺乏国家科学基金和联邦政府担保的小企业投资公司令人烦恼,但这种局面可能好过类似重建金融公司那样过于雄心勃勃且可能导致腐败的机构。而且,对于有些问题,例如税收改革,保守派是合理的合作伙伴,可以提供重要的立法和意识形态砝码,让政策朝有利于商业凯恩斯主义的方向发展。

这种僵局让转向社会凯恩斯主义的改革自由主义支持者感到沮丧。到1950年,阿尔文·汉森再次成为一位学术型经济学家,失去了对华盛顿高层会议的影响力。长期停滞和战后萧条已经被证伪,他期望成为政策基础的经济模型同样变得不再可信。商业主导的繁荣必须得到重视。参议员哈利·基尔格、利昂·凯泽林以及经济顾问委员会和预算局的其他人承认了宣扬公共政策应尊重私人经济决策的经济和政治现实。然而,他们远远没有满足于市场最大限度推动经济增长的能力。在条件允许的时候,例如1949年,他们继续主张实施能够推动科技发展的投资政策,以便为经济提供更多动力。更多的时候,他们不得不接受企业和学术部门实施的间接措施,尽管这些措施只能部分实现他们的目标。然而,如果没有参议员约瑟夫·麦卡锡,人们就无法理智地谈论"关键核心"。在20世纪40年代末,以亨利·华莱士从权力顶峰到被遗忘为象征,美国左翼政治力量受到了严重打击。布什与参议员塔夫脱的默契联盟为这个过程提供了帮助，基尔格与华莱士的联盟则承受了高昂的代价。公众对政府的不满与反共浪潮散布的恐惧和威胁相混杂，不满情绪进一步增强，结果形成了一个比凯泽林的经济顾问委员会更接近经济发展委员会原始立场的共识。

然而，一个巨大的例外出现了。国家安全以及其他很多因素都被证明是促进科技投资的有效理由。20世纪40年代末的海军研究局成了未来的预兆。海军研究局以给予学术科学家慷慨且灵活的待遇而闻名，但这与海军明显的需求没有什么关系。在国防管理足够宽松的时候，国家安全为推进主要为其他目的而设计的政策提供了方便的借口。国家科学基金会也因为有助于赢得未来战争的信念而获益。随着时间的推移，国家安全主义政府的倡导者开始对这种形象化和货币化的拨款提出强烈的质疑。然而，军队是一个值得重视的靠山，国家安全是一个值得奋斗的目标，这些标签并没有在第二次世界大战胜利后自动生效。战争结束后，国家安全主义政府的支持者们先是经历了挫折和苦苦挣扎，才逐渐赢得了认可。朝鲜战争或许是打破瓶颈的关键。

第七章

"发明的浪潮"
国家安全主义时代
（1945 年至 1953 年）

大多数美国人认为主导20世纪40年代末的钱袋子问题未尝不是一种可喜的安慰。连续数年只能等待从地球另一端那些名字听起来很古怪的地点传来消息，这种无奈让人厌烦，而划定市场失效界限的政治斗争让他们感到熟悉。对大多数美国公民来说，不管他们的政治观点是偏左还是偏右，他们都不关心世界其他地区的事情，认为它们只是干扰了国内的争执。这种狭隘主义激怒了很多人，包括美国第一任国防部部长詹姆斯·福莱斯特（James Forrestal），因为他们担心美国的国际承诺超出了履行能力。国家安全委员会第68号文件淋漓尽致地展现了这种担心。这是一份1950年的秘密政策文件，主张大规模地增强军备。不过，经济繁荣通常是比安全更重要的主题，虽然美国遭遇了接二连三的外交政策危机——从希腊到捷克斯洛伐克再到柏林。

虽然国防预算的规模在20世纪40年代后期相对固定，但构成已经开始发生变化，逐渐偏向空军，并依赖异常复杂的机器与武器，因为这些似乎能够增强美国民众的信心，让他们相信军队能够立即给予苏联致命一击。1950年6月25日，朝鲜半岛火药桶的爆炸促使国家安全委员会第68号文件得以通过，并刺激了一个广泛的军备增强计划，最终让模糊的高技术部队轮廓变得清晰起来。起初，预算限额的取消加快了陆军、海军以及空军的扩张速度。然而，随着危机逐渐平息，不同军种的资金需求很快再次受到限制。20世纪50年代早期，新设定的限额（尽管远高于20世纪40年代末）以夸张的方式再现了此前限制的效果：国防预算的构成急剧转变，逐渐偏向空军以及开发喷气式轰炸机和满足其原子弹需要的空军专属科学与工业基地。到了1953年，在艾森豪威尔总统宣誓就职时，美国军事研发开支在联邦研发预算的占比已经达到90%，贡献了美国全部研发成果的 50% 以上。[1]

第二次世界大战结束后，国家安全主义政府保持了庞大的规模并坚持高科技的发展方向，但这并非源于第二次世界大战催生的技术机会或者竞争对手的行动。当然，按照尤利乌斯·罗伯特·奥本海默（Julius Robert Oppenheimer）的说法，武器研发带来的"技术甜头"吸引了众多聪明的头脑和渴望合作的企业家。同样可以肯定的是，苏联积极利用德国的军事技术，加紧了在美国及其盟国的间谍活动，并开始了速成武器开发项目。于是，美国国内政治进程将技术机会和外部挑衅转化成了重视军事的科技政策。国家安全主义政府倡导者内部以及与其他政府愿景支持者之间的多方面冲突促成了一个特别的解决方案，让 20 世纪 50 年代出现了约瑟夫·艾尔索普（Joseph Alsop）和斯图尔特·艾尔索普（Stewart Alsop）所谓的"发明的浪潮"。[2]

套用塞缪尔·亨廷顿（Samuel Huntington）的话，国家安全主义思想家之间最深的断层是"动员"战略与"威慑"战略的对立。[3] 乔治·马歇尔将军和许多军官，以及包括范内瓦·布什在内的大多数工业和科学机构的科技人员，呼吁建立国家安全主义政府——严重依赖国内民用资源，但可以通过类似普遍军事训练的计划调动资源，进而在面临战争威胁时实现迅速动员。"动员"与伯纳德·巴鲁克在第二次世界大战期间的联合主义"战争准备"愿景形成了有趣的呼应。另外，亨利·阿诺德（Henry Arnold）将军和空军、飞机制造业以及类似加州理工学院西奥多·冯·卡门（Theodore von Karman）的新一代"国防知识分子"，期待建立永久动员的部队（可以随时待命出战的军事力量），以赢得下一场战争，特别是一支包括 70 个空军大队的空军。这些部队需要持续实施现代化改进，以应对拥护者认定的永远存在的威胁。空军提议的核心是"超级航空母舰"，这与海军产生了交叉。

如果最初的国家安全预算能够稍微增加一些,"动员"和"威慑"支持者之间关于国家安全主义政府形式的冲突可能不会如此激烈。但是,无论哪种战略,更不用说两种战略同时实施,都需要为新组建的国防部分配超出 20 世纪 40 年代末华盛顿大多数预期的资金预算。改革自由主义支持者,包括白宫职员詹姆斯·纽曼(James Newman)在内,认为军事开支将挤压社会开支和公民自由,把经济交由大公司摆布。经济顾问委员会的利昂·凯泽林等凯恩斯主义支持者则认为,增加军费开支带来的经济刺激只能让过热的经济进一步恶化,或者取代由福利计划或减税带来的更有效、更公正的刺激。参议员罗伯特·塔夫脱和他的保守派盟友认为,军费开支也会干扰减税措施,尽管相比国家安全主义政府,他们更希望精简新政政府的规模。保守派经常把反政府主义和国家安全主义言论捆绑在一起发起"红色"攻击,但他们认为安全问题通常不应该超过海岸线。国家安全主义倡导者的力量足以阻止纽曼和原子能委员会主席大卫·利连索尔将原子能委员会转变为政府主导工业发展项目的努力,但他们遭遇了意外的阻碍,因此在 1950 年之前面对商定预算限额仅取得了十分有限的突破。

在围绕 1949 年财政年度补充预算的斗争中,国家安全主义支持者第一次取得了重大成功,而这次胜利预示了未来的一系列胜利。在总统设定的规模限制内,国会保守派制定了一个有利于空军的预算。面对大笔资金开支,保守派更倾向于保持"谨慎",既保证美国大陆的安全,又最大限度地降低国家安全主义政府对个人自由的侵犯。朝鲜战争打破了预算限额,凯泽林将朝鲜战争催生的必要性变成了一种美德,因为他宣传军费开支是刺激经济增长的原因,虽然经济增长部分源于军事研发的技术"外溢效应"。最终,艾森豪威尔总统追求"少花钱,多办事"和预算紧缩的"新面貌"战略促使保守派和"威慑"支持者重新建立了结盟。和杜鲁门一样,新总统遇到阻力最小的国内政治路线就是投资武器技术研发，因为此类投资——按照梅尔文·莱弗勒（Melvyn Leffler）的说法——能够承诺"以廉价的方式实现美国的安全目标"。[4]

"威慑"理论的胜利深远影响了美国的科技政策。先进系统的研发和采购吸收了占比迅速增加的军事资源。作为当时成功的政策企业家的代表，柯蒂斯·勒梅（Curtis LeMay）将军把美国空军新的战略司令部建设成了一个令人生畏的机构。尽管"超级航母"计划并没有赢得20世纪40年代末的预算之战，但海军发现了本军种内的"勒梅将军"——（后升任海军上将的）潜水员海曼·里科弗（Hyman Rickover）上尉。甚至，陆军最终也加入了高科技研发的行列，订购了战术核武器并开发了弹道导弹。

国家安全主义政府愿景

凭借在欧洲和亚洲的驻军，美国在第二次世界大战结束后不可避免地成为外交舞台上举足轻重的角色，但罗斯福总统的野心远远超出当下。通过联合国和国际货币基金组织等新成立的国际机构，罗斯福政府复活了威尔逊集体安全与繁荣的理念。其他时候，罗斯福参与了建立两极世界秩序的现实政治，以"遏制"苏联势力范围的扩张。杜鲁门继承了罗斯福的全球野心。起初，杜鲁门政府还延续了前任希望兼顾国际合作和对抗的矛盾心理。不过，到1946年年初，遏制成了美国外交政策的主导思想。[5]

为了实现遏制目标，美国政府很快就做出了一系列的海外承诺。到1947年，西欧、中东、日本、韩国和东南亚等国都因为拉拢或威逼而依赖美国提供安全保护。这些政策引发了资源压力，因为美国需要用有限的资源确保履行在上述地区的承诺。尽管就遏制目标达成了一致,但美国的外交和军事政策制定者仍不可避免地产生了巨大的分歧:要最高效地实现目标,如何确定最合适的军事力量规模和类型?阿诺德将军是美国现代空军之父,他认为美国始终处于战备状态的军事力量是第一道防线,能够凭借彻底毁灭对手的力量威慑美国的对手,让他们打消冒险的念头。提出马歇尔计划的马歇尔将军强调了政治和经济援助,以及必要时的对外军事援助。当然,美国的海外军事力量通常处于储备状态,动员仅作为关键地点的最后手段。由于同外部势力的矛盾,围绕国家安全状态的内战变得更加复杂。保守派,尤其是国会保守派,以及凯恩斯主义支持者,特别是白宫的凯恩斯主义支持者,都认为增加军事开支的主张令人不安。

"威慑"源于第二次世界大战期间的战略轰炸经验。美国空军宣称战略轰炸是赢得战争胜利的最后一击。空军参谋长卡尔·斯帕兹(Carl Spaatz)在1946年宣称,发动"针对敌方基本战争生产……的独立空中战役"具有决定性的军事意义,并将继续如此。尽管1945年3月轰炸东京前勒梅将军才制定了此类战役的基本战术,但原子弹加强了勒梅战术的逻辑:如果能够于数小时内在敌方势力范围投下数百甚至数千枚原子弹,那么该方在战争开始前就几乎可以确定胜利了。1948年,出任战略空军司令之后,勒梅制定了飞行器在一次任务中投掷80%弹药的目标。勒梅认为,这种快速且具有彻底破坏性的能力可以威慑潜在的侵略者,进而保证和平。兰德公司(RAND Corporation)由阿诺德和麻省理工学院的爱德华·鲍尔斯(Edward Bowles)创立于1945年,并委托勒梅负责运营,该公司发展了为威慑提供理论依据的精细心理学假设,甚至确定了威慑失败的情况下使用原子弹的目标。成立兰德公司是为了向空军注入知识动力,利用学术顾问并培养一批挑战权威的内部中坚力量。兰德公司成了国家安全主义政府愿景的智库,畅想新能力以及可以永久避免真正使用新能力的应用场景。[6]

在兰德公司构想地球同步卫星和洲际弹道导弹之际,武装部队开始将上一次战争期间出现的原型变成可以真正用于下一次战争的武器,其中不仅有裂变炸弹和雷达装置等盟军的发明,也有德国开发的喷气发动机和导弹。军方人员每年都会出现在预算局和国会拨款委员会,呼吁实施"高压"和"攻击性"研发项目,索要10亿美元甚至更高的预算,因为他们面临着难度惊人的技术挑战。例如,以空军承诺的重型轰炸机为例,建造此类飞机需要强大的发动机,以提供能够支撑从美洲到欧亚大陆中心地带航行的动力,还需要足够结实能够承受长途旅行的机身、便于携带和投放的武器,以及能够对抗沿途电子和武器装备攻击的防御性设备。此外,这些本身已经异常复杂的子系统必须与更加复杂的机器实现整合,而且整个系统只需数位军官即可独立控制,即使面临惨烈的战斗压力也不例外。于是,重型轰炸机的开发成本毫不意外地直线升高了。[7]

军事创新的性能要求不断被拔高。可以肯定的是,研发工作揭示了需要探索的全新可能性,情报机构关于苏联能力的预测要求美国做出应对解读。各军种以及不同武器系统之间的竞争也为发明"浪潮"做出了贡献。例如,海军制订了航空母舰开发计划,认为该舰应能够搭载直达莫斯科的核弹轰炸机,因为海军将领们接受了"威慑"的逻辑,担心他们心爱的武器系统遭到淘汰。相比从国内空军基地出发的轰炸机,舰载轰炸机拥有更接近目标的优势,但它们需要巨大的舰船以及所有配套的装备。陆军高层拒绝了"威慑"理论,但陆军军械部仍然致力于复制和改进德国的V-2导弹,坚持将火炮射程扩大到具有战略意义的距离。1946年10月,《商业周刊》曾报道称,陆军掌握"全新按钮式战争"加剧了空军的担心,担心自己可能"沦为空中卡车司机"的命运。[8]

因此,各种表现形式的"威慑"促使科学与技术努力扩展到了更广泛的领域：从崇高到荒谬，从小巧的微型化惯性制导系统到笨重的飞机核发动机原型。军方用户必须自行管理这些装备，没有对应的民营公司来分担费用，这与波音公司在20世纪30年代B-17重型轰炸机的研发项目类似。而且，这些项目需要尽可能吸引国内最优秀的人才，包括学术界、企业界以及公共部门的人才。为此，"威慑"理念的倡导者加强了组织创新。例如，除了建立兰德公司，空军还积极利用布什在第二次世界大战期间率先使用的研发合同，建立了科学顾问委员会，并为采购官员争取更多的自由裁量权。通过上述措施，伊凡·格廷（Ivan Getting）等科学家成了（套用伊凡·格廷的原话）"空军大家庭的一分子"，军队也开始成为承包商依赖的主要甚至唯一收入来源。[9]

马歇尔将军则从第二次世界大战吸取了不同于阿诺德将军的教训。他不得不训练新兵部队，建造环球军备供应网络，并确保国家的工业能够满足供应需求。对马歇尔（1947年被杜鲁门总统召回并担任国务卿，1951年再次出任国防部部长）来说，现代战争不是简单的核弹闪电战，而是在军队接到作战命令时国家将全部生产潜力投入作战准备的过程。参谋长联席会议需要迅速收集原材料并打造一台战斗机器，无须在事到临头时才开始建造装配，但耗时一定要更少——美国在珍珠港事件后宣布加入第二次世界大战，但此前已经准备了两年多时间。[10]

"动员"的对象包括人员、工厂和思想。马歇尔倡导普遍军训，目的是帮助继任者避免他自己曾在1940年扩充兵力时经受的痛苦。随着冷战的深入，"动员"支持者们希望西欧国家能够分担负担，提供人员和海外军事援助。马歇尔用自己的名字命名了这项计划，其中一个目的是确保美国可以使用欧洲的工业资源。在国内，美国国防部运营着估值50亿美元的工业厂房和机床，显著缩短了生产大量战争物资的时间。此外，国防部还储存了大量的关键材料。费迪南德·埃伯斯塔特（Ferdinand Eberstadt）是战时材料控制计划的设计师，他在《1947年国家安全法》(National Security Act of 1947)中加入了一项条款，以建立在工业动员规划过程中协调政府和企业的国家安全资源委员会。[11]

"动员"战略家们意识到，由于技术的进步，第二次世界大战已经不可能简单地重现。相比战时的军事领导层，战争结束后成为陆军参谋长的马歇尔和艾森豪威尔对待布什及其科学家伙伴们的态度要开明得多。例如，艾森豪威尔曾在1946年4月发布了一项命令，要求陆军部将民间科学家纳入军事规划、分离研发等其他后勤职能。但布什对技术趋势的解读与兰德公司相差甚远。布什认为轰炸机效率低下，洲际弹道导弹则不可信。布什在1949年写道，赢得下一场战争"不可能只靠按下按钮就能实现……最终优势将属于那些拥有广泛民间科技能力、全面工业能力以及坚定胜利意志的国家"。[12]

布什并不打算重现第二次世界大战前数年激增又暴跌的军事拨款，也不希望再次见证与之相伴的技术自满心态。"动员"计划将花费大量资金，但先进武器系统的研发和采购开支要低于"威慑"战略开支。在第二次世界大战与朝鲜战争之间，陆军的研发开支不及海军或空军，虽然陆军的总预算更高。对军队来说，"动员"可以保持与民间机构顶尖科学家和工程师的接触和沟通，这与吸纳顶尖人才直接参加严格保密的军事项目一样重要。除了指导纯军事技术的发展，例如原子武器的设计，国家安全主义政府需要监测纯科学和民用工业部门发展的能力。不受军事限制的自由能够最大限度地提高技术创造力，也可以确保与科学领导层保持良好的关系，以便双方能够在面临战争威胁时协调一致，并将和平时期的预期成果转化为军事目的，类似布什的科学研究与发展办公室在第二次世界大战期间的作用。[13]

布什和他的同事们提出了一些实施动员战略的组织计划，其中包括国家安全研究委员会、国家研究基金会的军事部门以及附属于参谋长联席会议的联合研究与发展委员会。这些计划通常要求让平民负责由军事、学术和工业界成员组成的委员会，并管理研发资金。平民负责人可以抑制过度的军事技术热情，保证技术资源（特别是"科学劳动力"）能够促进经济增长和提高生活水平，从而为整个安全结构奠定基础。布什在第二次世界大战结束后的经历充满了讽刺和失败。结束了战前以及战时与固执己见的美国海陆空各军种上将的交锋之后，布什绕了一圈回到了原地，主张制订"全面的国家科学计划"，以支持包括军事研发在内的科技发展。[14]

"威慑"战略和"动员"战略倡导者围绕国家安全主义政府内部结构展开了无休止的争斗，而且不可避免地与外部政治事件产生了交织，因为两种战略都需要大量的资金和法律授权。其他国家愿景的支持者认为经济波动是比苏联更迫切的威胁，因此提出了不同的国家资源利用方式。从对日战争胜利之后到朝鲜战争爆发之前，特别是战争结束后的最初两年，保守派和凯恩斯主义支持者组成了"浸洗教徒与私酒商"的联盟，并借助军队的不团结，实现了严格的国防预算控制。政治学家爱德华·克罗德兹（Edward Kolodziej）表示："军方的团结与其说源自一套共同的战略概念，不如说源自被迫按照总统设定的开支限额分别制定预算的共同经历。"[15]

以参议员塔夫脱为首的保守派仍然坚持认为，在第二次世界大战结束之后，维持一支庞大的军队可能对国内自由造成令人不安的侵扰。他们认为，一支必然参与海外纠纷的常备军可能为政府在国内扮演"警察"角色提供理由。大笔的军事开支，无论用于军队、武器还是盟友，都将干扰减税政策，而减税是保守派在第二次世界大战结束后最优先的政策。第80届国会海军拨款小组委员会主席兼众议员查尔斯·普拉姆利（Charles Plumley）曾说过："战争期间，国会被迫转向了自由主义……我们现在必须重新拾起和平时期良好的商业

第七章 "发明的浪潮"

惯例……以便最终减少个人纳税人的负担。"有时,保守派甚至宣称,主张国家安全主义的人都是中了苏联诡计的傻瓜,他们倡导的大政府和大开支将颠覆美国的生活方式。保守主义商业团体,例如全国制造商协会和美国商会,坚定不移地支持塔夫斯的优先政策。[16]

相比把资金交给陆军、海军或空军,凯恩斯主义(以及所剩不多的改革自由主义)支持者也相信将预算用于其他领域可以获得更好的效果。如果宏观经济状况需要政府增加预算,政府应该首先投资受战争影响显著的住房、学校和高速路,或者资助最贫穷的美国人,刺激低迷的消费。国防部并不是接受资助和推行财政刺激的恰当目标。在1949年经济衰退开始显现之后,预算局财政部门的国家安全专家表示:"军事开支基本等同于社会资源的浪费,所以应该保持在能够满足安全需要的最低水平。因此,(我们)不推荐采用增加国防开支以避免经济萧条的政策。"虽然无法就具体的财政刺激措施达成一致,但经济发展委员会的凯恩斯主义企业主以及劳工运动都同意限制国防开支。[17]

无论如何,从1946年到1949年,美国经济从来不缺乏刺激措施,通货膨胀才是当时的头号经济挑战。保守主义和凯恩斯主义支持者一致认为,重整军备将导致更糟糕的结果。由于失业率较低(与1939年到1940年不同),凯恩斯主义分析表明,增加军费开支可能会很快引发关键工业材料供应紧张和工资上涨。更多传统的经济学家,包括杜鲁门总统经济顾问委员会的第一任主席埃德温·诺思(Edwin Nourse),预计军费开支将不可避免地引发工资和价格调控、强化经济的公有制色彩。杜鲁门总统一再请求应急措施控制授权加剧了这种担心。在1949年9月任期结束之际,诺思向国家安全委员会建议,由于经济方面的副作用,为支付军费而增加赤字的行为可能更严重地危害"国家整体安全",与国防投入越多国家越安全的传统观点相悖。[18]

209

因此，美国在第二次世界大战后推行的国防政策以及相关科技政策体现的是一场双线战争。国家安全主义政府的总体规模是白宫与国会斗争的核心，而国防开支对国内经济的影响是这场斗争的一个关键因素。事实上，这些担忧在朝鲜战争爆发前扼制了国防预算进一步扩张的势头。军队——无论规模如何——对科学技术的依赖程度，也是五角大楼内部争斗的主题：国防预算限额越紧，明争暗斗就越激烈。空军逐渐在这场竞争中占据了上风，并为20世纪50年代的崛起奠定了基础。

预算、轰炸机和炸弹：截至 1950 年的美国国防技术政策

在美国刚刚结束对日本的战争之际，持久国防经济似乎还只是一个遥远的理论。虽然相比第一次世界大战之后的混乱已经大为改观，但第二次世界大战之后的复员工作仍然如同一场嘈杂的闹剧。1946 财政年度的军事拨款计划被直接取消，1947 财政年度的预算申请被大幅削减。日本投降一年后，随着让家庭团聚的第一波热情逐渐消散，美国军方发现自己的主要技术项目陷入了困境：开发新战略轰炸机遇到了资金问题，原子武器综合体已经松散没落。军方认为，预算紧缩的僵局仅仅在 1948 年年初由捷克斯洛伐克政变引发的危机期间才有所消解，但这只是暂时的。只要总统确认增加国防开支（尽管没有五角大楼想要的那么多），国会保守派就会支持将预算留给空军，而空军会推进勒梅的轰炸机计划。"威慑"战略推动了原子领域的稳定进步。改革自由主义支持者撰写了 1946 年的《原子能法》，但寄托的希望破灭了，因为原子能委员会实际沦为空军和海军的非预算附属机构。这种附属关系在 1950 年氢弹开发计划立项时表

现得最为清晰。

从国家安全的角度来看，该时期国防预算限额的设定相当随意。这些数字反映了美国国内的焦点问题，例如严重的通货膨胀以及呼声日益高涨的减税和增加非军事开支政策。设定国防预算限额最粗略的方式是"做减法"。也就是说，扣除国内和国外援助项目及支付的利息之后，政府预估收入的剩余部分将分配给军队。以1948财政年度为例，国防预算申请为111亿美元，低于1945财政年度的约800亿美元。开始制定1948财政年度的预算时，美国海陆空三军提出了超过11亿美元的研发开支申请，但在预算局制订的预算中，该数字变成了不到4.3亿美元。开支削减让冯·卡门的空军五年研发计划化为泡影；与此同时，空军部部长斯图尔特·赛明顿（Stuart Symington）却被告知，在美国停步不前的时候，其他国家正在加速发展。[19]

在共和党控制国会之后，如果非要说有什么变化的话，那就是国防预算限额进一步收紧了。在1946年中期选举胜利的推动下，众议院共和党人通过了解除管制和减税两项政策，进一步调低了政府1948年的国防预算。尽管参议院恢复了大部分预算，但由于高达两位数的通货膨胀，军队的实际购买力迅速减弱。随着私人研发开支的激增，军事研发感受到了民用领域激烈竞争的影响，尤其是在科学人力方面。1949财政年度的预算局军事预算指令要求各部门预估约100亿美元预算限额的影响，意味着总预算进一步被削减了10亿美元。如此前景引起了一片哀号，因为在保持适度战备的要求下，预算紧缩预示着军事创新投资将遭到不成比例的大幅削减。[20]

按照五角大楼公开的观点，尽管1948财政年度的军事研发拨款足以支持约1.3万个项目，为美国提供了"武器开发各技术领域相当明显的优势"，但五角大楼内部的"战争"异常残酷，不同部门之间的对立达到了史无前例的程度。比军种间竞争更进一步，不同军种在军事行动、采购和研发等预算过程中表现出了全面对立。例如，勒梅将军在战争刚结束之际担任的研发部副参谋长职位于1947年被撤销了，他后来解释称："我能做的只有一件事，那就是忘记研发项目，然后尽量把我们手里的所有资金都留给基本工具，以满足（未来）大型研发项目的需要。"空军的远程导弹项目被彻底搁置，轰炸机集中了大部分有限的研发资金。[21]

甚至重型轰炸机的研发——空军的旗舰项目也遇到了波折。在第二次世界大战的最后一年，美国军用飞机的采购开支总额达115亿美元，到1948年已经锐减至只有7亿美元。虽然空军将上述资金分得份额的四分之三都给了轰炸机制造商，即便如此，空军的投资对于这个开发成本极高的行业来说也只是杯水车薪，无法激发私人投资的热情。作为对比，私人投资曾是此前和平时期推动飞机制造业军事技术发展的重要因素。分析家迈克尔·布朗（Michael Brown）曾表示，只有"完全偶然和不可预见的意外收获"，例如德国"知识赔偿"计划的部分成果，才支持开发了一款实用的喷气式轰炸机——波音B-47。工业历史学家查尔斯·布莱特（Charles Bright）说："到1947年下半年，飞机制造业的资金、创意、勇气和希望已经消耗殆尽。"[22]

在1947年年末编制1949财政年度预算之际，军方对军事预算限额的抵制情绪明显增强。7月通过的军种统一议案最终保证了空军的独立性，意味着空军终于获得了强有力的新定位来推动自己的主张。杜鲁门总统任命了一个空军政策委员会。托马斯·芬勒特（Thomas Finletter）担任主席的空军政策委员会进一步发展了（令总统失望的）"不平衡"军种资助概念，以强化空军的重要性，强调空中力量是影响国家安全的最重要因素。利用芬勒特委员会的听证会，海军航空兵推动了他们以航母为基础的威慑理念。两个军种都要求大幅加强研究和开发（尤其是开发），甚至陆军也发出了抱怨，因为

第七章 "发明的浪潮"

100亿美元的限额将导致实际研发开支高达54%的降幅（与最初提交预算局的提议相比）。陆军宣称，"士气的损失可能不可估量，信心的丧失……可能引发致命后果"。国家军事机构（National Military Establishment，1947年新成立的统一掌管军事指挥权的机构）制定了一项保留了研发开支（以及其他事项）的"妥协"预算，作为与预算局"背水一战"的底线。[23]

预算局否决了这些努力，"坚持"成了1948年1月发表预算咨文的关键词。相比国家安全，国内问题更重要；相比军事部门，马歇尔计划更受政府人员的重视。在芬勒特于同月发布报告《航空时代的生存》(Survival in the Air Age) 之后，围绕国防预算规模和结构的政治冲突日益激烈。由于空军和飞机制造业发起了动员以支持"威慑"战略，杜鲁门总统和国防部部长马歇尔被迫组织了一场运动，以确保呼吁减税的国会保守派能够支持援助欧洲的计划。与此同时，总统还面临着新的左翼政治威胁，即亨利·华莱士的候选人资格以及他大肆宣扬和试图复兴的富兰克林·罗斯福国际合作理想。作为应对措施，杜鲁门强化了他的冷战路线，用最坏的可能解读苏联在那年冬天的行动，特别是2月底捷克斯洛伐克共产党上台执政，以便为陷入困境的立法方案赢取支持，并孤立华莱士。3月17日，两次总统演讲被弗兰克·科夫斯基（Frank Kofsky）准确概括为"战争恐慌"的情绪达到了高潮：两次演讲分别呼吁了国会支持马歇尔计划、普遍军训和征兵，以及抨击了共产主义敌对势力及其"盟友"——华莱士。马歇尔计划很快在国会获得了通过。讽刺的是，尽管杜鲁门的反共言论为最终赢得选举贡献卓著，但华莱士暂时是安全的。[24]

不过，总统已经释放了他无法控制的力量。席卷全国的战争狂热为国家安全主义企业家提供了绝佳的机会。参谋长联席会议提出了90亿美元的补充预算申请，相当于将预算限额提高了90%；国防

| 伪造的共识　1921—1953：美国的国家愿景与科技政策之辩

部部长福莱斯特没有那么激进，但认为35亿美元的申请可能会获得通过。经过4月和5月持续的政府内部斗争之后，总统不顾忧心通货膨胀的预算主任詹姆斯·韦伯（James Webb）的反对，提议追加拨款约30亿美元。虽然国会接受了新的限额，但调整了补充预算的优先次序。在授权听证会上，空军部部长赛明顿公开与政府分道扬镳，并按照芬勒特的报告，要求为空军增加8.5亿美元的预算。塔夫脱参议员支持以赛明顿的提议替代普遍军训计划，理由是普遍军训效果不佳，不但侵犯国内自由，而且不适合美国大陆的防御战略。如果确实存在扩张国家安全主义政府的需要，塔夫脱更期望空军能够得到这个机会。参议员阿瑟·范登堡（共和党人）为马歇尔计划成功通过提供了关键支持——他在这个问题上向塔夫脱做了让步，部分原因在于他需要塔夫脱默许的其他事项尚未完成。国会因此增加了8.22亿美元的飞机采购资金，并拒绝授权和资助普遍军训计划。[25]

总统在飞机采购议案中插入了一个附加条款，规定使用这些额外的资金需要总统的直接批准，而他在1949财政年度拒绝提供此类批准。不过，即使没有额外的8.22亿美元，军用飞机的采购量也大幅增加了。1948年下半年（1949财政年度上半年），美国飞机制造量增长了88%，行业恢复了盈利能力，接下来数年的订单也得到了保证。补充拨款为军事研发预算带来了1.44亿美元（或大约三分之一）的增幅，其中8000万美元给了空军，3500万美元给了海军航空局（Naval Bureau of Aeronautics）。支持战略航空、防空和航空作战的项目主导了国家军事机构的研发计划。最重要的是，1948年春关于补充拨款的辩论表明，保守派在可感知的国家安全危机中能够与"威慑"战略倡导者找到共识。这个新联盟的胜利标志着空军获得了暂时超过陆军的资金支持，预示了后来的"大规模报复"战略，即一种主要依靠原子武器战略轰炸的不平衡军事力量结构。[26]

战争恐惧逐渐消退后，军费开支趋于稳定，达到了约130亿美元的新高点。在 1950 财政年度和 1951 财政年度，美国总统的注意力重新转向了国内项目和抗击通货膨胀。正如赛明顿所说，在"国防第一、经济第二"的斗争中受挫之后，军事部门之间重新展开了内斗。新任国防部部长路易斯·约翰逊（Louis Johnson）决定以牺牲海军"超级航母"版"威慑"战略为代价继续推进轰炸机计划，并且得到了国会的支持，充分展示了空军相对于其他军种的吸引力。但是，空军的成功很大程度上属于防御性质，充其量只能说帮助其他军种避免强制推行的预算削减计划。在空军内部，研发工作受到了极大的影响，因为制造商急于投产飞机以保证未来的资金。即使 1950 年成功组建了新的空军研发司令部并恢复了空军研发副参谋长的职位（勒梅曾担任此职），空军也只是取得了徒劳的胜利，因为两者都无法获得实际项目的控制权，而且留下了一地鸡毛。[27]

国家安全主义政府：从 1945 年到 1953 年

尽管从 1947 年到 1950 年，美国飞机技术研发方面呈现出了进两步退一步的局面，但关于 1946 年《原子能法》的长期辩论终于结束，"威慑"战略开始主导原子研发项目。不过，这并不是《原子能法》起草人詹姆斯·纽曼和拜伦·米勒（Byron Miller）的初衷，他们曾希望原子能委员会能够继承田纳西河流域管理局的改革自由主义传统，甚至为捍卫上述传统的支持者们提供一个重新集结的基地，进而开始改变"社会本身的结构"。尽管原子能委员会类似纽曼和米勒描绘的"社会主义岛屿"，但委员会生产的是大规模杀伤性武器，而不是便宜到近乎免费的电。[28]

纽曼和米勒的愿景反映了对民用技术停滞不前的担忧，这种担忧曾在 20 世纪 30 年代帮助激励了田纳西河流域管理局和其他公共电力项目。1945年，曾隶属于国家资源规划委员会的经济学家艾伦·斯威齐（Alan Sweezy）表示，原子能和住房似乎是未来10年或更长时间内最有可能出现"技术革命"并激发大量投资机会的两个行业。就像第一次世界大战遗留的马斯尔肖尔斯工厂成了田纳西河流域管理局的核心一样，斯威齐预测，曼哈顿计划将蜕变为原子能委员会，冲击根深蒂固的公用事业，并加快落后地区的发展。1945年9月的一项民意调查显示，四分之三的美国人接受政府而非工业界负责原子能开发项目。[29]

从1945年到1946年的《原子能法》辩论涉及许多重大问题，包括文官治军和核武器的国际控制前景等。对于在此期间兼任行政和立法职责的纽曼和米勒来说，原子能的民事应用前景是其法案最引人注目的因素之一。根据纽曼和米勒在起草法案时写入并且获得通过的部分条款，原子能委员会不仅有权实施广泛的研发计划，而且被允许将开发的技术用于所有可能的用途。此外，与田纳西河流域管理局一样，新机构也有权强制拥有原子技术专利的公司签订专利许可协议。法案起草者总结道："原子能委员会的监管身份，加上对可裂变材料的垄断，可以用来强制实现广泛的技术信息传播，同时吸引尽可能多的生产参与者。"[30]

改革自由主义者承认，通过《原子能法》的立法者不一定赞同起草者的国家主导经济发展的愿景。纽曼和米勒写道："对于那些认为历史充满了矛盾的人来说，受保守主义安全本能的驱使，保守派主导的国会却颁布了一项真正激进的法案，看到这个场景一定让人满足。"《原子能法》的初步实施进一步增强了他们的满足感，因为矛盾理论得到了再次证明。杜鲁门总统任命了来自田纳西河流域管理局的大卫·利连索尔担任原子能委员会主席，并且不顾参议员塔夫脱的反对签署了命令。在1947年1月的预算咨文中，杜鲁门总统高调宣布了政府的原子技术民用目标，原子能委员会被划入了"资源开发"预算类别,与田纳西河流域管理局相同。[31]

围绕《原子能法》的辩论激战正酣,残余的曼哈顿计划却变得无人问津,曾经见证过这一辉煌项目的科学家和工程师成群结队地离开了。陆军作为该项目名义上的管理者,则因为占领任务以及同预算紧缩支持者和其他军事部门的斗争而无暇分身。莱斯利·格罗夫斯将军,曼哈顿计划的"跛脚看守人",半心半意地维持着计划。到1947年3月原子能委员会向总统提交第一份报告之际,曼哈顿计划甚至没有一件可用的原子武器:虽然零件足够制造数枚原子弹,但并不具备组装原子弹(这是一项艰难而费力的工作)的专业知识。格罗夫斯一直致力于实现"傻瓜式"通用部件原子武器的大规模量产,但洛斯阿拉莫斯实验室才开始接手这项工作——实验室新任主管诺里斯·布拉德伯里(Norris Bradbury)刚刚使其摆脱被解散的命运。尽管在日本广岛和长崎获得了成功,但原子战仍然处于原始阶段:原子武器是手工制作的产物,原材料研发生产系统混乱不堪,工厂和设备仍需要大量现金以推动技术逐步走向成熟。[32]

利连索尔震惊地发现,不仅原子武器项目运转不佳,而且大多数专家预测原子发电站还需要数十年时间才能建成。原子能委员会别无选择,只能将绝大部分预算用于生产裂变材料和武器。1947年开始的汉福德工厂改造是美国历史上规模最大的和平时期建筑工程。迫于军方压力,反应堆开发计划开始转向舰船和飞机推进器项目,放弃了此前的民用研究和发电项目。民用项目对部分企业家来说似乎过于遥远,而军事项目至少有现成的客户,比如令人敬畏的潜艇指挥官——里科弗上尉。海军高涨的热情与电力公司的悲观情绪形成了鲜明对比。新成立的国会原子能联合委员会,即原子能委员会对应的立法机构,也开始为加强安全和扩大军事生产施加影响。第80届国会的原子能联合委员会由共和党参议员伯克·希肯卢珀(Bourke Hickenlooper)担任主席,第81届则由纽曼此前的赞助人、民主党人布赖恩·麦克马洪（Brien McMahon）担任主席。到1949年夏天，原子能委员会主席利连索尔遭到大量的指控，原因是"难以置信的管理不善"，因为他没有妥善地保护原子技术机密，制造原子武器的速度也无法令人满意。[33]

1949年8月29日，苏联成功实施了原子弹试验；1950年1月31日，美国总统决定实施氢弹研发计划。至此，"发明的浪潮"对美国原子能委员会来说达到了顶点。苏联的试验震惊了杜鲁门总统，因为他曾乐观地认为美国可以保持核垄断数年时间。鉴于此，原子能委员会要求将民用目标搁置一旁，集中所有资源用于关乎国家安全的项目。在苏联的原子弹试验之后，美国争论的重点在于，应该将多少原子能委员会的资源用于以氢弹为代表的持续现代化战略，而非存储已经可以大规模制造的裂变武器。氢弹是空军国家安全主义政府愿景的自然延伸，并且空军在1949年的国防预算辩论中达成了目标。[甚至，勒梅将军为最热心推动氢弹研发的科学家爱德华·泰勒（Edward Teller）提供了一份空军合约，因为当时泰勒已经对原子能委员会感到厌烦，甚至威胁要背弃《原子能法》的精神并打破该机构的核武器开发垄断。]即使军事效用令人怀疑，例如陆军参谋长奥马尔·布拉德利（Omar Bradley）最初就曾提出了异议，氢弹也肯定能够成为美国可怕的军事力量的一个象征。最终，按照参谋长联席会议的说法，正是对力量"心理平衡"的担忧，促使杜鲁门总统授权实施了对热核武器可行性的认真调查，强化了制造热核武器的最终决定。[34]

确定制造氢弹之后，杜鲁门总统任命戈登·迪恩（Gordon Dean）担任原子能委员会主席，接替了大卫·利连索尔，标志着该机构不仅同意将国家安全确立为首要任务，而且接受了在追求目标的过程中尽可能加快技术发展速度的紧迫责任。原子能委员会的实验室负责创造并测试核武器（及推进系统）的最新理念，然后交由旗下的生产部门实际制作,与波音公司的轰炸机以及通用电气公司的喷气发动机制造过程类似。尽管原子能委员会在名义上掌控着库存,但与轰炸机一样,原子武器移交给军方实际保管只是时间问题。原子能委员会正在适应勒梅和里科弗为其设定的角色,即一家必须满足不断升级的军事要求的供应商。作为供应商,委员会既没有权力,也很难影响军事要求,而且往往对军事要求的确定过程不甚了解。然而,与承包商一样,原子能委员会可以保证财务富余,因为它的开支被划入了"主要国家安全"范畴,而不是"资源开发"类别:从 1949 财政年度到 1952 财政年度,原子能委员会的开支增加了两倍,达到近 20 亿美元。[35]

1950 年 6 月 6 日,在艾森豪威尔将军指挥联军登陆法国 6 年后,美国战略空军司令部在勒梅将军的指挥下实施了一次针对苏联的模拟核空袭。按照理查德·罗兹(Richard Rhodes)的消息,勒梅部队的表现让最苛刻的领导人都感到满意,而勒梅在两年前第一次报到时肯定做不到。他把战略空军司令部塑造成了一支充满活力的精英部队,让他们相信,空军可以独立赢得战争。为了赢得第二次世界大战,艾森豪威尔不得不依赖笨重的设备、海军轰炸、登陆艇、坦克、步兵、近距离空中支援还有支持军事行动顺利运转的后勤手段。如果得到总统的许可,战略空军司令部可以淘汰上述的一切。战略空军司令部此次演习展现的团队精神是对前两年国家安全"威慑"效果的一次评估。在国会保守派的帮助下,空军成了美国资金最充裕和最强大的军种。在空军的带领下,各军种开始建立技术先进的专属供应链,专属供应链不仅包括原子能委员会和大型公司,而且包括精英大学。就像原子能委员会一样,科学家们的参与越来越深入,不只限于政策领域。布什动员民用科学以赢得第二次世界大战胜利的特殊杠杆作用消失了,因为创业科学家和政府官员转向了军事资助者,以便实施双方都认可的研究项目。[36]

然而，原子能委员会此时兑现承诺的能力仍然受到科学和技术不足的限制。其最现代的远程轰炸机——康维尔 B-36D 是一架螺旋桨飞机，在 1949 年加装了喷气式发动机，被约翰·雷（John Rae）亲切地称为"10-引擎怪兽"。然而，为了挽救更可疑的"超级航母"计划，海军辩称 B-36 的战斗力非常不确定，而这种观点反映了一定的事实。无论如何，战略空军司令部的大部分力量都源于第二次世界大战遗留的性能较差的 B-29，虽然原子武器库不再像勒梅时期那样空空如也，但也远没有达到赢得一场现代战争所需的数量——"威慑"战略倡导者预期达到上述目标需要数千件原子武器。同样，尽管战略空军司令部正在获得处理原子武器的能力，但原子武器的生产、组装、储存以及原子能委员会与战略空军司令部之间的交付等常规流程充其量都只是初级水平。[37]

到了 1950 年 6 月，"威慑"被赋予了更多内容，国家安全主义政府的倡导者们赢得了更多的联邦预算，但距离胜利仍然十分遥远。国务卿迪安·艾奇逊（Dean Acheson）打算将国家安全委员会第 68 号文件作为"武器"，用来打击那些将国内项目置于首位的保守派和凯恩斯主义者。总统延缓批复该文件的态度证明了上述关于胜利的观点。国家安全委员会第 68 号文件由乔治·凯南（George Kennan）的继任者保罗·尼采（Paul Nitze）于 1950 年春天起草，文件用尖锐的措辞主张增加国防预算，特别是军事硬件。梅尔文·莱夫勒（Melvyn Leffler）描述称，该文件全篇都在嚷着"更多、更多、更多的钱"。然而，政府预算政策以各类限额为基石，"更多、更多、更多的钱"不可能实现。因此，杜鲁门将该文件发回国家安全委员会展开成本估算（但文件编制者忽略了这一点），并指定预算局、经济顾问委员会和（负责管理马歇尔计划的）经济合作署加入这个过程。这种审查结构可以确保非国家安全主义的政策制定者也能够发表意见，以免政府将自己置于危险境地。与此同时，1952 财政年度的预算过程仍在继续，预算局正在探讨制定更严格的限额的可能性。小塞缪尔·韦尔斯（Samuel Wells, Jr.）推测，与 1948 年一样，如果和平得以持续，政府最终可能额外增加 30 亿美元军费开支。但是，就在战略空军司令部模拟演习结束 19 天后，在国家安委员会第 68 号文件完成成本核算之前，朝鲜战争爆发了。[38]

因势利导：朝鲜、"技术溢出"和"新面貌"

朝鲜战争清理了阻挡国家安全主义政府扩张的障碍。所有政治家，甚至包括亨利·华莱士在内，全都支持美国采取武装手段进行应对。一些知情者认为，这场冲突证实了保罗·尼采对苏联"雄心"的看法；因此，美国的反应不能局限于眼前的朝鲜危机，必须制定长期的全球性政策。尽管朝鲜半岛的热战似乎提供了一个绝佳的机会，可以帮助军队和"动员"理念夺回 20 世纪 40 年代末失去的部分阵地，但按照丹尼尔·凯夫利斯（Daniel Kevles）的原话，国家安全委员会第 68 号文件以"威慑心态"为前提。即使在朝鲜半岛的常规战斗陷入僵局，美国仍可以通过军事技术开发，特别是战略武器，在冷战时期占据优势。国家安全作为一项重大承诺将成为凯恩斯主义者和保守派被迫适应的新现实。通过强调军费开支的经济刺激作用和发展"技术溢出"概念，凯恩斯主义做出了自己的选择。保守派则选取了有利于空军和"威慑"的形式，与 1949 财政年度的选择相同。在危机缓解后，两个集团再次设定了约 400 亿美元的国防预算最高限额，该限额是朝鲜战争前的 3 倍，其中空军占了将近一半。[39]

战争爆发之际，国会正在审议 1951 财政年度预算，其中军费限额约 130 亿美元。1950 年 7 月提交的第一份补充预算案为激增的部队和装备提供了资金，而这些部队和装备被华盛顿寄予了快速赢得胜利的厚望。116亿美元的拨款被用于应征入伍的新兵,并开始动员自上次战争以来的工业储备工厂和设备。然而,即使在朝鲜战争早期,大约一半的新增开支也不是为了支持派往朝鲜半岛的军队,而是为了实现国家安全委员会第68号文件的全球野心。例如,第一份补充预算为海军提供了资金,用于建造新一级的航空母舰,而海军在前一年被剥夺了"威慑"的职责。1950年12月提供的第二份170亿美元补充预算进一步强化了"威慑"战略,将国防部的研发开支在已有的约5亿美元的基础上额外增加了4.1亿美元。同样,军事分析家保罗·哈蒙德(Paul Hammond)指出:"尽管空军在朝鲜战争中99%的军事行动都属于战术目的,但扩张的采购开支主要用于增加战略空中力量——相对远程的空军原子能力,而非用于地面支援的战斗机。"1951年2月,空军签署了第一份B-52生产合同,尽管该型号轰炸机还没有开始飞行测试。[40]

加上第三次补充预算的60亿美元,1951财政年度美国国防预算的最终金额膨胀到了482亿美元,第二年的预算则超过了600亿美元。美国所有军种以及欧洲盟国共同分享了这些预算,但空军的收获最丰,获得了230亿美元,包括参议院为飞机采购额外提供的10亿美元。在1953财政年度,这一模式继续维持。尽管总统强行实施了一项"少花钱,多办事"的措施,将国防预算削减到了500亿美元以下,但空军的预算几乎没有变化,其他军种承担了削减的部分,特别是陆军。三份与朝鲜战争相关的额外预算共同标志着被军事历史学家称为"重大转变"的发生,即从以陆军为主的"平衡"军队结构转变为空军占据绝大部分预算的结构。在空军内部,战略空军司令部是这一转变的最大受益者,保持了战术和防空任务的优先权。杜鲁门总统还批准了原子能委员会大规模扩张军事项目的计划,将该机构的预算再次增加了一倍,即1953财政年度的预算达到了40亿美元。参谋长联席会议认为,美国拥有的核武器永远不可能"过多"，总统也表示了赞同。[41]

军事研发开支因为强调高技术武器的重整军备计划而增加。朝鲜战争期间，美国军事研发开支增加了两倍多，稳定在18亿美元左右。美国工业研发项目中，受军方推动或资助的比例翻了一番，从此前的约四分之一增加到约半数，其中飞机和电子产品项目的表现尤为突出。学术界的物理学和电气工程研究甚至更多地受军事资金支配，例如麻省理工学院电子研究实验室和斯坦福大学电子实验室等机构收到的军方赞助出现了指数级增长。即使遇到了军方预算缩减的情况，例如陆军在1953年的遭遇，军事研发开支仍保持着增长态势。"威慑"战略已经深入人心。与海军一样，陆军也开始建立战略部队并持续推进军事现代化。[42]

"动员"理论从未得到真正的检验。国会拒绝了普遍军训计划，工业储备工厂和设备表现惨淡，其中大部分在对日战争胜利之际已经过时。布什的盟友早在1948年就提出了"新科学研究与发展办公室"的想法，但这个想法在1950年仍然反响平平。在帮助预算局就此事征求科学机构（包括布什本人）的意见后，与原子能委员会专员刘易斯·施特劳斯（Lewis Strauss）有联系的投资银行家威廉·戈登（William Golden）仅建议为此类机构提供规划授权。他的报告表明，军事研发开支如此巨大，动员民间科学家基本无法发挥作用。戈登确实主张总统任命科学顾问，虽然顾问们可能过滤掉一些技术热情，但这个温和的倡议也被搁置到了一边，取而代之的是一个听命于国防动员主任的科学咨询委员会——该机构在杜鲁门总统的任期内没有完成任何重要任务。[43]

勒梅将军和其他"威慑"支持者在国家安全主义政府中取得了胜利，这在很大程度上归功于他们在从1945年以来的不景气年份中坚持不辍的基础工作以及朝鲜战争带来的绝佳时机。他们掌握了可怕的消息，并且严格封控了可能导致反驳的信息。他们的武器不断得到改进，1952年11月爆炸的氢弹"迈克"就是最好的例证。"威慑"理论的倡导者也因为与保守派的重新结盟而受益，这种联盟曾在1948年"战争恐慌"期间短暂出现过。当然，还有麦卡锡式恐吓，甚至马歇尔将军也受到其影响。除此之外，参议员塔夫脱的国会联盟也在关键时刻为确保大量资源提供了筹码。例如，1952财政年度空军获得的额外资金，至少有一部分是为了安抚塔夫脱对政府致力于欧洲防御的批评。更重要的是，空军从1953财政年度开始主导"少花钱，多办事"政策，这也反映了其保守主义信念，即"威慑"战略是最经济且侵略性最小的军事战略。[44]

"少花钱，多办事"本身具有一定程度的欺骗性。上一年拨款结转的巨额资金意味着1953财政年度实际迎来了军事开支的一个高峰。不过，此后的军费开支（尽管军事研发开支未受影响）确实下降了，大约为400亿美元，约占国民生产总值的9%。预算削减源于凯恩斯主义和保守主义政府愿景的再度兴盛。但是，尽管在朝鲜战争结束之际提高了自己的声望，上述两种观点的追随者已经学会了与更主流、更大胆的国家安全主义政府共处。

与1940年相似，凯恩斯主义的拥趸在1950年顺利转型为国防的"全力支持者"。在其他条件相同的情况下，利昂·凯泽林（1949年秋担任经济顾问委员会主席）和他的盟友宁愿资助社会项目而不是军事项目，这种偏好促使他们在朝鲜战争之前支持设置国防预算限额。但是，凯恩斯主义理论上相对于上述两种观念保持中立。面对不可避免的大量补充国防预算，凯泽林完全有能力向战事管理者提供乐观的建议。美国不需要一个军政府，这是自由主义和保守主义都担心的情况。不过，适当的政策可以帮助美国同时拥有（《财富》杂志编辑强调的）"枪炮和黄油"。不仅如此，美国可以拥有更领先的军事和经济。[45]

1949年10月，经济发展委员会下属的研究咨询委员会主席萨姆纳·斯利克特（Sumner Slichter）半开玩笑地描述了这个过程。他说："冷战提振了商品需求，有助于维持高就业率、加速技术进步，并帮助国家提高生活水平……因此，我们要感谢苏联帮助美国改善了资本主义制度，让它实现了前所未有的效率。"斯利克特设想的是100亿到150亿美元的国防预算。凯泽林支持的数额范围更广，他曾在起草国家安全委员会第68号文件的过程中与保罗·尼采会面，并且强调可以在必要时接受400亿美元预算。保罗·尼采指出"凯泽林……希望把钱花在其他项目上"，但他的报告还是采纳了经济顾问委员会主席的论点，即大幅增加军费开支不会损害经济，政府经济模型并不乐观的中期经济前景预测也是特别考虑的因素之一。[46]

朝鲜战争消除了所有质疑军事开支必要性的声音，所以杜鲁门总统迅速批准了国家安全委员会第68号文件，其中包括经济顾问委员会幕僚长格哈德·柯姆起草的一个章节。直接借鉴朝鲜战争前凯恩斯主义的倡议，凯泽林领导了《国防生产法》(*Defense Production Act*) 的起草工作，以管理军备，同时他也敦促政府主要通过增加投资而非直接控制来管理经济。经济顾问委员会在1951年年初提交总统的报告中称，如有必要，政府可以将最高25%的国民生产总值作为国家安全预算，同时避免影响基本经济实力；生产能力的扩张将抑制通货膨胀的风险，而税收和信贷政策可以解决其余问题。显然，报告预测冷战时期的投资将最终导致和平时期的繁荣，就像第二次世界大战之后的繁荣一样。斯利克特和经济发展委员会基本达成了一致，尽管他们毫不意外地都不十分看好未来经济增长的速度，更倾向于在短期内收紧消费和非国防项目的投资，以便保证军事项目投资。[47]

无论是战争还是经济顾问委员会的后方管理计划，都与这些最初的预期不谋而合。朝鲜战争拉长，加上1950年年底爆发的通货膨胀，杜鲁门总统被迫宣布进入紧急状态，实施了一些经济控制措施，并将这些措施的控制权交给了查尔斯·威尔逊（Charles Wilson）领导的新组建的国防动员办公室。1951年年初，美联储采取了比经济顾问委员会更独立、更紧缩的利率政策，限制了联邦开支对投资的影响。尽管如此，最终结果证明朝鲜战争带来了一个投资强劲、通货膨胀维持在较低水平且经济快速增长的时期，而且政府从未实施全面看齐第二次世界大战期间的价格、生产和材料控制措施（尽管朝鲜战争期间民众对政府控制措施的抱怨达到了第二次世界大战的水平）。这些经验证实了凯恩斯主义者的信念，即扩大生产能力应该是重整军备的核心方法。例如，他们没有任何经济理由来证明1953年财政"紧缩"的合理性。正如柯姆在与人合著的一份报告所说："美国经济体量如此巨大，因此美国根本不必担心额外施行规模可观的国家安全计划，只要证明这些计划有利于自由世界的安全和自由事业。"[48]

凯恩斯主义支持者越来越多地发现，推动生产力以惊人速度增长的关键在于研究和开发项目带来的新技术投资，包括军事以及非军事投资。军事创新可以刺激民用行业的观念在第二次世界大战结束时已经成为一种信仰。例如，哈利·霍普金斯（Harry Hopkins）在1944年为范内瓦·布什提供了机会，让他给罗斯福总统写了那封著名的信，而总统提出了编写报告（即《科学，无尽的前沿》）的要求。写信的主要目的是希望将战时研发成果转化为技术，进而推动生活水平的提高。第二次世界大战刚结束的时候，只有零星成功转化的例子。国家经济研究局（National Bureau of Economic Research）的生产力专家所罗门·法布里坎特（Solomon Fabricant）表示："战争期间，人们总是容易忽略推动进步的主要动力。"与一般军事开支一样，军事研发开支在很大程度上被视为社会资源的浪费，国家科学基金会等民用机构利用这些资源可以实现收益更高的投资（前提是没有遭遇安全威胁）。[49]

因此，在朝鲜战争之前，即使是军事研发项目的支持者也只是偶尔辩称，划定军事和非军事研究之间的区别"有些武断，而且小题大做"，而军事研究的成功"几乎总能"溢出到经济领域（援引国防部研究与发展委员会的一位官员在1950年1月的表述）。在朝鲜战争结束之际，这些说法已经得到了广泛认可。例如，二十世纪基金组织（Twentieth Century Fund）提供了一份凯恩斯主义分析报告《美国需求与资源》（America's Needs and Resources），柯姆在1947年将该报告作为经济顾问委员会的长期增长研究模型。《美国需求与资源》在1955年修订版中新增加了两个关于技术变革和生产力的章节，宣称"技术"属于"主要资源"之一。研究报告的作者将此前10年非凡且出乎意料的进步归功于工业研究和自由，这些进步导致他们早期模式的预测出现了偏差。不过，该研究将所有工业研究混为一谈，完全忽略了军事研究在其中的重要作用。[50]

1954年的《总统经济报告》为这一智慧打上了官方印记："尽管大多数联邦研发资金现在都用于国防部和原子能委员会赞助的项目，但大多数成果迟早都会进入民用领域，终将证明反对意见是一个错误。"这种"溢出"[spillover，有时也用"外溢"（spinoff）一词，美国航空航天局后来使用了后者]激励对增加军事研发开支的作用并不明显。然而，考虑到永久的半动员状态，这个概念不仅具有一定的经验意义，而且具有政治意义。国家安全主义政府愿景逐渐在美国科学、技术和经济治理中赢得了重要地位，凯恩斯主义者想要继续发挥作用必须适应这一新的现实。[51]

虽然对大规模的军事开支表示了赞同，但许多凯恩斯主义支持者仍然希望看到社会项目的复兴，特别是在朝鲜战争结束之后。然而，相比开支的目标，保守派更难接受当前的开支事实。"少花钱，多办事"措施以及随后的国防预算紧缩就主要源于保守主义的影响。1953年，美国新任总统试图在党内保守主义和国家安全主义政府的倡导者之间达成和解。在朝另一个方向采取了一系列试探性行动之后，艾森豪威尔总统通过坚持前任制定的"不平衡力量"道路完成了这项任务。亨廷顿表示："技术调解了相互冲突的政治目标。"或者，套用当时不太礼貌的说法，战略计划承诺的是"物美价廉"。讽刺的是，这个方法加强了溢出逻辑以及国家安全主义和凯恩斯主义政府愿景之间的联系。[52]

艾森豪威尔继续坚持"安全和偿付能力"。虽然不是罗伯特·塔夫脱，但艾森豪威尔致力于进一步削减国防开支，以平衡联邦预算，并为减税措施提供可能。国防部副部长罗杰·凯斯（Roger Kyes）实施了艾森豪威尔政府削减国防预算的第一次尝试，即修订1954财政年度400亿美元的国防预算，并试图通过技术调整实现雄心勃勃的预算目标，例如要求各部门使用此前拨款的结转资金，而不是对战略或军队水平指手画脚。这种策略激怒了空军，但空军的巨额积压导致了令人印象深刻的50亿美元的降幅。不过，这种情况无法再现。指导1955年财政预算的国家安全委员会第162/2号决议是空军的一个报复。引用历史学家大卫·艾伦·罗森伯格（David Alan Rosenberg）的话，空军将原子弹列为"首选武器"来调和"安全与偿付能力"：大规模的地面战争不再成为选项，任何超出局部战争的事件都将导致核应对。因此，空军重新回归扩张轨道。通过给陆军设定目标（海军也受到了影响，只不过被施加的束缚相对较少），新政策安抚了财政部部长乔治·汉弗莱（George Humphrey）等减税和预算削减政策的支持者。但新政策对陆军来说无异于在伤口撒盐，因为陆军不得不把所剩无几的资源向新的战略重点——大陆防空倾斜。1954年1月12日，美国国务卿约翰·福斯特·杜勒斯（John Foster Dulles）公开宣布了"新面貌"政策，明确提出了杜鲁门政府长期以来作为政策核心的大规模报复理论。[53]

大规模报复行动需要大规模研发的支持。即使国防预算总体减少,"新面貌"政策仍然刺激着军事研发开支继续增加(尽管增速不及此前3年的重整军备时期)。轰炸机和核武器开发项目持续推进,勒梅继续"为所欲为"。事实上,他间接催生了自己的竞争者。兰德公司和美国空军研究与发展司令部是勒梅帮助建立的组织。尽管预算遭严重削减,科学怀疑论者和轰炸机狂热者对此不屑一顾,但这两个组织仍然坚持开发洲际弹道导弹的想法。一系列的科学和技术突破,特别是氢弹轻型化的实现(作为弹头),增加了开发洲际弹道导弹的可信度,而且这种导弹完全符合新面貌理论。1954年,伯纳德·施里弗(Bernard Schriever)将军授命建立空军的阿特拉斯计划,并获得了与勒梅相当的拥护。从1954财政年度的1400万美元到1958财政年度的21亿美元,阿特拉斯项目发展成了一个巨无霸。同一时期,海军上将里科弗的核潜艇项目催生了威廉·雷伯恩(William Raborn)上将领导的洲际弹道导弹开发计划。该计划研发的导弹系统被命名为"北极星系统",其帮助海军最终保证了在大规模报复战略中的地位。[54]

大陆防空长期以来一直深受科学家们的青睐,他们认为爱德华·泰勒提倡的威力更大、射程更远的炸弹令人厌恶,甚至违背道德。与洲际弹道导弹一样,新炸弹冒犯了空军高层,并带来了冲击预算的技术挑战。麻省理工学院的物理学家和工程师们在20世纪40年代末和50年代初的萧条岁月中发展了防空理念,而1953年8月苏联氢弹试验成功的消息巩固了防空理念在新时代的地位。在1955财政年度,防空计划额外获得了10亿美元的资金,并很快发展成了曼哈顿计划以来最大的军事研发计划,而麻省理工学院的林肯实验室是防空计划的核心。飞机、导弹和防空都严重依赖电子技术,推动该行业的军事研发费用和军事销售额直线飙升。[55]

"新面貌"美化了组织成就和"威慑"理论。空军和海军的洲际弹道导弹项目实现了研发与采购的结合。依靠军方成长起来的大型航空航天和电子承包商，例如洛克希德·马丁公司，逐渐保证了稳定的财务。同时为民用市场提供服务的军事承包商，例如通用电气，则开始建立针对军事赞助者的专属部门。各军种，特别是空军，培养了一批稳定的小型创业公司来实施高度复杂的技术任务。他们资助的公司包括示踪物实验室（Tracerlab），该公司开发的远距离探测核试验技术让泰勒和奥本海默极为震惊。这些合作进一步加强了投资者承担风险的信心，例如美国第一家风险投资公司——美国研究与发展公司就是示踪物实验室的赞助商。[56]

政府主导的军事实验室数量同样成倍增加。最引人注目的新建实验室当属位于加利福尼亚州利弗莫尔的第二家核武器设计实验室。作为泰勒的心血结晶，该实验室由原子能委员会顶着空军和国会原子能联合委员会的巨大压力于1952年建立。保守派试图确保这种军事研发不会滑向民用企业的轨道。例如，针对国家标准局电池添加剂AD-X2的无端投诉与该局开创性的电子研究和生产项目无关。虽然得到了军方的支持，但该项目可能具有重大民事应用前景，而投诉推动了该项目向国防部的移交。最后，与军方保持联系的学术科学家们不仅推动了这些项目，而且越来越受到艾森豪威尔总统的关注，总统要求他们裁定这些项目导致的技术竞争。因此，杜鲁门政府奄奄一息的科学咨询委员会重新焕发生机，麻省理工学院校长詹姆斯·基利安（James Killian）以主席身份领导的科学咨询委员会技术能力小组帮助导弹项目抵御了批评者的攻击，并在20世纪50年代中期保证了资金分配的优先权。[57]

结论：过犹不及的讽刺

原子武器打开了一个"新世界"，这是恩里科·费米（Enrico

Fermi）在1942年实现自持链式反应后的直觉。两个超级大国不得不展开一场军备竞赛，按照政治学家哈罗德·拉斯韦尔（Harold Lasswell）在1941年的描述，军备竞赛的目的就是"增加专门用于暴力行动的小工具"。技术和国际"威慑"逻辑是推动军备竞赛的最主要动力。"威慑"战略倡导者的管理能力和科学见解——例如勒梅组建战略空军司令部的能力和泰勒–乌拉姆氢弹构型的研发——也支撑了他们的观点。"动员"实践的失败同样如此。但是，他们也需要一种政治逻辑，以增加军事预算并争取令人满意的份额，从而实现国家安全主义政府愿景。[58]

保守主义在朝鲜战争期间重整军备的反应解决了"威慑"战略的政治难题。从1945年到1950年，参议员塔夫脱和他的盟友基本不愿意支持增加军费开支以及随之而来的"高压"研发计划，反而希望缩减预算和推行减税政策。他们担心拉斯韦尔的"军政府"。面对日益增加的战争威胁，首先是1948年的"战争恐慌"，然后是朝鲜战争，让保守派感到欣慰的是，他们仍然可以通过确保每一笔资金都获得最大收益来避免军政府的通货膨胀和控制。对空中力量和原子武器的依赖也避免了普遍军训对个人自由的限制。将国家安全委托给军事专家、技术专家以及他们的小工具，推进了军事工具与民事服务供应机构的隔离。繁文缛节和保密要求在政府与市场之间筑起了保守主义意识形态要求的壁垒。正如历史学家斯图尔特·莱斯利（Stuart Leslie）所说，甚至高校也出现了军事和非军事领域"分化"的现象。因此，"威慑"战略提供了一种保守派可以接受的方式，让他们能够按照国家安全委员会第68号文件的要求，持续不断地增加国家安全预算。[59]

20世纪50年代中期，军费设定为美国国民生产总值的9%以及联邦预算的2/3左右。在确定军费规模的过程中，军费不可避免地引发了凯恩斯主义支持者的强烈关注，因为通过货币流动实现政府和市场的联系是凯恩斯主义理论的核心。一旦认定军费规模由安全形势决定,凯恩斯主义模型就会允许其支持者接受这个事实。他们预测,这种开支提供的经济刺激可以支持政府在未来继续增加预算,进而形成一个良性循环。国家安全主义政府对科学和技术的高度重视则是额外的收益。朝鲜战争结束时,凯恩斯主义的计算方法不再区分军事和非军事研发开支。重要的是,研发开支总额很快就超过了 1947 年斯蒂尔曼报告设定的国民生产总值 1% 的目标。"技术溢出"概念为这个宏观模型提供了一个微观经济支撑。即使研发资金用于和社会其他部分隔绝的机构(按照保守派和军方的希望),研发成果还是扩散到了民用产品领域,并推动了生产力增长。

艾森豪威尔出任总统期间,保守主义和凯恩斯主义的希望都实现了,更不用说空军了。尽管军费开支很高,但美国并没有建立"军政府",最终证实经济控制并非必要手段,通货膨胀保持在合理范围内,经济迅速增长。国家安全主义政府令人敬畏的技术成就激发了新的成长型民用产业。例如,波音公司的 707 客机就主要借鉴了军用 KC-135 加油机的设计,IBM 的商用计算机最初源于 701 国防计算器,SAGE 半自动地面防空系统因为国防项目开发的先进技术受益匪浅。这些项目同时带动了一批高科技创业公司和风险资本家。在 1961 年的告别演说中,艾森豪威尔总统对"军事工业复合体"和"科学技术精英"的担心(在 1949 年这可能是塔夫斯的话)或许指向在未来可能走偏的经济和军事微调,但与不久后将被誉为黄金时代的过去无关。[60]

艾森豪威尔感觉到,朝鲜战争促成的共识表象包含了导致其自身毁灭的种子。事实证明,从长远来看,艾尔索普所谓的"发明的浪潮"并不像"国会经济学家"分析的那样毫无成本。他们曾在 1947 年预言:"探索这个特殊的科学未知领域的代价很可能成为一个主要的国家政治问题。"预言在 20 世纪 60 年代结束之前就已经成为现实。随着"威慑"技术日趋艰涩难懂,"溢出"效应越来越趋向于一种信念,而非实际回报。后来的批评者称"溢出"信念已经过度,因为实现溢出效应需要特别的工具,而这些工具成本高昂,且无法应用于国防以外的任何领域。[61]

在日本长崎之后,核武器从未再次真正用于实战,这是一项所有人都应该对"威慑"战略倡导者表示感谢的成就。然而,国家安全主义政府"威慑"愿景的胜利还是带来了悲惨的军事成果以及充满讽刺意味的经济后果。朝鲜战争证明,核武器不会用于有限的战争。尽管愿意用大量的常规军械摧毁朝鲜,但美国领导人担心原子弹攻击可能无法保证地面战争的胜利,进而形成心理哑弹,影响核武器对苏联的威慑效用。[62]但是这个关于技术局限性的教训并没有受到重视。事实上,在艾森豪威尔淡出政坛之后,对美国技术的信心让继任者承担了不必要的风险。甚至,这种信心导致了越南战争中数百万越南人和数万美国人的丧生,开启了美国科技政策长期辩论的新篇章。

第八章

以古鉴今

冷战及之后时期的"混合"模式

20世纪50年代的美国创新体系与20世纪20年代大相径庭：50年代的创新体系规模更大，机构更复杂，目标更多样。最重要的是，联邦政府的地位更加突出。联邦资助为粒子加速器等"大科学"和弹道导弹等"大技术"提供了可能性，同时大幅扩张了"小科学"的规模和范围，即个人学术研究者实施的研究项目。军事采购促进了企业和学术研发的繁荣。全国各地的公司纷纷投资新技术，并且经常得到华盛顿的慷慨援助。联邦设施，特别是原子能委员会，在20世纪50年代激发了公众的向往和热情，就像20世纪20年代通用电气公司的"魔法屋"一样。

然而，这些效果突出的联邦努力往往掩盖了更微妙的公共政策塑造美国战后技术创新管理的方式。在由于经济原因而受到管制的多个行业中，有些行业实现了技术创新，例如电力行业，有些则停滞不前，例如铁路行业，但这些行业通常会受到联邦的协调。联邦知识产权法和反托拉斯法影响了大大小小不同规模公司的技术战略和研发行为。联邦政府重组了金融市场，特别是抵押贷款和风险资本市场。宏观经济稳定政策的目标是加强长期的商业投资信心。这些政府活动至少部分以影响技术创新的速度和方向为目标，其综合效应构成了美国第二次世界大战结束后的政策。

科技政策网络并不是单一总体设计的结果。范内瓦·布什在第二次世界大战期间动员国家科技资源的工作非常出色且有效，但《科学，无尽的前沿》其实属于一种政治策略，而非一份原始蓝图。布什本人也默认了这点，因为他的回忆录中关于这份报告的内容极少。美国政府机制和美国政治风格排除了任何单一政府愿景占据主导地位的可能性，包括深奥且涉及公共生活的科技政策领域。政策的大多数组成要素同时掺杂了多种愿景。例如，空军令人印象深刻的技术能力，不仅源于柯蒂斯·勒梅将军及其盟友们为解决国家安全问题做出的不懈努力，而且得益于布什的联合主义、总统经济顾问利昂·凯泽林的凯恩斯主义和参议员罗伯特·塔夫脱的保守主义。借助类似的方式，我们也可以追溯形成美国战后联邦科技政策其他特质的综合政治原因。

将科技政策视为众多政策企业家在不同场所追求竞争性政府愿景的产物可以提供一定的帮助。这种观念可以建立科技政策与美国其他政治领域的联系，因为政策企业家们经常从政治系统的其他部分汲取灵感和寻找盟友。这种观念能够帮助我们厘清一些思想、利益和机构之间的复杂联系，而这些联系可以影响政策的制定过程。这种观念可以帮助我们更清楚地想象并更现实地评价，还能够提供一个在20世纪的剩余时间内不断延伸的概念框架，进而帮助我们预测冷战结束后的未来走势。

铸造更广泛的经验之网：拾遗

传统智慧认为存在"战后共识"，而且最初由布什的报告激发的这种"共识"主导了长达数十年的美国科技政策。然而，尽管包含了一些杰出的研究，但传统智慧依赖于历史学，基础相当薄弱，而且过多地受到此前和当代政策参与者的影响。本书研究的目的是扩大我们对这段政策历史的认识范围，建立更深入的理解。战后其他政策领域的辩论深受20世纪20年代"常态"和经济大萧条以及第二次世界大战遗产和记忆的影响，而我认为科技政策也无法独善其身。我还进行了关于联邦直接研发开支的补充分析，以及关于可以影响私人行为的美国政府监管和法律工具的研究。这种研究策略需要包括总统,因为总统是大多数传统研究关注的制度重点;同时,也需要包括国会,虽然国会仅能得到适度(但过少)的关注;另外,还需要包括法院、联邦机构和公民社会。我深入研究了那些未能获得批准的政策建议,以及实际推行的政策建议,以全面了解当时认定的替代方案。我的研究结果已在前文详细介绍,但在此我将做一个简单的回顾。

"喧嚣的二十年代"的技术创新由巨型企业主导。政府保守派认为,除了确保产权,政府应该放手,尽量不干涉科技的发展,因此激发了公司研究实验室开发新产品和改进工艺的热情。保守的共和党人继承了第一次世界大战之前宽松的反托拉斯政策和严格的专利政策,并借助这些政策鼓励了收购技术竞争对手和投资长期研发项目的行为。财政部部长安德鲁·梅隆标志性的减税政策意在释放风险资本,并资助私人发明活动和其他事项。尽管美国研究型高校积极扩充自己的支持者范围,但除了农业和其他应用领域的长期项目,他们不会求助于联邦政府,社会也不会鼓励他们这么做。有些精英高校找到了以洛克菲勒基金会为代表的私人赞助者,目的是推动他们追求自主和卓越的行为;其他高校则更接近工业赞助者,并开始根据工业需求调整研究和教育内容。在私人支持的鼓励下,20世纪20年代开始的公司和学术研发浪潮一直持续到了经济大萧条和战争期间,中间几乎从未中断。

20世纪20年代,梅隆保守主义愿景的主要对手是赫伯特·胡佛的联合主义——源于第一次世界大战期间公司和工业与政府合作的一种政治经济概念。这场斗争留下了适量的制度遗产——国家研究委员会和国家航空咨询委员会,但意识形态遗产其实更为宝贵。联合主义支持者宣称美国资本主义的弱点在于过度的竞争。过度竞争诱发了非理性的短视行为,让企业高管们无法获得足够的信息来同时确保总体利益和自身利益。这种失败阻碍了技术创新,而胡佛认为技术创新是资本主义的优势之一,尤其是非常成熟且重要的行业。在 1921 年到 1928 年担任美国商务部部长期间,胡佛通过标准局和商务部在纺织、建筑、无线电和航空等行业推行了建立自愿协会的措施,以推动工业研发。联合主义愿景也启发了其他团体在正式政府结构之外开展类似的工作,例如国家研究委员会的工程和工业研究部门。

商业舆论法庭是保守主义和联合主义斗争的主要场所。尽管胡佛部长努力增加商务部的预算,并为获得预算展开了一些内部斗争,但他和梅隆的愿景都没有向联邦政府提出过多的要求。然而,联合主义需要竞争者相互合作,并与政府技术部门合作,以建立全行业的研究计划和专利池,甚至要求整个工业界联合起来,以组建庞大的协会来支持学术科学研究。这是一个艰难的过程。尽管展开了积极的宣传,但很少有公司意识到胡佛部长及其下属定义的合作利益。不过,种子已经播下,并将在未来 10 年内开花结果。

1929 年的经济大萧条让大多数美国人明白,胡佛显然严重低估了资本主义的缺陷。突然让高达四分之一劳动力失业的制度似乎需要彻底的改革,而不是简单的修修补补。尽管胡佛本人无法接受这个普遍的认知,但许多联合主义支持者表现出了扩展胡佛愿景以应对危机的意愿,并在新政早期的立法方面做出了最大努力,例如 1933 年的《全国工业复兴法》和《紧急铁路运输法》。通过这些法案,国会向白宫下放了极其模糊但广泛的权力。改进的新联合主义要求政府将行业协会组织起来,并赋予它们协调经济活动的强制权。科学和技术政策企业家,包括麻省理工学院校长卡尔·康普顿和国家研究委员会的莫里斯·霍兰,试图利用这个框架进行合作研究和信息交流。他们认为,这种授权将有助于抑制短视的减薪竞争,鼓励企业参与技术竞争,从而创造新的就业机会,提高薪酬水平并推动长期的生产力发展。

然而，包括铁路、钢铁和纺织等"不景气"行业的公司和劳工在内的人认为，技术创新往往意味着固定资本贬值和工人流离失所。因此，他们试图借助协会的权威来延缓创新步伐，以保护自己。虽然联合主义新政存在的时间有限，而且涉及的经济政策十分零散，但证据表明，保护主义支持者相比康普顿和进步论者更充分地实现了自己的目标。当然，这是大众的感受。在国家复兴管理局于1935年解体时，政府应该采取措施减缓创新步伐的观念也随之失去了支持者。然而，一些"小型国家复兴管理局"从废墟中站了起来，并于接下来数十年在特定行业发挥了监管作用。例如，铁路行业因为监管保护避免了技术竞争对手的冲击——延缓了衰退，也避免了崩溃。

改革自由主义也有对应的保护主义思路。改革自由主义是新政初期联合主义在行政部门的主要竞争对手。改革自由主义相比联合主义更敌视保守主义，支持者将经济灾难的责任完全归咎于资本家本身。他们认为，当自我利益与公共利益相悖时，公司不会也不可能为公共利益献身。所以，政府必须代表公共利益进行介入，但这并不是为了取代市场，而是为了帮助市场发挥潜力。改革自由主义理想中的政府灵活且专业，能够在不同工业部门应用针对性的解决方案。因为担心技术性失业，部分改革自由主义者认为应对经济大萧条的首选解决方案应当包含借助政府权力调节创新的步伐，以改善"适应"过程（社会学家威廉·奥格本定义的术语）。虽然机器税等强硬的保护主义计划并没有真正取得显著的进展，但这种情绪确实帮助加强了工资和工时监管，分散了机器留给人们的工作。

借助政府加快工业创新步伐，以创造新的就业机会，而不仅仅是分享现有的工作岗位，这是改革自由主义更重要的一种思路。改革自由主义的支持者相信，技术突破创造的新产业可以吸收因为现有工艺改进而遭淘汰的工人。田纳西河流域管理局是改革自由主义政府愿景的早期表现，据称田纳西河流域管理局的"磷酸盐哲学"

曾创造了一个新的化肥产业，赋予了贫困农民更大的市场力量，推动了承诺的落地。在1937年到1938年的"罗斯福衰退"之后，改革自由主义的影响力达到了顶点，因为总统支持调查日益集中的经济权力。负责反托拉斯的助理司法部部长瑟曼·阿诺德实施了调查计划，而调查结果抨击了大公司凭借实施全国大部分研发工作而获得的专利垄断地位，也揭露了建筑业推行现代化的障碍，特别是那些行业工会造成的阻碍。

然而，在政府改革自由主义兴起的同时，国会保守主义力量重新集结。1935年国家复兴管理局的垮台、1936年竞选的激进承诺，以及1937年的法庭斗争，为1937年年底保守主义趁经济下滑之际指责新政准备好了条件。与1933年不同，1938年的国会拒绝向总统移交权力。改革自由主义立法——例如阿诺德的专利议案——因为意识形态的两极分化而停滞不前。国家临时经济委员会毫无效力的议程就是典型例证，国会的不妥协让阿诺德感到沮丧，于是他把政策主张带到了正在被"新政支持者"（改革自由主义者的自称）重新占领的法院。利用创新的法律和政治战术，阿诺德成功扩展了反托拉斯的范围，并开始赢得针对大型专利持有者的诉讼，打击未经证实的压制和限制专利许可等行为。第二次世界大战的动员打断了阿诺德的攻势，因为军事当局为自己的大型承包商提供了豁免，其中包括众多阿诺德的目标。然而，随着战争的平息，阿诺德的继任者温德尔·伯奇基本能够实现其目的，即确立技术竞争中公共利益拥有高于专利产权的地位。接下来的数十年中，美国的高科技公司适应了新的法律环境，减少了对专利和外部技术采购的依赖，更专注于内部研发和建立技术领先优势。这种适应为创新型小企业发展提供了空间。

阿诺德攻击建筑业工会（以及材料制造商、分销商和承包商）的行为属于更广泛的改革自由主义努力的一部分，目的是改造住房业，建立一个更创新、低成本、高就业且支持大规模建造的产业，就像汽车制造业一样。联邦住房管理局的迈尔斯·科林认为，为了给住房业的亨利·福特们铺平道路，政府应该促进研发，重组抵押贷款市场，扮演好创新住房产品明智买家的角色，并打破垄断。科林关于住房融资改革和公共住房项目的想法与哈佛大学经济学家阿尔文·汉森不谋而合，汉森认为联邦政府需要发挥投资银行家的作用。根据汉森解读新凯恩斯主义的分析结果得出的逻辑结论，政府需要实施积极的公共投资，特别是在快速的技术创新似乎遭到了扼杀的住房等领域。凯恩斯主义观点认为，投资短缺并非源于企业的恶意，而是政府可以提供补偿的机械故障。然而，类似专利改革和新政后期的住房计划，除了金融变革，都遭到了国会保守派和战争的阻挡。更令人意外的是，阿诺德的建筑业反垄断诉讼也陷入了困境。那些认为宽松的专利法有利于保护公共利益的新政大法官们同时相信更严格的劳动保护法符合公共利益，尽管工会可以延缓技术创新的步伐。然而，美国仍然在第二次世界大战之后迎来了住房建设领域的技术变革，这主要得益于政府主导的住房融资创新以及普遍的经济繁荣。巨大的成功，再加上战时经验，鼓励凯恩斯主义者放弃了被改革自由主义视为核心的经济机构重组。

当然，战争改变的远不止凯恩斯主义者的政策偏好。许多走下战场的美国军官热衷于新设备，并强烈希望建立能够设计、生产和交付此类设备的国家安全主义政府。这些观点标志着一个惊人的转折。在两次世界大战之间，美国军队规模小且技术落后。在慕尼黑会议之后，罗斯福总统将工作重心从经济复苏转向了战争准备，结果发现美国的军事机构严重落后于民用经济。讽刺的是，在新政左转的时候，那些开始偏向保守主义的联合主义支持者填补了空缺。华盛顿卡内基研究所所长范内瓦·布什与罗斯福总统都是支持英国的积极分子，而罗斯福总统认为布什是富有创造力和能力的管理者，能够确保美国主要的学术和企业实验室展开合作，共同致力于实现军方目标。随着法国的沦陷，国会反对为总统提供紧急授权的声音减弱，并在珍珠港事件后彻底消失，而作为总统代表的布什成了科技政策的关键决策者。布什反对严苛的军事技术局制度，他的政策主张推动建立了以委员会为基础的公私合作关系，例如国家防务研究委员会与合成橡胶研究项目等，而这些组织和项目的建立很大程度上归功于联合主义愿景。受政府资助并强力推行的资本投资的带动，美国汇集了私人技术资源和知识产权，在化工和电子等主要行业实现了非凡的科技进步。

布什一方面抵御了军方传统主义顽固派阻止平民进入军事系统并发挥影响力的压力，另一方面也坚决抵制了改革自由主义借助战争建立与军事产品没有明确联系的大型政府主导技术发展项目的企图。副总统亨利·华莱士曾试图赢得一场国内和国外的"双线战争"，以实现众多目标，包括建立可以支持和平时期经济和军事发展的政府技术能力。改革自由主义者的努力，例如战时生产委员会的生产研究发展办公室不仅遇到了来自布什的阻力，而且受到了战时生产委员会象征性年薪工业界借调人员、国会保守派和军事机构的阻挠。商务部部长华莱士在第二次世界大战之后提议将生产研究发展办公室等类似组织永久化，但该提议的命运更糟糕。随着战争紧急状态的结束，国会再次成为制定科技政策的主要舞台。拨款人削减了商务部的预算，而授权法案从未进入投票表决阶段。

相较于华莱士，布什的军方对手在第二次世界大战刚结束之际的经历更令人满意，但也只能称得上一种程度的满意。国家防务研究委员会在战争期间的成功激发了军方实施技术项目的热情，但这些项目的规模和复杂性远远超出了布什认为必要的范围，并且军方获得了远超他认为适当的控制权。空军和海军在1950年实际控制了原子能委员会，粉碎了改革自由主义支持者的希望。他们本希望政府领导的民用原子能工业能够复制田纳西河流域管理局的成功。但是，国家安全主义政府倡导者的其他计划，尽管得到了保守主义和凯恩斯主义国内项目倡导者的支持，但遭到杜鲁门总统设定的严格预算限额的限制。例如，远程导弹和超级航空母舰计划始终停留在纸面，成了预算紧缩和五角大楼激烈内部冲突的受害者。即使勒梅将军的战略空军司令部拥有空军最高优先级别的项目，也不得不应对资金短缺的问题。朝鲜战争爆发之前，财政紧缩政策仅仅在1948年春"战争恐慌"之后出现了一次松动。这种情况下，以参议员塔夫脱为首的国会保守派宣称，如果他们认为必须批准国防预算，他们宁可选择高科技项目，而不是新兵训练营。然而，大多数情况下，保守派选择"一毛不拔"，不时引发军方高层的暴怒。

第二次世界大战结束后，布什自己同样体验了更多痛苦，而非快乐：他被挤出了军事领域；在《科学，无尽的前沿》中提出的组建非政府专家控制的政府机构以赞助学术研究的计划遇到了挫折。国家科学基金会的僵局，虽然因为海军研究局、原子能委员会和国立卫生研究院慷慨赞助高校的行为而有所缓解，但这个僵局本身直到1950年才被打破。布什建立国家科学基金会的联合主义愿景在最后的行政安排中做出了妥协（即使不是实际妥协，也只落在了纸面），但最终组建的机构也与布什的主要竞争对手参议员哈利·基尔格的改革自由主义愿景相去甚远。国家科学基金会的妥协意味着老派联合主义和改革自由主义支持者最终找到了新的共同点，而且与政府在1950年春季推进的风险投资计划有相似之处。两个团体都认为政府在第二次世界大战结束后提供给小型高科技公司的资本援助存在不足，但他们在如何弥补不足方面存在分歧，因此保守主义期待的状况得以维持。由于繁荣的战后经济，这种僵局没有造成想象中的严重后果。1949年的投资锐减最终促使人们采取了行动。经济顾问委员会的利昂·凯泽林放弃了作为改革自由主义愿景核心的公共投资理念，提出了一项通过贷款担保、税收减免和放松管制刺激私人投资的计划，以缓解小企业的资本压力。这个凯恩斯主义术语表述的一揽子计划吸引了参议员拉尔夫·弗兰德斯等人，他们在20世纪30年代末和40年代离开了联合主义，转向了温和的"商业凯恩斯主义"。弗兰德斯倾向于政府谨慎应对经济变化，并且赞成在真正需要政府刺激的时候实施减税而非增加开支的措施。这种立场并不排除积极的措施，但依赖于周密的经济状况监测，以及第一时间向私营部门发出"强烈呼吁"（jawboning）[1]。

弗兰德斯和凯泽林特别同意在劳资谈判中将生产力与工资挂钩的政府"呼吁"，因为这种联系能够确保消费者、投资者和工人共同分享技术变革的成果，并帮助维持健康的宏观经济环境以刺激投资活动，包括研发投资。1950年全美汽车工人联合会与通用汽车公司之间的协议为这种生产力交易树立了典范，并得到了广泛推广。劳资双方关系的调和，加上学术科研机构和风险资本对市场失灵范围的认知趋于一致（尽管面对保守派的反对），标志着1950年上半年可能是一个"长期繁荣"时代的开始：公司将因为战时和战后研发成果创造的民用技术机会而受益。阿尔文·汉森对"长期停滞"的担忧（20世纪40年代末也曾有人表达过类似担忧）逐渐减退，结构性经济改革的理由也随之消失了。

朝鲜战争突然改变了一切。早在1950年，国家安全主义政府的倡导者就已经开始为增加国防开支而提出有力的论据，国家安全委员会第68号文件就是一份总结，而朝鲜战争提供了超乎想象的强力论据。不仅军事预算限额被报复性地取消了，而且军事开支从1950财政年度的130亿美元飙升到了1952财政年度的600多亿美元，最

---

[1] jawboning是美国俚语，指通过口头劝说或公开表态来影响他人的行为或态度，常用于政治和经济领域中。——编者注

终定格在 400 亿美元左右。和原来一样,新的限额源于那些宁愿收紧"钱袋子"的保守主义和希望资助国内项目的凯恩斯主义支持者。但这两个群体都调整了自己的理想,以应对大规模军事预算代表的新现实。与他们在 1948 年的选择相同,保守派敦促美国采用偏向战略武器的国防立场。他们似乎认为这样的战略能够产生更多效益,而且与更大规模的地面作战部队相比,与外国纠缠构成的威胁相对较小,对国内自由的限制也较少。国务卿杜勒斯将战略武器编入了"大规模报复"理论,而这种理论需要依赖雄心勃勃的技术努力,以及防空系统、洲际弹道导弹以及 B-52 轰炸机和氢弹等成果。凯恩斯主义支持者同样承认了军事开支的必要性,并发现了军事开支带来的收益。他们宣称,国防预算可以通过提供需求来刺激经济并收获偶然性回报,国防研发也可以通过科学和技术的溢出效应来推动民用工业发展而获得意外收获。

到朝鲜战争结束之际,空军成了美国国家创新体系中最重要的机构,对原子能计划和一系列物理与工程学科的学术研究以及航空、电子和大量次要行业不同规模的承包商都产生了重大影响。然而,空军的发展道路并非一帆风顺,同样经历了堪比过山车的起伏,原因在于国内经济和政治考虑,以及苏联威胁或外部技术突破导致的冲击。不过,得益于参议员塔夫脱的保守主义联盟,空军在争夺国防预算的斗争中始终占据优势。空军与承包商和学术科学家的技术合作关系反映了布什的战时联合主义理念,并利用了凯恩斯主义的分析和溢出效应理念来证明开支规模的合理性,特别是科技方面的开支。

第八章 以古鉴今

重新审视理论论点

科技政策从常态到新面貌的历史演绎，提高了理论解释的标准。无论是交易成本经济学，还是自由社会分析法，这两个主导美国技术创新治理变革研究的传统都无法满足要求，因为两者都围绕着传统历史记录构建，只能用来为明显的简单模式寻找原因，都带有一丝必然性的意味。所以，上述两种理论传统都不适合解释那些因为更全面的历史叙述而显得混乱甚至矛盾的复杂模式。而且，两种传统理论存在一个共同的缺陷，那就是对政治机构和政治进程的信任度太低。我将关于科技政策的理解置于美国政治发展的大背景中，以发掘更深层次的内容。尽管远称不上完整，但这种方法特别有助于我们理解现实结果的混合特质。整个研究过程中，这种方法提供了更令人满意的评估，解读了在动荡的数十年中那些试图重塑科技政策的企业家们设想的另一种可能性。

交易成本经济学断定效率决定治理结构。例如，美国公司依靠企业中心实验室而不是外部承包商实施研究计划，所以此类传统的学者得出结论称中心实验室的效率更高。如果将各种制度形式置于竞争激烈的市场，展开严格的相互检验，那么这种论点十分正确。然而，如果替代性制度的产生受到了限制，且选择压力相对较弱时，效率就无法提供令人信服的解释。制度实验受到的限制源于美国三权分立的政治体制以及公民社会的力量，因此任何政府愿景都不太可能获得单独试行的机会。例如，由于政治和经济领域的反对力量，并没有足够多的行业成功建立联合主义制度，因此这种制度形式的"适用性"从未得到过真正的检验。科技政策的选择环境也偏离了交易成本的假设，因为除了效率，还有许多其他因素会产生影响。例如，有人可能认为第二次世界大战"选择"了有助于盟军胜利的政策。然而，在战争结束后，军事创新体系的所有参与者，包括三个

| 伪造的共识　1921—1953：美国的国家愿景与科技政策之辩

军种，都开始寻求广泛的制度改革，虽然大多出于狭隘的官僚主义原因。即使努力按照效率因素做出决定，政策制定者也有可能因为效率的含义而产生分歧。哈利·基尔格认为，国有企业可以做出巨大的经济贡献，而私营公司的影响会拖累联邦研发项目的进展；范内瓦·布什认为，身处公务员队伍的科学家们无法跟上科技发展的步伐，而私营部门的决策者们只有对公共研究议程拥有实质性发言权之后才会关注经济需求。私营企业主的决断具有前瞻性，但能够帮助他们重新评估决断的反馈远不够全面。

自由社会分析法认为，美国的政治文化仅支持最小规模的政府。20世纪20年代的"保守主义共识"和50年代的"战后共识"被自由社会观点视为同一现象的两个变体，自由社会分析法无法详尽解释两个"共识"之间的差异，也无法区分政策制定者构建的与市场经济兼容的一系列方法。从1921年到1953年，美国展开了在经济大萧条前让保守主义支持者震惊的政策试验，创造了政府重要而持久的技术创新管理能力。例如，瑟曼·阿诺德的反托拉斯攻势推动了商业惯例和工业组织的巨大变革。在冷战初期，国家安全主义政府收获了一系列非凡的科技资产，包括国家实验室和专门的承包商。讽刺的是，自由社会分析法是保守主义国家愿景的镜像，将众多权力归于保守主义名下。保守主义支持者过分关注现有政府的权力，却忽视了政府放弃的许多权力，而自由社会分析法只看到了政府的影子，却忽略了实际存在的政府的巨大影响力。

与传统经验理论一样，交易成本经济学和自由社会分析法公认的理论智慧为理解美国科技政策史提供了一个良好的起点。如果有理论宣称能够解读这段历史，但忽略了特定政策下的经济经验或自由市场信仰，那么这种理论将无法保证解读的准确性。但是，公认的智慧必须继续完善和扩展。经济经验通常容易受到不同解释的影响，异常复杂的市场因素（包括政策性的和非政策性的）无疑会进一步增加难度。此外,自由市场也是一个模糊的概念,在私营部门已经成为重要的经济组成部分的当今世界尤其如此。

借鉴自由社会分析法,我的研究方法从思想入手,但反对认为存在霸权主义共识的观点。诚然,在20世纪中期的美国,所有可以影响科技政策的重要人物都不认为政府是优于市场的经济组织者。然而,只有其中最保守的人才认为,市场为创造全新的科学知识和技术而形成的机构无法进一步改进。他们争论的问题是,政策如何帮助改善市场运作,以及政策如何帮助市场体系充分保护自己并避免外敌的伤害。即便存在自由主义共识,这种共识也如此模糊,以至于无法为应对上述挑战提供任何权威性指导。围绕发展原子能的冲突提供了一个自相矛盾的例子。国家安全主义和保守主义支持者看到了民用反应堆研究的军事意义,因此认为允许私营部门开发相关技术过于危险;改革自由主义者同意交由政府展开相关研究,但希望政府能够尽可能广泛地传播研究成果,以便制造商和公用事业公司能够参与其中并通过相互竞争提供技术改进。在专利方面,共识也几乎毫无意义。保守主义的拥趸认为知识产权是个人利益和社会利益的神圣结合,联合主义则坚持只有通过强制专利池限制此类权利才能实现个人和社会利益的最大化。

美国存在众多自由主义概念。在20世纪20年代、30年代、40年代和50年代,我注意到了其中的5种:保守主义、联合主义、改革自由主义、凯恩斯主义和国家安全主义。每种自由主义概念的追随者都会依赖不同的因果故事解释经济和国际体系变化,这些解释反过来推动政策企业家提出了独特的科技政策建议。例如,凯恩斯主义支持者认为1937年到1938年的"罗斯福衰退"是总需求不足的结果,因此主张增加联邦投资开支,包括科技投资。相比之下,保守主义认为经济衰退源于过多的政府干预,要求缩减预算以恢复商业信心。与此同时,改革自由主义坚持经济衰退是企业过分贪婪

| 伪造的共识　1921—1953：美国的国家愿景与科技政策之辩

导致的后果，因此提议严格监督大公司的技术活动，并实施新技术公共投资项目，与凯恩斯主义的赤字开支存在共同点。但是，第二次世界大战之后两个阵营的政策建议存在巨大分歧，表明两种观点依赖的因果故事不能互换。改革自由主义认为，战后的通货膨胀与战前的经济衰退一样，都是公司遇到瓶颈和短视的结果，并相信增强政府技术能力可以提供适当的应对。相比之下，许多凯恩斯主义支持者认为通货膨胀源于被压抑的需求，并主张限制所有联邦开支，不考虑项目的具体目标。

美国政治机构分散的结构促成了这种思想多样性，而多样化的思想也加强了这种结构，为政策企业家提供了众多机会。我的研究对象都竭力追求各种机会。毫不奇怪，总统的青睐令人垂涎。布什认为自己的成功主要受益于罗斯福总统坚定的支持，而华莱士最终失去了他服务的两位总统的信任。赢得国会的支持，特别是党派领导人的支持，例如参议员瓦格纳或参议员塔夫脱，有时甚至更加重要。一方面，尽管总统反对，但勒梅讨好和争取国会保守派的努力为空军的高科技项目赢得了预算；另一方面，尽管得到了总统的支持，阿诺德的专利议案从未赢得批准需要的倡议者和多数支持。阿诺德转而向法院寻求帮助，但只获得了有限的成功。司法部说服了联邦法官，成功推翻了国会对手们坚信的专利法理论，但针对建筑行业工会的诉讼被最高法院驳回了。监管机构也为政策企业家提供了空间，例如康普顿努力劝导国家复兴管理局规范主管部门授权开展联合技术。科技政策企业家们也试图说服私人精英和公众，而不仅仅将其作为游说当选官员战略的一个组成部分。如果私人科技资源能够通过私人决策服务于公共目的，会产生更好的效果。例如，胡佛的标准局发起了一场公共关系运动来推动工业研究自愿合作。

为了在特定政治机构推行自己的想法，科技政策企业家们动员了那些与其政策建议具有共同利益的盟友，也包括意识形态利益。通常情况下，科技政策建议构成了更广阔的国内或外交政策方案的一部分，而这些方案来自共同的自由主义概念，并得到了跨越多政策领域联盟的支持。例如，除了科技领域，胡佛的追随者甚至努力推行联合主义理念来应对农业、贸易甚至道德问题。联盟也可能建立在物质利益之上。例如，尽管许多学术界科学家在20世纪40年代末毫无疑问地关注国家安全，但其中的大多数似乎都在寻求军方的赞助和支持，主要目的是确保研究资金，以推动自己的事业。科技政策的物质利益不一定十分明显，因此政策企业家们如同传教士一样工作，努力寻找潜在的盟友，即这些科技政策建议可能的物质受益者。例如，经济发展委员会试图说服公司高管，谨慎积极的政府有利于商业，特别是能够通过向创新型小企业提供资本等措施弥补市场失效的政府。政策企业家们也努力挖掘并试图塑造政治和官僚利益。杜鲁门总统在1948年支持增加军费开支，部分源于孤立副总统华莱士的意愿；陆军反对空军和海军的"威慑"战略，部分原因是陆军指挥官担心推行"威慑"战略将导致分配给陆军的拨款和任务锐减。

没有一个公式可以简单而明确地阐述决定科技政策企业家成功与失败的想法、利益和制度。性格魅力和时机似乎非常重要。布什与哈里·霍普金斯以及后来在1940年与罗斯福建立紧密关系的能力给我留下了最深刻的印象，国家安全委员会第68号文件与朝鲜战争的巧合紧随其后。战术选择有时也能发挥作用，例如1946年为通过《国家科学基金会法案》，支持方计划寻求妥协，但反对方的战术选择成功防止了妥协的出现。然而，并非所有事情都具有偶然性，例如国会表现出明显的保守主义倾向。只有在大多数国会议员认为国家面临严重危机的时候，例如1933年、1940年、1948年和1950年，其他派系的科技政策企业家才能感受到立法部门对自己事业表现出来的友好。造成这种偏好的第一个原因可能是国会有利于维持现状的投票和资历规则。第二个原因可能是，这个时期的科技组织，包括学术机构和公司，都高度集中在美国东北部和中西部，因此国会倾向于接受那些明显有利于地理区域间利益平衡的议案。第三个原因可能是复杂的科技政策增加了议员们获得足够信息的难度，因此他们不愿意采取行动。这种猜测导致了更复杂的自由社会分析法表述，即政府机构的特定特征与政治文化相互作用，促使政策结果偏向于保守。

另外，总统相比国会更有可能接受政府应该在科学和技术方面有所作为的观点。当然，总统的领导力在国家安全问题上没有特别突出的表现，不过其在20世纪20年代到50年代得到了增强。总统也无法避免选民以国家经济表现作为评判标准，这或许是激励总统承担风险以追求经济稳定和增长的因素之一。胡佛总统任期内的经济瘫痪提供了一个有趣的反例，不过原因可能是总统最初对危机深度以及政治联盟中保守主义力量的错误认知。毫不奇怪，法院似乎总在滞后地跟随总统。从1933年到1953年，民主党对总统职位的长期把控逐渐促成了有利于改革自由主义政策企业家的司法系统，提供了一个具有吸引力的替代方案，让他们免于艰难地寻求国会许可以施行无须联邦资助项目的麻烦。监管机构的情况各不相同。某些行业的监管机构类似行业协会，例如铁路行业，会对监管的利益作出回应；但在电力行业，改革自由主义和国家安全主义的支持者加快了技术发展步伐，并最终促使私营部门采用了联邦资助的创新。

政治机构对特定理念的偏好暗示了在该机构建立多数联盟的要求和社会利益在此类联盟中的分量，以及理念和利益的平衡程度。例如，在国会通过一项议案十分困难，议员们通常会受到商业意见的强烈影响。商业界对科技政策的观点，虽然不会一成不变，但经常偏向于保守。不过，有些时候其他政府愿景似乎更有可能促进商业利益。例如，1933年，即使贝尔实验室的弗兰克·朱厄特——一位典型的保守主义支持者——也赞同联合主义；1940年，朱厄特又成了一位支持战争技术动员的领导者。不过，这些转变只是暂时行为，取决于政策经验。以朱厄特为例，1933年紧急立法的失败以及随后的向左翼偏转让他对联合主义实验感到失望。其战争期间的经历更令人满意：尽管朱厄特提议成立国家科学基金会，但贝尔实验室在冷战早期仍然是一个主要的军事研发承包商。至少在和平时期，劳工在行政部门的影响力通常超过了国会。与商业利益一样，科技政策中的劳工利益既非单一利益也非固定利益。劳工倾向于改革自由主义观念，特别是产业工会联合会。例如，全美汽车工人联合会的沃尔特·路则支持改革自由主义的住房计划，部分原因在于他认为汽车工人可以组装房屋。全美汽车工人联合会曾在战争期间组织工人参与飞机制造，因此期望在同样的工厂中建造预制房屋。然而，随着改革自由主义理念在20世纪40年代末的衰落，路则投身凯恩斯主义，赞同政府大力增加研发开支，忽视了基层员工对技术性失业的担忧。

　　赢得任何特定利益支持的政策后果，不仅取决于该利益在特定机构的分量，而且取决于该机构相对于其他机构的权力。总统有时几乎不会受到国会的质疑，其他时候则几乎与国会程序毫不相干。在战争和经济大萧条时期，总统的权限得到了扩展，为改革自由主义和国家安全主义倡导者提供了改变现状的最佳机会。国会在1937年到1938年经济衰退、第二次世界大战和朝鲜战争的僵局之后继续坚持自己的立场，不断重新确立保守主义的主流地位。在有些政策领域，法院和监管机构拥有强大的权力，行政和立法部门则会服从。国会和总统有权推翻战后专利和反托拉斯法的相关裁决，但他们没有这样做。同样，两者都支持——至少在一段时间内——国家复兴管理局为实现经济复苏做出的努力,而最高法院最终结束了这种努力。

总之,相比公认智慧考虑的内容,科技政策制定过程涉及的要素要多得多,也复杂得多。许多企业家需要在接受能力和权力各异的不同"舞台"寻求各种利益的支持。我并不是说这种情况完全无序,只是说在这种情况下发生任何事情都有可能。有的时候,这个过程十分开放,有的时候则会陷入长时间的实质性僵局。除此之外,科技政策制定过程的复杂性也让人们相信,任何一种政府愿景都不可能取得完全的胜利。如果把政策制定过程看作一个选择环境,那么所有选择都是混合体,不过是某种愿景或者另一种愿景多一些的替代方案。

鉴于这些考虑,我们应该质疑这样一个假设:如果没有如此庞大且强大的国家安全主义政府,联邦政府或许从一开始就会实施重要的民用技术发展计划。亨利·华莱士的改革自由主义计划早在朝鲜战争爆发和军事研发开支飙升之前就被拒绝了。凯恩斯主义的支持者肯定会提出增加联邦开支的倡议,但如果没有军事研发开支外溢效应的例子,我们将无法确定他们是否会倡议给予研发足够的重视。相比强调国家安全的政策,国会在制定适用于美国国内的科技政策时更有分量,这会进一步降低政策结果大幅偏离现状的可能性。有些社会利益可能会被动员起来支持民用技术政策,特别是因为这种情况被削减军费开支的那些群体,例如飞机制造业(20世纪40年代飞机制造业曾确实要求政府资助客机项目)和学术科学家。然而,这些利益很难促成一个足以动摇国会的广泛联盟。20世纪50年代初的军事开支或许避免了经济衰退,而经济衰退将推动联邦微观经济计划的支持率重新上升。但是,想象一下,如果没有朝鲜战争,国家安全主义的规模可能会小得多,那么最合理的混合体将是更保守的研发开支政策。

另一个值得深思的假设是范内瓦·布什的缺席。布什能够与总统建立十分紧密的联系，并顺利处理与军方和国会的关系，他甚至获得了建立一个打破惯例的机构的授权，该机构花费了数亿美元，并扼杀了其竞争对手。很难想象卡尔·康普顿、詹姆斯·科南特或弗兰克·朱厄特能够复制这些功绩。当然，类似亨利·华莱士的改革者，由于他们在科学机构中的位置，他们很难获得布什收获的具有军事意义的科学和技术成果。如果布什在1939年去世，我认为军方的局级技术机构很可能获得更充分的发展，而不会像现在一样与学术界和工业界的科学家和工程师建立密切的关系。尽管此类军事技术机构的成效可能媲美布什设计的系统，但盟军仍然会赢得战争，这个结果不会改变，因为美国压倒性的工业产出才是根本。一个层级更多、效率更低的战后国家安全主义政府似乎将成为这种情况下可能的结果。

适度的概括：战后混合体的进一步演变

抛开上述与事实相悖的推测，将时间从第二次世界大战结束延伸到现在，我可以证明我的科技政策史研究方法的效用。不过，这种证明不能只是基于二手资料的简略描述。即便如此，事实表明，20世纪中期激励美国科技政策企业家的想法一直持续到了世纪末，并且这些企业家的遗产对继任者来说属于有用的资源，而且想法变成政策的过程中出现的变化小于人们的想象。随着冷战后的世界格局于20世纪80年代和90年代逐渐形成，也是现在集中讨论的20年，20世纪初关闭的一些渠道又重新开放了。虽然有些重要的新元素，但最近的科技政策辩论不应理解为"战后共识"的破灭，而是新条件下旧冲突的重现。

| **伪造的共识**　　1921—1953：美国的国家愿景与科技政策之辩

国家安全主义的黄金时期持续了大约 15 年。1957 年苏联率先发射人造卫星带来了类似于朝鲜战争的冲击，进一步扩大了国家安全主义政府愿景的影响。之后，总统获得了一位科学顾问——最初为了裁决不同军种间技术争端而设立的职位，国会成立了科学委员会来推动新的太空计划。尽管属于民事机构，但美国航空航天局严重依赖国家安全因素，衷心拥护"溢出"概念（美国航空航天局称为"外溢"），并雇用了许多从事国防研发的公共和私人实体。20 世纪 50 年代末和 60 年代初，国家安全不仅是美国航空航天局获得资助的理由，也是推动国家科学基金会大规模扩张以及其他许多项目的主要原因。美国国防部内部成立了高级研究计划局，意在超越狭隘的军种利益，全面利用未来技术。高级研究计划局和其他集中化措施对于减少詹姆斯·库尔特（James Kurth）所谓的"后续"命令或琳达·科恩（Linda Cohen）和罗杰·诺尔（Roger Noll）定义的"技术性政治拨款"没什么作用，因为这些措施会不断地产生新的武器系统，让军官、国防承包商和国会议员感到高兴。随着肯尼迪和约翰逊当选总统以及民主党在国会席位的继续增加，保守主义对国防预算构成的影响力逐渐减弱。陆军和海军冲击了空军的主导地位，但此时所有军种都十分热衷于追求科学和技术。导致越南战争灾难性结果的原因很多，其中之一是美国军方普遍认为技术优势是保证战斗力最重要（甚至可能是唯一）的属性。国防和太空技术项目投资在 20 世纪 60 年代末达到顶峰，然后在接下来十年的大部分时间中趋于稳定。[1]

约翰·肯尼迪总统让美国"再次前进"的努力也激发了科技政策领域的改革自由主义和凯恩斯主义政策企业家，他们提出采取积极的劳动力市场政策以帮助适应技术变革、投资税减免和更积极的反托拉斯执法等建议。商务部助理部长赫伯特·霍洛曼（Herbert Holloman）领导了将联邦研发资金用于支持纺织和建筑等老工业的努力。霍洛曼尝试利用现有授权为他的民用工业技术计划提供资金，但遭到了众议院拨款委员会的拒绝。最激烈的反对者正是该计划意图资助行业的发言人，他们宣称该计划将重复并取代私人部门的研发。面对保守主义的反对，政府其他成员支持的凯恩斯主义举措，例如1964年施行以消费为导向的减税政策，似乎提供了温和的经济政策替代方案，与20世纪40年代末类似。尼克松总统寻找"美国阿波罗"（太空计划）的努力也遇到了相似的结果。威廉·马格鲁德（William Magruder）曾担任夭折项目——超音速运输计划的项目主任，很快遇到了保守派的反对和宏观经济预算的限制。尼克松总统曾在1972年国情咨文中承诺实施"重大举措"，但将一揽子计划提交国会之前，重大举措就被缩减成了两个无足轻重的实验性项目。[2]

在20世纪50年代、60年代和70年代，公共卫生和环境保护成了联邦科技政策关注的重点，甚至被赋予了与国家安全和经济增长相当的重要性。尽管第二次世界大战之前联邦政府已经制订了资助生物医学研究的适度计划，而且在战争期间进一步推动了计划的实施，但该计划直到20世纪50年代中期才真正"起飞"。在美国国立卫生研究院院长詹姆斯·香农（James Shannon）等政策企业家的推动下，加上国会主要议员的支持，虽然受到了白宫的反对，联邦生物医学研发预算在接下来的10年中保持了两位数的增长速度，并于1968年突破了10亿美元大关（是美国国家科学基金会的3倍）。美国国立卫生研究院资助了全国范围的学术医疗中心，而不仅仅是传统优势地区的学术医疗中心。"病患团体"提供了大量"大嗓门"且分布广泛的社会支持者，作为高校的补充。20世纪60年代末，联邦政府也开始在环境政策方面发挥自己的作用。决策者们没有直接提供研发资助，主要通过颁布法规来应对环境问题。尽管有些人将这种政策解释为公众放弃了新技术幻想的表现，但哈维·布鲁克斯（Harvey Brooks）指出，国会和总统只是选择了一种天真的信念，认为技术创新可以减少对环境的破坏,而没有控制技术冲动。将以公共卫生和环境保护为目标的科技政策纳入我建立的理论框架并不容易,尽管"军事–工业"和"医疗–工业"复合体以及国家安全与健康安全之间存在有趣的相似之处。国家卫生研究院是一个特别成熟的历史研究对象。[3]

1973年的石油冲击最初引发了与1957年的人造卫星冲击类似的政策反应。由于认定国家安全受到了威胁,理查德·尼克松总统任命了一位能源"沙皇",并启动了雄心勃勃的技术发展计划。技术发展计划在1979年第二次石油冲击后达到了顶点:在吉米·卡特总统的要求下成立了联邦合成燃料公司(Federal Synthetic Fuels Corporation)。然而,20世纪70年代的经济困难让政府忽略了能源依赖问题。由于战后生产力增长停滞引发了困惑,卡特总统在1979年提出了一系列建议,包括加速投资折旧、加强专利激励、放松反托拉斯执法,以及放松管制。这套方案反映了经济发展委员会认可以及科学顾问弗兰克·普雷斯(Frank Press)在政府内部推广的温和凯恩斯主义理论。然而,根据政策分析家克劳德·巴菲尔德(Claude Barfield)的观点,卡特团队内部绝对存在不同的声音。总统还提出了新的"通用技术"研发计划,以支持改革自由主义模式的工业,以及组建由三方组成的高级别经济振兴委员会(Economic Revitalization Board),以协调并同步联邦经济发展政策。不过,卡特总统在他任期的最后一年才提出这些倡议,因此很多倡议很快就被束之高阁了。[4]

1980年,新当选的美国总统罗纳德·里根(Ronald Reagan)不得不面对混乱的经济。"滞胀",即通货膨胀率和失业率同时上升的状况,让凯恩斯主义支持者感到困惑和不安。正如经济学家保罗·克鲁格曼所说,"机构没有答案"①。里根为这种混乱提供了一个保守主义的因果故事。他认为政府应当对此负责。里根宣称,源于新政的社会福利政策削弱了为资本主义注入活力的工作和投资热情,同时显著增加了私人产出的税收负担。技术创新在保守主义理论中占据核心地位。如果没有鼓励冒险的措施,经济就会缺乏预算主任大卫·斯托克曼(David Stockman)定义的"智力资本"。乔治·吉尔德(George Gilder)是最迷恋技术的保守主义知识分子,他曾直言不讳地表示:"在美国取得成功的公司承受了所有资本主义国家中最重的税收和最多的骚扰,所受监管的严格程度可媲美反对公共利益的危险阴谋家。"保守主义政策企业家,例如斯托克曼和众议员杰克·肯普(Jack Kemp),指责凯恩斯主义者只会修修补补,却任由整个体系走向崩溃。他们主张全面削减个人和企业的边际税率,而不是经济发展委员会推崇的针对性投资和研发税收激励措施。里根总统将肯普的议案视为任期第一年的最高优先事项,并推动议案在国会获得了通过,尽管在这个过程中总统不得不对广泛的利益集团做出针对性的税收优惠让步(包括研发退税和加速折旧计划)。在开支方面,里根政府成功削减了技术示范项目,但因为其他项目收效甚微,无法弥补减税政策造成的收入缺口,导致预算赤字成了随后政策辩论中的重要话题之一。[5]

除了经济危机,里根总统还感觉到了一场同样需要戏剧性转变的军事危机,因此呼吁大规模增加军事预算并扩充武装部队和国防工业,与1950年国家安全委员会第68号文件的要求相呼应。事实上,推动里根计划的运动中有一个著名团体——应对当前危险委员会。这个团体最初为了支持国家安委员会第68号文件而成立,而第68号文件的作者保罗·尼采是应对当前危险委员会的主要成员之一。

---

① 意思是现有机构或当局无法解释或者应对当前的挑战。——编者注

这些主张重振国家安全主义政府的人主要希望加快现有计划的实施步伐，例如推进战略力量现代化，包括三叉戟潜艇、（可携带 10 枚弹头的）MX 实验性洲际导弹和巡航导弹。然而，这个阵营中来自右翼智囊团和核武器实验室的少数人制订了一个更激进的计划，并且宣称加强激光、计算机和通信等高科技开发能够帮助美国抵御苏联导弹的袭击并建立巨大的优势。早在里根还是总统候选人时，供给经济学的信徒就赢得了他对减税计划的支持；战略防御政策企业家们，包括武器科学家爱德华·泰勒、退役陆军将军丹尼尔·格雷厄姆（Daniel Graham）和前陆军副部长卡尔·本德森（Karl Bendetsen），不得不忍耐数年时间，以等待自己的机会。1982 年到 1983 年冬，由于现代化进程停滞不前，冻结核武器运动蓄势待发，白宫主要工作人员从战略防御中发现了包抄苏联和国内反对派的方法。白宫工作人员绕开军事官僚机构和科学咨询机构，在 1983 年 3 月 23 日策划了总统"废弃和淘汰核武器"的特别公开承诺。国防部部长和国务卿被总统的演讲吓蒙了，泰勒则受邀去了白宫，享受自己的胜利。[6]

少量积极分子提出了战略防御计划。不过，在总统宣布之后，该计划收获了大量的公众支持，甚至引发了席卷政府、军事部门和国防承包商的拥护浪潮。战略防御计划的预期最终成本高达 1 万亿美元，十年期的预算为 690 亿美元，并且承诺在可预见的未来为航空航天和电子工业提供资助。尽管遭到了科学界的强烈反对，国会（包括 1986 年后的参议院）归民主党掌控，而且苏联开始了改革，政府在 1985 财政年度到 1989 财政年度为战略防御计划申请了 250 亿美元的预算，其中 162 亿美元获得了批准，带动美国整体军事研发开支占联邦研发开支的比例从 50% 上升到 70%，在里根第二个总统任期结束时，总额达到了每年近 400 亿美元。战略防御计划的主要反对者认为，国家安全主义政府技术能力的扩张威胁到了国会的制度权威，而且战略防御计划不利于经济，会耗尽学术和民用工业研发的科技资源。[7]

一位公开的保守派总统却持续推动联邦权力的扩张，这种矛盾并没有被明确的民用"工业政策"的支持者忽视。明确的民用"工业政策"是一种新的改革自由主义版本，是"里根经济学"的替代品。工业政策是民主党内部广泛宣传的寻找"新思想"的产物，目的可能是摆脱卡特时期失败的政策遗产。新思想的拥护者，包括麻省理工学院的莱斯特·瑟罗（Lester Thurow）和哈佛大学的罗伯特·赖希（Robert Reich），宣称美国的经济问题源于国内工业没有像竞争对手日本那样实际完成现代化。他们认为，有些部门因为自满和相关勾结而陷入停滞，有些部门的管理层因为与劳工没有结果的冲突无暇他顾，还有些部门则深受无法解决集体行动问题的困扰（其他国家的政府已经帮助国有工业解决了此类问题）。通过发展识别和补贴前景良好的投资项目的能力，以及提供促进合作的论坛，联邦政府也可以克服这些问题。改革自由主义支持者指出，重建金融公司和田纳西河流域管理局等美国新政机构以及日本通商产业省，甚至美国国防部，都是其方法可信度的证明。技术创新，无论升级旧部门还是创造新部门，都是工业政策的一个基本目标。[8]

在里根担任总统的最初几年，美国失业率达到了数十年以来的新高，而且首次超过了10%。与此同时，美国贸易逆差飙升。工业政策企业家们受到了科罗拉多州参议员·加里·哈特（Gary Hart，1984年民主党总统候选人）和国会其他"雅达利民主党人"[①]的偏爱，但也同样受到了来自政府保守主义拥护者，还有类似查尔斯·舒尔茨（Charles Schultze）等凯恩斯主义支持者的严厉攻击。舒尔茨曾担任卡特总统的经济顾问委员会主席，认为解决国家问题应采用宏观经济解决方案，而政府引导的投资将扭曲而不是加强市场。在1984

---

① 主要指住在郊区高档社区且多从事高科技行业的民主党人。——译者注

| 伪造的共识　1921—1953：美国的国家愿景与科技政策之辩

年总统初选阶段，主要的民主党总统候选人放弃了工业政策，最终获得提名的前副总统沃尔特·蒙代尔（Walter Mondale）围绕削减赤字的凯恩斯主义主题展开了他失败的竞选。蒙代尔的失败让工业政策从政治议程中消失了。在里根和布什担任总统期间，工业政策成了"活生生的恶魔"。正如1990年被解雇的国防部高级研究计划局（高级研究计划局的继任者）局长克雷格·菲尔兹（Craig Fields）的发现，被指控实施"工业政策"的官员会受到严厉制裁。尽管从未得到实践检验，民主党人认为工业政策与保守主义时代格格不入，对重点选民特别是商界人士没有吸引力。[9]

　　因此，在里根的第二个总统任期内，反对派重新开启了寻找新思想的旅程，并开始大做公私技术"伙伴关系"的文章。伙伴关系的倡导者，包括惠普公司首席执行官约翰·杨（John Young）认为，政府不应该彻底放手不管经济（保守主义主张），也不应该扩张经济领域的权限（工业政策倡导者的希望），而是应当寻求公司与政府合作，以实现国家经济目标。这有些类似20世纪初的联合主义主张。他们认为，在日本通商产业省通过促进出口和支持技术创新帮助日本汽车公司之际，美国三大汽车制造商和联邦机构却因为环境和劳工法规争执不休。这个因果故事没有把经济困境单独归咎于公司或政府，而是归咎于外国人和美国的整个政治经济体系。这种联合主义观点尤其吸引了民主党领袖委员会，因为该委员会意图扩大民主党对商界和温和派的吸引力。民主党领袖委员会的成员包括部分州长，例如阿肯色州的比尔·克林顿（Bill Clinton，曾担任民主党领袖委员会主席多年），而且其成员坚信公私技术伙伴关系已经在州一级发挥作用。随着20世纪90年代末冷战的消散，伙伴关系也吸引了新墨西哥州参议员杰夫·宾格曼（Jeff Bingaman）和南卡罗来纳州的欧内斯特·霍林斯（Ernest Hollings）等政治家，因为这些州正面临主要工业设施（即核武器实验室和生产基地）关停的威胁。由于苏联威胁的消失，国家安全主义政府的广泛技术能力已经不再需要严格保密，反而变成了体现政府竞争力的筹码被摆上了桌面，用于吸引合作伙伴。[10]

讽刺的是，1985年约翰·杨主持的里根政府工业竞争力委员会发布了报告，新的联合主义愿景完成了在国家议程中的第一次高调亮相。该报告遭到了否决，被激怒的约翰·杨成立了一个非营利性组织，继续从外部推动自己的主张。宾格曼、霍林斯等人领导的国会随后主动采取了行动，扩大了政府实验室和私营公司之间合作研究与开发协议的范围，增加了国家标准局的任务（在此过程中，国家标准局改名为"国家标准与技术研究所"），并赋予了它新的先进技术计划。五角大楼还采取措施建立伙伴关系，特别是半导体制造技术联盟。在老布什总统的领导下，尽管有人以所有政府与公司间合作都等同于工业政策为由提出了反对，伙伴关系在行政部门获得了更广泛的支持。老布什总统的科学顾问大卫·艾伦·布罗姆利（David Allan Bromley）为半导体制造技术联盟、先进技术计划和相关项目赢得了更多资金。克林顿政府将"激励伙伴关系"作为科学技术政策的核心原则，并在总统任期的最初两年内大幅增加了对国家标准与技术研究所和国防技术转化工作的资助。[11]

联合主义的伙伴关系理念，就像改革自由主义的工业政策概念一样，遇到了凯恩斯主义者和保守主义支持者的反对。凯恩斯主义者认为，联邦赤字，而非任何制度缺陷，才是最重要的经济问题。他们宣称，赤字破坏了公众的信心，提高了利率，排挤了私人投资，特别是那些需要很长时间才能成熟的投资项目，例如新技术投资。保守主义在20世纪80年代初取得了成功，而且在20世纪90年代仍属于不容忽视的强大力量，因此消除了大幅增税以减少甚至避免赤字的政治可能性。鉴于增加收入无门，凯恩斯主义者将注意力集中在了约1/3被视为"可自由支配的"联邦预算，不包括利息偿付和政治上不可触碰的政府津贴项目。所有联邦研发开支都属于这种可自由支配的预算，约占其中的 1/7（约一半的可支配支出和联邦研发开支都与国防有关）。尽管部分保守主义者相信削减赤字只是打击政府的手段，就像大卫·斯托克曼曾经希望的那样，凯恩斯主义的"赤字鹰派"主张得到了许多主流经济学家的支持，被视为必不可少的第一步，应该在实施更多干预实验之前获得尝试的机会。

1984 年蒙代尔在竞选总统时将凯恩斯主义观点解释为需要增税，但增税属于政治上不讨好的信息，因此收获了惨败的投票结果。1990 年开始的经济衰退促使赤字本身以及赤字引发的关注重新抬头。减少赤字是 1992 年保罗·聪格斯（Paul Tsongas）和罗斯·佩罗（Ross Perot）竞选总统的重要主题之一，而且取得了出人意料的成功。克林顿第一届总统任期内，莱昂·帕内塔（Leon Panetta，最初担任管理预算局主任，后出任白宫幕僚长）和罗伯特·鲁宾（Robert Rubin，总统经济政策助理，后来出任财政部部长）是削减赤字的主要倡导者。该派别的影响明显降低了总统前两次预算中要求的"投资"规模，包括对公共／私人联合研发投资。受国会赤字鹰派的逼迫，政府不得不采取行动。例如，由于对赤字的担忧，许多民主党"新人"[①]在 1993 年对政府支持的超导超级对撞机项目投了反对票。一位众议院资深议员评论称："新一代领导人并不了解开支和投资之间的区别。"尽管超导超级对撞机项目很难归入罗伯特·赖希（劳工部部长）和劳拉·泰森（Laura Tyson，经济顾问委员会主席，后任国家经济委员会主任）等政府"投资鹰派"主张的政府企业伙伴关系，但高涨的削减赤字呼声让国会做出了反对的决定。[12]

1994 年的总统选举让近期的科学和技术政策辩论兜了一个大圈子。新的共和党国会多数派在削减赤字问题上具有强烈的保守主义

---

① 新当选国会议员的民主党人。——译者注

色彩，以攻击克林顿总统任期前两年提出的所有技术政策倡议。共和党国会领导层的保守派成员，在更保守的新晋议员的支持下，要求废除能源部和商务部这两个主要的技术合作机构。众议员罗伯特·沃克（Robert Walker），作为众议院科学委员会成立以来的第一位共和党主席，要求将商务部的先进技术计划、能源部的新一代车辆伙伴关系项目以及其他合作项目全部列为取消对象。白宫紧咬牙关，设法保留了这些项目中的大部分，但有些项目的资金遭到了大幅削减，其中包括先进技术计划。保守主义国防鹰派（尽管不一定涵盖所有的保守主义者）要求增加弹道导弹防御组织的资金，并获得了成功。弹道导弹防御组织是战略防御计划的继任者。[13]

相比经济大萧条、第二次世界大战或冷战初期，后冷战时代的科技政策领域很难轻易出现绝对的胜利者了。就像联合主义撑过了1929年股市大崩盘，保守主义撑过了新政，凯恩斯主义撑过了滞胀，改革自由主义似乎有可能撑过共和党革命，国家安全主义也不会因为苏联解体而消亡。这些思想都韧性十足，具有持久的生命力，其中一个原因是政策企业家的努力往往带来了制度化的结果，为后来的政策企业家留下了宝贵的人员、组织以及思想资源。过去十年中，标准局和核武器实验室分别为联合主义和国家安全主义倡导者提供了资源。还有一个原因是，即使第一场战斗结果不利，政策企业家们通常总可以找到继续战斗的新场所。例如，约翰·杨和罗伯特·赖希，近年来在行政和立法领域都有所作为。最后，一个快速变化的多元化社会从来不会缺乏利益，而且这些利益经常很难确定归属。美国的汽车公司是否应该就像期待有利可图的资金、专业知识和政治资本投资一样期待技术伙伴关系？对比对象是谁？这些问题都没有确定的答案。

我对20世纪80年代和90年代的分析让现有文献变得更有价值，并提出了一些有趣的未来的可能性。总统和国会之间正在形成的僵局让人想起了 20 世纪 40 年代末。民主党和共和党支持者对国会、司法和行政部门的控制是分裂的，而且两党似乎正在进一步疏远。严格的预算限额限制了计划创新。人们可能期望政策企业家被吸引到其他场所，例如法院、监管机构（和放宽监管）和州政府。至少在目前，保守派可能发现司法领域的吸引力特别突出，而里根总统和老布什总统的影响仍在继续。国家安全主义政府对全新的国际和财政环境的适应不由让人想到另一种有趣的情况。越来越多的保守派可能放弃 20 世纪 40 年代末与军方高科技爱好者组建的联盟以及他们的大规模预算。联合主义愿景能否成功改进并通过政治伙伴关系完全包含国家安全利益，这是一个开放的问题（此类联盟产生的科技政策能否通过军事或经济成果证明其开支的合理性同样没有答案）。如果确实建立了类似的联盟，那么这个联盟可能比"战后共识"更接近范内瓦·布什最初的战后愿景。[14]

结　论

　　无论1947年到1948年第80届国会与1995年到1996年第104届国会之间的类比有多么吸引人，20世纪40年代末的情况都不会重现。就算美国彻底取消了冷战动员，这个结果也不会发生反转。这些类比和基于类比的历史分析只应该用来帮助构建政治想象，而不是用于预测尝试，或许也能够用来理解过去和现在的差异。联邦生物医学研究资金现在可能扮演着类似军事研发开支的角色，包括维系那些完全不关心实际应用和创造新经济部门的学术研究人员，但基本使命与公众吸引力并不一致。只要国会议员和他们的选民无法避免生病，并且祈祷科学能够提供治疗方案，那么国家卫生研究所的巨额预算似乎就不会中断。在当代的全球经济背景下，政策辩论无法从过去获得完全相似的经验。技术能力已经广泛扩散，宏观经济的独立性遭到了削弱。因此，（举例来说）联合主义或凯恩斯主义政策的结构和结果可能与以往大不相同。限制外国公司进入公共资助技术开发联盟，以及外国公司直接投资美国高科技产业引发的担忧，都是困扰当今美国科技政策企业家的新问题。

　　不过，基本问题和过程并没有改变。哪些市场方法无法产生科学研究和技术创新？联邦政府能否帮助市场做出针对性改善？如何实现？政策制定者们可以通过整合自己对科学和技术以及国家和市场的理解来回答这些问题。科技政策企业家们可以提供宏伟的政治经济愿景与详细的政府行动建议之间的智力联系，执行针对特定机构和利益的政治与知识战略。然而，他们不能自己选择对手，也无法确保自己努力的结果避免外部因素的影响，例如战争、萧条、重组和其他扰乱华盛顿局势的灾难。政策企业家们可以创造自己的命运，但也不可避免地受不可控的大事件的摆布。

公共政策与科学和技术具有类似的关系。政府无法决定自然蕴藏的可能、天才的设计理念或者其他国家的决定。政府必须作出反应。不过，政府也可以采取行动，促进或阻碍新知识和新产品的创造和传播，缓解或加强它们对人和社会的影响。在20世纪的大部分时间中，美国在这方面一直表现优异：美国的科学和技术政策改变了美国以及世界其他国家和地区人民的生活、工作和战斗方式。深入了解引发这些结果的决策过程有可能会帮助我们改变世界，让世界变得更好。这种适度的希望应该成为激励公民、政策制定者和学者们前进的源泉。

致　谢

理解科学和技术政策通常并不容易：非科技领域的政策制定者和学者认为这些政策晦涩费解，大多数业内人士则觉得科技政策似乎与美国其他政治部门严重脱节。我们需要改正这种印象。科学和技术的影响几乎深入美国公共生活的方方面面，而科技政策的制定过程与许多其他联邦政策大同小异，同样难以避免很多观念、机构和利益的影响。

借助本书，我希望推动科技政策研究成为美国政治研究特别是美国政治发展研究的正常组成部分。换句话说，本书的目的是消除与科技政策制定相关的神话，即战后的科技政策完全是范内瓦·布什成熟但突如其来的个人创造，类似 1945 年出版的书籍《科学，无尽的前沿》中的描述，而过去 50 多年只是其具体实施而已。作为一位工程师、管理者和政治家，布什非常出色且富有智慧。尤其是作为一位政治家，他成功缔造的神话仍然让同行和分析家们为之着迷。如果能够抛开这个神话，从常态和（罗斯福）新政以及战争的角度，用罗伯特·塔夫脱、柯蒂斯·勒梅和哈利·基尔格的视角来看待布什，我们可以更好地理解发生的历史及其原因，以及可能但最终没有发生的历史。后者也许同样重要。

本书源自麻省理工学院政治学系的一篇论文。论文委员会的每位成员，包括伊拉·卡茨尼尔森（Ira Katznelson）、吉恩·斯科尔尼科夫（Gene Skolnikoff）和迪克·塞缪尔斯（Dick Samuels），都为我提供了不同的专业经验和鼓励，而且所有经验和鼓励都确实真正发挥了作用。我还要特别感谢两位研究生同学布莱恩·伯贡（Brian Burgoon）和韦德·雅各比（Wade Jacoby）的支持与意见。我

| **伪造的共识**　1921—1953：美国的国家愿景与科技政策之辩

的作品，与所有的作品一样，都以早期的学术研究为基础。我尤其受到了埃利斯·霍利（Ellis Hawley）和丹尼尔·凯夫利斯（Daniel Kevles）的影响。下列人员的意见也让我受益良多：丹尼尔·贝尔（Daniel Bell）、布鲁斯·宾伯（Bruce Bimber）、路易斯·布兰斯科姆（Lewis Branscomb）、哈维·布鲁克斯（Harvey Brooks）、欧文·科特（Owen Cote）、亨特·杜普里（Hunter Dupree）、亨利·埃尔加斯（Henry Ergas）、理查德·佛罗里达（Richard Florida）、马歇尔·甘兹（Marshall Ganz）、约翰·盖林（John Geiring）、尤金·戈尔茨（Eugene Gholz）、大卫·古斯顿（David Guston）、彼得·霍尔（Peter Hall）、罗杰·海登（Roger Haydon）、莫里斯·霍兰德（Maurice Holland）、小克里斯·霍华德（Jr. Chris Howard）、艾伦·考夫曼（Allen Kaufman）、丹·科里德（Dan Kryder）、乔治·洛奇（George Lodge）、比尔·迈耶（Bill Mayer）、艾琳·麦克多纳（Eileen McDonagh）、迈克·麦吉里（Mike McGeary）、大卫·明德尔（David Mindell）、理查德·纳尔逊（Richard Nelson）、拉里·欧文斯（Larry Owens）、安德鲁·波斯基（Andrew Polsky）、哈维·萨波斯基（Harvey Sapolsky）、迈克·谢勒（Mike Scherer）、布鲁斯·希里（Bruce Seely）、菲尔·史密斯（Phil Smith）、罗·史密斯（Roe Smith）、杰西卡·王（Jessica Wang）、查理·维纳（Charlie Weiner）、格雷格·扎卡里（Gregg Zachary）、普林斯顿大学出版社的两位匿名评审。此外，通过参与美国科学促进会（American Association for the Advancement of Science）、美国政治学会（American Political Science Association）、波士顿地区美国政治发展研讨会（Boston-Area Workshop on American Political Development）、哈格利博物馆与图书馆（Hagley Museum and Library）、肯尼迪政府学院商业与政府中心（Kennedy School of Government Center for Business and Government）、肯尼迪政府学院政治研究小组（Kennedy School of Government Politics

致　谢

Research Group）、肯尼迪政府学院教师研究研讨会（Kennedy School of Government Faculty Research Seminar）、东北政治学会（Northeastern Political Science Association）和技术史学会（Society for the History of Technology）的会议，我也收到了关于作品的反馈。

在此，我要感谢麻省理工学院政治学系、肯尼迪政府学院科学与国际事务中心、麻省理工学院工业绩效研究中心和胡佛总统图书馆提供的财务支持，感谢肯尼迪政府学院从1994年开始为我提供的薪水和一笔备用资金，感谢美国各地勤勤恳恳的档案员与他们不遗余力的帮助和招待，感谢玛丽安·巴拉柯索（Maryann Barakso）和戴娜·温伯格（Dana Weinberg）对研究工作提供的帮助。

我还要特别提出对吉恩·斯科尔尼科夫的感谢，感谢他自始至终的指导和关注。最初，他评论我的作品要么"一鸣惊人"，要么"一败涂地"。我希望睿智的读者能给出最终评判。

注 释

第一章

1. Jordan A. Schwarz, *The New Dealers: Power Politics in the Age of Roosevelt* (New York: Knopf, 1993), 183 (citing Time, October 24, 1938); David Cushman Coyle, The American Way (New York: Harper and Bros., 1938), 28.

2. Bruce L. R. Smith, *American Science Policy Since World War II* (Washington: Brookings, 1990), 36.

3. Christopher Freeman and Cariota Perez, "Structural Crises of Adjustment, Business Cycles, and Investment Behavior", in Giovanni Dosi et al., eds., *Technical Change and Economic Theory* (London: Pinter, 1988), 38–66; Herbert Kitschelt, "Industrial Governance Structures, Innovation Strategies, and the Case of Japan: Sectoral or Cross-National Comparative Analysis?", *International Organization* 45 (1991): 453–94.

4. Louis Hartz, *The Liberal Tradition in America* (1955; reprint, San Diego: Harcourt, Brace, Jovanovich, 1991); Harvey Averch, *A Strategic Analysis of Science and Technology Policy* (Baltimore: Johns Hopkins University Press, 1985); Smith (above, n. 2).

5. Dorothy Ross, s.v. "Liberalism", in *Encyclopedia of American Political History*; J. David Greenstone, *The Lincoln Persuasion: Remaking American Liberalism* (Princeton: Princeton University Press, 1992), 42–46.

6. Joyce Appleby, *Liberalism and Republicanism in the Historical Imagination* (Cambridge: Harvard University Press, 1992); Christopher L. Tomlins, *The State and the Unions: Labor Relations, Law and the Organized Labor Movement in America, 1880—1960* (New York: Cambridge University Press, 1985), 74–95; Nelson Lichtenstein, *The Most Dangerous Man in Detroit: Walter Reuther and the Fate of American Labor* (New York: Basic, 1995).

7. John Gerard Ruggie, "International Regimes, Transactions, and Change: Embedded Liberalism in the Postwar Economic Order", *International Organization* 36 (1982): 379–416.

8. Leonard S. Reich, "Lighting the Path to Profit: GE's Control of the Electric Lamp Industry, 1892—1941", *Business History Review* 66 (1992): 305–34.

9. Richard R. Nelson, "What Is Public and What Is Private About Technology?" Consortium on Competition and Cooperation, working paper 90-9, Center for Research in Management, University of California, Berkeley, 1990; Stephen J. Kline, "Innovation Is Not a Linear Process,Research Management", *Research Management* (July/August, 1985): 36–45.

10. Gary Gerstle, "The Protean Quality of American Liberalism", *American Historical Review* 99 (1994): 1043–73; Greenstone (above, n. 5), 35–65; Richard J. Ellis, "Radical Lockeanism in American Political Culture", *Western Political Quarterly* (1992): 825–49.

11. 我在这里使用的"政策企业家"（policy entrepreneurs）一词与John W. Kingdon 在 *Agendas, Alternatives, and Public Policies*（New York: HarperCollins, 1995年，第二版，第122页）中的用法相似。

12. 这个概念源自 Deborah A. Stone, *Causal Stories and the Formation of Policy Agendas*, Political Science Quarterly 104 (1989): 281–300.

13. Stephen Skowronek, *Building a New American State* (New York: Cambridge University Press, 1982).

14. James A. Morone, *The Democratic Wish* (New York: Basic, 1990); Barry Karl, *The Uneasy State: The United States from 1915 to 1945* (Chicago: University of Chicago Press, 1983); Skowronek 1982 (above, n. 13).

15. Theda Skocpol, *Protecting Soldiers and Mothers: The Political Origins of Social Policy in the United States* (Cambridge: Harvard University Press, 1993); Skowronek (above, n. 13).

16. Ellis W. Hawley, "Herbert Hoover, the Commerce Secretariat, and the Vision of an 'Associative State,' 1921—1928", *Journal of American History* 61 (1974):116-40. 霍利和其他参考霍利作品的人也将"联合主义"称为"新合作主义"（neocorporatist）和"技术合作主义"（technocorporatist）。

17. Alan Brinkley, "The New Deal Order and the Idea of the State", in Steve Fraser and Gary Gerstle, eds., *The Rise and Fall of the New Deal Order* (Princeton: Princeton University Press, 1989), 87–94; Alan Brinkley, *The End of Reform: New Deal Liberalism in Recession and War* (New York: Knopf, 1995), 1–14.

18. Brinkley 1989 (above, n. 17); Ira Katznelson and Bruce Pietrykowski, "Rebuilding the American State: Evidence from the 1940s", *Studies in American Political Development* 5 (1991): 301-39. 这些作者将这种政府概念称为"tennfiscalism"（田纳西财政主义），凯恩斯主义不够准确，但更易于理解，详细讨论请参见第四章和第六章。

19. Daniel Yergin, *Shattered Peace: The Origins of the Cold War and the National Security State* (Boston: Houghton-Mifflin, 1977), 5–6.

20. Stuart W. Leslie, *The Cold War and American Science: The Military-Academic Complex at MIT and Stanford* (New York: Columbia University Press, 1993).

21. President's Research Committee on Recent Social Trends, *Recent Social Trends in the United States*, vol. 1 (New York: McGraw-Hill, 1933), lxii.

第二章

1. George Wise, *Willis R. Whitney, General Electric, and the Origins of U.S. Industrial Research* (New York: Columbia University Press, 1985), 207–49.

2. Barry D. Karl, *The Uneasy State: The U.S. from 1915 to 1945* (Chicago: University of Chicago Press, 1983), 80.

3. Richard R. Nelson and Gavin Wright, "The Rise and Fall of American Technological Leadership: The Postwar Era in Historical Perspective", *Journal of Economic Literature* 30 (1992): 1937.

注 释

4. A. Hunter Dupree, *Science in the Federal Government* (1957; reprint, paperback ed., Baltimore: Johns Hopkins University Press, 1987), 3–6, 48–49.

5. Otto Keck, "The National System for Technological Innovation in Germany", in Richard R. Nelson, ed., *National Innovation Systems* (New York: Oxford University Press, 1993), 116–29; Hiroyuki Odagiri and Akira Goto, "The Japanese System of Innovation: Past, Present, and Future", in ibid., 79–81.

6. David Hounshell, *From the American System to Mass Production, 1800—1932: The Development of Manufacturing Technology in the U.S.* (Baltimore: Johns Hopkins University Press, 1984); Merritt Roe Smith, "Army Ordnance and the 'American System' of Manufacturing, 1815—1861", in Smith, ed., *Military Enterprise and Technological Change* (Cambridge: MIT Press, 1985), 39–86.

7. Paul A. David and Gavin Wright, "Resource Abundance and American Economic Leadership", pub. no. 267, Center for Economic Policy Research, Stanford University, 1991; Dupree (above, n. 4), 149–83, 195–214, 232–55; Louis Ferleger and William Lazonick, "The Managerial Revolution and the Developmental State: The Case of U.S. Agriculture", paper presented at the Business History Conference, Boston, March 19–21, 1993.

8. Richard F. Bensel, *Yankee Leviathan: The Origins of Central State Authority in America, 1859—1877* (New York: Cambridge University Press, 1990), 69–73, 82; Dupree (above, n. 4), 149–83; Bruce Seely, "Research, Engineering, and Science in American Engineering Colleges", *Technology and Culture* 34 (1993): 346–58; Nathan Rosenberg and Richard R. Nelson, "American Universities and Technical Advance in Industry", *Research Policy* 23 (1993): 324–26.

9. Dupree (above, n. 4), 271–77; Rexmond C. Cochrane, *Measures for Progress* (Washington, D.C.: U.S. Department of Commerce, 1966), 38–47.

10. William E. Leuchtenburg, *The Perils of Prosperity, 1914—1932*, 2d ed. (Chicago: University of Chicago Press, 1993), 178–202, 94.

11. Alfred D. Chandler, *Scale and Scope: The Dynamics of Industrial Capitalism* (Cambridge: Harvard University Press, Belknap Press, 1990), 1–46; Leonard Reich, *The Making of American Industrial Research* (New York: Cambridge University Press, 1985).

12. *Bulletin of the National Research Council*, nos. 16 (December 1921), 60 (July 1927), and 81 (January 1931); Maurice Holland, "On the Frontier of Industry", *American Bankers Association Journal*, (June 1927) 870–72; Maurice Holland and William Spraragen, "The Railroad and Research", January 16, 1933, Dugald C. Jackson papers, MIT Archives (hereafter "Jackson papers"), Box 5. 早期研发统计数据的波动较大,不能作为准确的参考,也不能与采用了系统定义并通过专业调研工具采集的近代数据相对比。

13. Andre Millard, *Edison and the Business of Invention* (Baltimore: Johns Hopkins University Press, 1990); Wise (above, n. 1), 130–66, 207–49, 250–81; Leonard S. Reich, "Lighting the Path to Profit: GE's Control of the Electric Lamp Industry, 1892—1941", *Business History Review* 66 (1992): 321, 327, 331.

14. Robert E. Kohler, *Partners in Science: Foundations and Natural Scientists, 1900—1945* (Chicago: University of Chicago Press, 1991), 7; Roger L. Geiger, *To Advance*

Knowledge: The Growth of American Research Universities, 1900—1940 (New York: Oxford University Press, 1986), 77–93.

15. Rosenberg and Nelson (above, n. 8), 327–32; John W. Servos, "The Industrial Relations of Science: Chemical Engineering at MIT, 1900—1939", *Isis* 71 (1980): 531–49; Spencer Weart, "The Physics Business in America, 1919—1940: A Statistical Reconnaissance", in Nathan Reingold, ed., *The Sciences in the American Context: New Perspectives* (Washington: Smithsonian Institution Press, 1979), 301–5. David Noble, *America by Design* (New York: Knopf, 1977), overdraws the case for corporate dominance.

16. Geiger (above, n. 14), 59–67; Daniel J. Kevles, "Foundations, Universities, and Trends in Support for the Physical and Biological Sciences, 1900—1992", *Daedalus* 121 (1992): 195.

17. Robert E. Kohler, "Science, Foundations, and American Universities in the 1920s", *Osiris*, second series, 3 (1987): 135–64; Kevles 1992 (above, n. 16), 203; Christophe LeCuyer, "The Making of a Science-Based Technological University: Karl Compton, James Killian, and the Reform of MIT, 1930—1957", *Historical Studies in the Physical and Biological Sciences* 23 (1992): 158–80.

18. Michael E. Parrish, *Anxious Decades: America in Prosperity and Depression, 1920—1941* (New York: W. W. Norton, 1992), 16; John D. Hicks, *Republican Ascendancy, 1921—1933* (New York: Harper & Bros., 1960), 53–54; Andrew W. Mellon, *Taxation: The People's Business* (New York: MacMillan, 1924).

19. James W. Prothro, *The Dollar Decade: Business Ideas in the 1920s* (Baton Rouge: Louisiana State University Press, 1954), 116; Hicks (above, n. 18), 107; Leuchtenburg (above, n. 10), 98; Dupree (above, n. 4), 302–25, 331–36, quote from 334; David K. van Keuren, "Science, Progressivism, and Military Preparedness: The Case of the Naval Research Laboratory, 1915—1923", *Technology and Culture* 33 (1992): 710–32.

20. David C. Mowery, "Firm Structure, Government Policy, and the Organization of Industrial Research, 1900—1950", *Business History Review* 58 (1984): 504–31; Dale S. Cole, "Applying Scientific Knowledge to the Small Plant", *Industrial Management* 73 (March 1927): 155–60; David C. Mowery, "The Relationship between Intrafirm and Contractual Forms of Industrial Re search in American Manufacturing, 1900—1940", *Explorations in Economic History* 20 (1983): 366–69.

21. Parrish (above, n. 18), 19.

22. Ellis W. Hawley, "Herbert Hoover, the Commerce Secretariat, and the Vision of an 'Associative State', 1921—1928", *Journal of American History* 61 (1974): 121.

23. Joan Hoff Wilson, *Herbert Hoover: Forgotten Progressive* (Boston: Little-Brown, 1975), 31–78.

24. Hoover, speech, May 7, 1924, Herbert Hoover papers, Herbert Hoover Presidential Library (hereafter "Hoover papers") "Bible" (speech file), item 378.

25. Guy Alchon, *The Invisible Hand of Planning: Capitalism, Social Science and the State in the 1920s* (Princeton: Princeton University Press, 1985), 4.

26. "Hoover Disavows Policy Favoring Business Combines in Big Units", *Journal of*

Commerce, June 5, 1925, Hoover papers, "Bible" (speech file), item 493; William J. Barber, *From New Era to New Deal: Herbert Hoover, the Economists and American Economic Policy, 1921—1933* (New York: Cambridge University Press, 1985), 8–13.

27. Edwin T. Layton, Jr., *The Revolt of the Engineers: Social Responsibility and the American Engineering Profession* (Cleveland: Press of Case Western Reserve University, 1971), 179; Vernon Kellogg, "Herbert Hoover and Science", *Science* 73, February 20, 1931, 197–99; Barry D. Karl, "Presidential Planning and Social Science Research: Mr. Hoover's Experts", *Perspectives in American History* 3 (1969): 361–62.

28. "Questions for Secretary's Conference", May 18, 1923, Hoover papers, Commerce series, Box 129, "Commerce Department, Conference—Secretary's 1921—1923", Hoover, Address to US Chamber of Commerce, May 12,1926, Hoover papers, "Bible" (speech file), item 579, HHPL; Barber (above, n. 26),. 27–40; Layton (above, n. 27), 179–200.

29. "On to Greater Discovery", *Industrial and Engineering Chemistry*, September 1923, Hoover papers, "Bible" (speech file), item 31A.

30. Robert D. Cuff, *The War Industries Board: Business–Government Relations during World War I* (Baltimore: Johns Hopkins University Press, 1973); Jordan A. Schwarz, *The Speculator: Bernard Baruch in Washington, 1917—1965* (Chapel Hill: UNC Press, 1981), 79–88, 219–27; Schwarz, *The New Dealers: Power Politics in the Age of Roosevelt* (New York: Knopf, 1993), 32–34.

31. Hawley 1974 (above n. 22), 139; Wilson (above n. 23), 83–86.

32. "Questions for Secretary's Conference", August 26, 1922, Hoover papers, Commerce series, Box 129, "Commerce Department, Conference—Secretary's 1921—1923", speech to Commerce Department employees, March 9, 1925, Hoover papers, "Bible" (speech file), item 452; Barber (above, n. 26), 41.

33. Carroll W. Pursell, Jr., " 'A Savage Struck by Lightning' : The Idea of a Research Moratorium, 1927—1937", *Lex et Scientia* 10 (1974):146–58; Leuchtenburg (above, n. 10), 120–40; Herbert Hoover, "Government Ownership", radio address, September 29, 1924, Hoover papers, "Bible" (speech file), item 400, HHPL; U.S. Senate, Committee on Patents, *Forfeiture of Patent Rights on Conviction under Laws Prohibiting Monopoly*, 70th C., 1st s., 1928.

34. Committee on Elimination of Waste in Industry of the FAES, *Waste in Industry* (Washington: FAES, 1921); "Simplified Practice: What It Is and What It Offers", U.S. Department of Commerce pamphlet, 1924, available in Littauer Library, Harvard University, 1; *Fourteenth Annual Report of the Secretary of Commerce* (Washington: Commerce Department, 1926); William R. Tanner, "Secretary Hoover's War on Waste, 1921—1928", in Carl E. Krog and Tanner, eds., *Herbert Hoover and the Republican Era* (Lanham, MD: University Press of America, 1984), 1–6.

35. "Commerce Department, Appropriations, FY 1924", and "FY 1925", Hoover papers, Commerce series, Boxes 125 and 126; Hoover to President, November 5, 1923, Hoover papers. Commerce series, Box 606, "Treasury Department, Bureau of the Budget, HM Lord, 1922"; table attached to 1934 budget estimates, Hoover papers, Presidential series, Cabinet

Offices, Box 14, "Department of Commerce—tandards"; Herbert Hoover, *Memoirs*, vol. 2 (New York: McMillan, 1952), 73; Cochrane (above, n. 9), 242.

36. "Wilhelm, Donald, 1919—1922 April", Hoover papers, Commerce series, Box 147; *Tenth Annual Report of the Secretary of Commerce* (Washington: Department of Commerce, 1923), 138-40; *Twelfth Annual Report of the Secretary of Commerce* (Washington: Department of Commerce, 1925), 19; R. M. Hudson to Hoover, July 15, 1927, Hoover papers, Commerce series, Box 145, "Simplified Commercial Practice"; *Sixteenth Annual Report of the Secretary of Commerce* (Washington: Department of Commerce, 1929), xxxiv; Tanner (above, n. 34), 16; Cochrane (above, n. 9), 254-62.

37. Memo to *World's Work*, December 1922, Hoover papers, Commerce series, Box 145, "Commerce Department, Simplified Commercial Practices"; *Manufacturers' Record*, June 12, 1924, HHPL, reprint file; Layton (above, n. 27), 207-10; Peri Arnold, "Ambivalent Leviathan: Herbert Hoover and the Positive State", in J. David Greenstone, ed., *Public Values and Private Power in American Politics* (Chicago: University of Chicago Press, 1982), 120-22.

38. *Eleventh Annual Report of the Secretary of Commerce* (Washington: GPO, 1924), 154.

39. U.S. House of Representatives, Committee on Appropriations, *Appropriations, Department of Commerce, 1929*, 70th C., 1st s., 1928, 95-96; George K. Burgess, "Bureau of Standards Cooperation in Industrial Research", in Malcolm Ross, ed., *Profitable Practice in Industrial Research* (New York: Harper and Brothers, 1932), 153-72; Duff B. Abrams, "The Contributions of Scientific Research to the Development of the Portland Cement Industry in the United States", pub. no. 1886, American Academy of Political and Social Sciences, May 1925; Edward J. Mehrens, "Concrete: Yesterday, Today, Tomorrow", American Concrete Institute pamphlet, February 1935, available in Widener Library, Harvard University.

40. House Appropriations 1928 (above, n. 39), 95-96; *Seventeenth Annual Report of the Secretary of Commerce* (Washington: GPO, 1929), 163; Ross (above, n. 39); Edward R. Weidlein and William A. Hamor, *Science in Action* (New York: McGraw-Hill, 1931).

41. Franklin D. Jones, *Trade Association Activities and the Law* (New York: McGraw-Hill, 1922), 105; U.S. Department of Commerce, *Trade Association Activities* (Washington: GPO, 1923), 176-77.

42. Louis Galambos, *Competition and Cooperation: The Emergence of a National Trade Association* (Baltimore: Johns Hopkins University Press, 1966), 89-107, 121-22 (quote from 107); Hoover to Stuart Cramer, August 3, 1926, Hoover papers, Commerce series, Box 598, "Textiles"; Hoover, address to National Association of Cotton Manufacturers, April 7, 1925, Hoover papers, "Bible" (speech file), item 466.

43. Hoover, address, April 7, 1925 (above, n. 42); Edward Pickard to Hoover, December 14,1926, and W. W. Carman to George Akerson, August 26, 1927, Hoover papers, Commerce Series, Box 170, "Cotton—Legislation, 1926—1927"; Herbert A. Ehrman, "Cotton in the Rubber Tire and Tube Industry", August 15, 1929, Hoover papers, Presidential Series, Cabinet Offices, Box 13, "Commerce—BFDC—Promotion of Domestic Production"; "Textile

Foundation Bill", June 10, 1930, *Public Papers of the Presidents—Herbert Hoover, 1930* (Washington: GPO, 1976), 222; Douglas G. Wolf, "Herbert Hoover's Prediction of Organized Research in Textiles About To Be Fulfilled", *Textile World*, August 9, 1930, HHPL, reprint file, 24–26.

44. Galambos (above, n. 42), 113–69; "Twelve Words", *Textile World*, August 6, 1927, HHPL, reprint file; George A. Sloan to president, September 20, 1932, Hoover papers, PSF, Box 303.

45. Wilson (above, n. 23), 55–58; Hoover, "Statement to Planning Committee of the Conference on Home Building and Home Ownership, September 24, 1930", in W. S. Meyers, ed., *State Papers of Herbert Hoover* (New York: Doubleday, 1934), 372–74; Hawley 1974 (above, n. 22), 133–34.

46. Charles W. Wood, "Greatest of American Industries Adopts Plan", *The World*, June 18,1922, HHPL, General Accession 598, Box 1, "Clippings 1922"; Arnold (above, n. 37), 121–23; Ellis Hawley, "Three Facets of Hooverian Associationalism: Lumber, Aviation, and Movies", in Thomas K. McCraw, ed., *Regulation in Perspective* (Cambridge: Harvard University Press, 1981), 101–8; Janet Anne Hutchinson, "American Housing, Gender, and the Better Homes Movement, 1922—1935" (Ph.D. diss., University of Delaware, 1989).

47. "Three Billion Dollar Loss in Building Waste", *New York Evening Post*, July 22,1921, HHPL, General Accession 598, Box 1, "Clippings, 1921"; Housing Division memo, undated, 1921, Hoover papers, Commerce series, Box 63, "Building and Housing 1921"; "Hoover Presents New Building Code", *New York Times*, January 22, 1923, General Accession 598, Box 1, "Clippings January–April 1923"; John M. Gries, "Elimination of Waste in Building Industry", undated, James S. Taylor papers, HHPL (hereafter "Taylor papers"), Box 3, "Commerce Department"; *Fourteenth Annual Report of the Secretary of Commerce* (above, n. 34), 184–85. 关于胡佛在住房行业的劳工和金融政策，参见本书第四章。

48. Hounshell (above, n. 6), 310; Hawley 1981 (above, n. 46), 108; Nathaniel S. Keith, *Politics and the Housing Crisis Since 1930* (New York: Universe Books, 1973), 17; *Verbatim Record of the Proceedings of the Temporary National Economic Committee* (Washington: Bureau of National Affairs, 1940), vol. 1, nos. 1–3, 7, 68.

49. Ellis W. Hawley, "Herbert Hoover and the Sherman Act, 1921—1933: An Early Phase of a Continuing Issue", *Iowa Law Review* 74 (1989): 1067–1103.

50. David D. Lee, "Herbert Hoover and the Development of Commercial Aviation, 1921–1926", in Krog and Tanner, eds. (above, n. 34), 36–65.

51. Alex Roland, *Model Research*: *The National Advisory Committee for Aeronautics, 1915—1958* (Washington: NASA, 1985), 51–123; Lee (above, n. 50), 52; Rosenberg and Nelson (above, n. 8), 329–30.

52. Hawley 1981 (above, n. 46), 112–14; Jacob A. Vander Meulen, *The Politics of Aircraft* (Lawrence: University of Kansas Press, 1991), 41–82 and quote from 5.

53. Hugh G. J. Aitken, *The Continuous Wave*: *Technology and American Radio, 1900—1932* (Princeton: Princeton University Press, 1986); Cochrane (above, n. 9), 286;

Philip T. Rosen, *The Modem Stentors: Radio Broadcasting and the Federal Government, 1920—1934* (Westport, CT: Greenwood Press, 1980).

54. Benjamin S. Kirsh, *Trade Associations in Law and Business* (New York: Central Book Co., 1938), 273-74; Laurence I. Wood, *Patents and Antitrust Law* (New York: Commerce Clearing House, 1942), 96-117,128-37.

55. *Standard Oil Co. (Indiana) v. U.S.* (283 US 163), April 13, 1931; "Is the Patent Monopoly Waning?", *Journal of the Patent Office Society* 13 (1931): 363-67; Samuel R. Wachtell, "Restraints of Trade and Patent Pools", pamphlet reprint from *New York Law Journal*, April 15-22, 1933, available in Harvard Law School Library; "Radio Patent and Copyright Questions", *Journal of the Patent Office Society* 12 (1930): 327-30; "The RCA Consent Decree", *George Washington Law Review* 1 (1933): 513-16.

56. Daniel J. Kevles, *The Physicists* (New York: Knopf, 1977), 117-54; Kevles, "Federal Legislation for Engineering Experiment Stations: The Episode of World War I", *Technology and Culture* 12 (1971): 182-89; Kohler 1987 (above, n. 17), 140.

57. Herbert Hoover, "The Nation and Science", *Science* 65, January 14, 1927, 26; Herbert Hoover, "The Vital Need for Greater Financial Support of Pure Science Research", *Circular and Reprint Series of the National Research Council*, no. 65, December 1925; "Declaration of the Trustees of the National Research Endowment", January 1926, and Hoover to Frank Jewett, February 27, 1926(incl. Quote), Hoover papers, Commerce series, Box 425, "National Academy of Sciences—National Research Endowment". "国家研究捐款计划"（National Research Endowment）有时也称为"国家研究基金"（National Research Fund）；为简单起见，本书统称为"国家研究捐款计划"。

58. Arthur D. Little, "The Contribution of Science to Manufacturing", *Annals of the American Academy of Political and Social Sciences* 119 (1925): 9; Willard to Hoover, June 10, 1926, Hoover to Robert A. Millikan, July 2,1926, Holland to Hoover, August 5,1926, all in Hoover papers, Commerce series, Box 426, "National Academy of Sciences—National Research Endowment—Railroads and Pure Science"; Lance E. Davis and Daniel J. Kevles, "The National Research Fund: A Case Study in the Industrial Support of Academic Science", *Minerva* 12 (1974): 207-20.

59. Karl 1969 (above, n. 27), 408.

60. Wilson (above, n. 23), 122-37; Herbert Hoover, *The New Day: Campaign Speeches of Herbert Hoover, 1928* (Stanford: Stanford University Press, 1928), 33-34, 105-7, 151, 183, 202.

61. Barber (above, n. 26), 71-74, 78-84; *Herbert Stein, The Fiscal Revolution in America* (Chicago: University of Chicago Press, 1969), 12-24; Fred Israel, ed., *State of the Union Messages of the Presidents*, vol. 3 (New York: Chelsea House, 1966), 2752.

62. Israel, ed. (above, n.61), 2754; "Industrial Research Laboratories of the U. S.", *Bulletin of the National Research Council*, no. 91, August 1933; "Report of the Chairman to the Executive Board for the Period July, 1933—April, 1934", April 25, 1934, Jackson papers, Box 5, Folder 341, p.19; "Trade Associations Hit Hard as Depression Breeds Ill Will", *Business Week*, April 29, 1931, 7-8; *Twenty-first Annual Report of the Secretary of*

Commerce (Washington: GPO, 1933), 45; correspondence of Jackson, William Spraragen, and Maurice Holland, 1932, in Jackson papers, Box 4, Folders 316-17.

63. Herbert Hoover, "Address on the Fiftieth Anniversary of Thomas Edison's Invention of the Incandescent Electric Lamp", October 21, 1929, *Public Papers of the President, Herbert Hoover, 1929* (Washington: GPO, 1976), 337-41, quote from 339; John M. Gries and James Ford, eds., *Housing Objectives and Programs* (Washington: National Capitol Press, 1932), xx and 27-100; Hoover to William Chadboume, May 18, 1931, Hoover papers, Presidential series, Box 73, "Bet-ter Homes"; Ellis W. Hawley, "Industrial Policy' in the 1920s and 1930s", in Claude Barfield and William Schambra, eds., *The Politics of Industrial Policy* (Washington: American Enterprise Institute Press, 1986), 74; Karl 1983 (above, n. 2), 81-99.

64. "Plan for Stabilization of Industry by the President of the General Electric Company", *Monthly Labor Review*, November 1931,45-53; "Trade Association Is Keystone of Swope Stabilization Plan", *Business Week*, September 23, 1931, 12; "Friendly Critics of Swope Plan Want to See It Given Fair Trial", *Business Week*, September 30, 1931, 15; Hawley 1989 (above, n. 49), 1085-1101; Robert F. Himmelberg, *The Origins of the National Recovery Administration: Business, Government and the Trade Association Issue, 1921-1933* (New York: Fordham University Press, 1976), 88-165.

65. George W. Gray, "Science Shares in National Planning", *New York Times Magazine*, January 21,1934,7; Roland (above, n. 51), 124-54; Carroll W. Pursell, Jr., "The Administration of Science in the Department of Agriculture, 1933—1940", *Agricultural History* 42 (1968): 232-33; "Curtailment of Activities in Connection with Scientific Research", 73rd C., 1st s., 1933, S. docs. 77, 102, and 105 (all with same title and date); *U.S. House of Representatives, Committee on Appropriations, Department of Commerce Appropriation Bill, 1934* (Washington: GPO, 1933), 4, 15, 167; Science Advisory Board, Report, *July 31, 1933—September 1, 1934* (Washington: National Research Council, 1934), 62-63.

66. Stuart Chase and F. J. Schlink, "A Few Billions for Consumers", *The New Republic*, December 30, 1925, 153-55; Schlink, "Government Bureaus for Private Profit", *Nation*, November 11, 1931, 508-11; Cochrane (above n. 9), 303-9; Stuart Chase, *Men and Machines* (New York: Macmillan, 1929), 205; "Directing Technical Progress", *American Federationist* 39 (1932): 1099; Committee on Recent Economic Changes, *Recent Economic Changes in the United States* (New York: McGraw-Hill, 1929), 876-79; Hoover to Roy A. Young, May 24,1930, Hoover papers, Presidential series, Box 73, "Better Homes"; Herbert Hoover, "Address to the American Federation of Labor", October 6, 1930, *Public Papers of the President*, Herbert Hoover, 1930 (above, n. 43), 411-15.

67. National Resources Planning Board, *Research—A National Resource*, vol. 2 (Washington: GPO, 1940), 37-38, 168, 174-76; David C. Mowery and Nathan Rosenberg, *Technology and the Pursuit of Economic Growth* (New York: Cambridge University Press, 1989), 61-66; Weart (above, n. 15), 298.

68. Hawley 1974 (above, n. 22), 121, 138.

69. 总结这些特征时我借鉴了 Stephen Skowronek 的作品 *The Politics Presidents Make: Leadership from John Adams to George Bush*，第 279–85 页，Cambridge: Harvard University Press，1993 年，以及 Michael Rogin 在纽约举行的美国政治科学协会年会上关于本书的讨论（1994 年）。

第三章

1. "The Country Needs, the Country Demands Bold, Persistent Experimentation", address, May 22, 1932, in Samuel Rosenman, ed., *Public Papers and Addresses of Franklin D. Roosevelt*, (New York: Random House, 1938) (hereafter "FDR–PP"), vol. 1, 639.

2. Henry A. Wallace, "The Social Advantages and Disadvantages of the Engineering- Scientific Approach to Civilization", *Science* 79, January 5, 1934,4.

3. Arthur M. Schlesinger, Jr., *The Crisis of the Old Order, 1919–1933* (Boston: Houghton- Mifflin, 1957), 430–35; "Text of Herbert Hoover's Madison Square Garden Speech", *New York Times*, November 1, 1932,12.

4. Daniel R. Fusfeld, *The Economic Thought of Franklin D. Roosevelt and the Origins of the New Deal*, 2d ed. (New York: AMS Press, 1970), 219–20; "Invention in the New Deal", *Journal of the Patent Office Society* 16 (1934): 251; Schlesinger 1957 (above, n. 3), 420–26; "New Conditions Impose New Requirements", address, September 23, 1932, FDR-PP, vol. 1, 742–56.

5. William E. Leuchtenburg, *The Perils of Prosperity*, 2d ed. (Chicago: University of Chicago Press, 1993), 257; David McCullough, *Truman* (New York: Simon and Schuster, 1992), 196–97; "A Principle of Balance", *American Federationist* 38 (1931): 1056–1057; "Inventor and the World", *The New Republic*, November 4, 1931, 312–13.

6. H. E. Howe, "The New Mouthwash", *Industrial and Engineering Chemistry*, February 1933, 123–24; J. George Frederick, "What Are Technocracy's Assertions?", in Frederick, ed., *For and Against Technocracy* (New York: Business Bourse, 1933), 10–13; Howard Scott, *Introduction to Technocracy* (New York: John Day, 1933), 47; Virgil Jordan, "Technocracy—Tempest on a Slide Rule", *Scribner's*, February 1933, 65–69. 关于这一运动最完整的描述，参见 William E. Akin, *Technocracy and the American Dream* (Berkeley: University of California Press, 1977)。

7. "Leaders Put Faith in Machine Age to End Depression", *New York Times*, January 9, 1933, 1; George Soule, "A Critique of Technocracy's Five Main Points", in Frederick, ed. (above, n. 6), 95–108.

8. "Second Fireside Chat", May 7, 1933, *FDR-PP*, vol. 2, 160.

9. Carroll W. Pursell, Jr., "'A Savage Struck by Lightning': The Idea of a Research Moratorium, 1927–1937", *Lex et Scientia* 10 (1974): 146–58; Mary Anderson, "When Machines Make Cigars", *American Federationist* 39 (1932): 1375–81; Charles E. Coughlin, *Eight Lectures on Labor, Capital, and Justice* (Royal Oak, MI: Radio League of the Little Flower, 1934), 11; "Bill Planned to Tax Machine Production", *New York Times*, September 24, 1933, IV:6; Glenn Harrison Speece, *After Roosevelt* (New York: Alliance Press, 1936),

182–86, 223–40.

10. William F. Ogburn, "You and Machines", pamphlet published by the American Council on Education, 1934, available in Widener Library, Harvard University; Rexford Guy Tugwell, *The Industrial Discipline and the Governmental Arts* (New York: Columbia University Press, 1933), 179.

11. Paul Douglas, "Technological Unemployment", *American Federationist* 37 (1930): 923–50.

12. Arthur Dahlberg, *Jobs, Machines, and Capitalism* (New York: MacMillan, 1932), 27–30; Arthur M. Schlesinger, Jr., *The Coming of the New Deal* (Cambridge: Riverside Press, 1958), 90–92; U.S. House of Representatives, Committee on Labor, *Six Hour Day—Five Day Week*, 72d C., 2ds., 1933, 119.

13. Robert Himmelberg, *The Origins of the National Recovery Administration* (New York: Fordham University Press, 1976), 181–218.

14. "Third Fireside Chat", *FDR—PP*, vol. 2,302; "'Enforcement,' Says Board; 'Self-Rule,' Cries Industry", *Newsweek*, October 27, 1934, 32; Paul H. Douglas and Joseph Hackman, "The Fair Labor Standards Act of 1938 I", *Political Science Quarterly* 53 (1938): 491. 更多关于国家复兴管理局的资料，着重参见 Ellis W. Hawley, *The New Deal and the Problem of Monopoly* (Princeton: Princeton University Press, 1966); Donald Brand, *Corporatism and the Rule of Law* (Ithaca: Cornell University Press, 1988)。

15. "Muscle Shoals Development", message from the president, 73d C., Ists., 1933, H. Doc. 15; Thomas K. McCraw, *TVA and the Power Fight, 1933—1939* (Philadelphia: J. B. Lippincott, 1971), 26–36.

16. "Muscle Shoals and Tennessee Valley Development", 73d C., 1st s., 1933, S. Rept. 23, 2; "Muscle Shoals", 73d C., 1st s., 1933, H. Rept. 48, 9; U.S. House of Representatives, Committee on Military Affairs, *Muscle Shoals*, 73d C., 1st s., 1933, 68; F. M. Scherer et al., *Patents and the Corporation*, 2d ed. (Boston: Patents and the Corporation, 1959), 73.

17. David E. Lilienthal, "Business and Government in the Tennessee Valley", *Annals of the American Academy of Political and Social Sciences* 172 (1934): 45–49; Larry Owens, "MIT and the Federal 'Angel': Academic R&D and Federal-Private Cooperation Before World War II", *Isis* 81 (1990): 211; Gregory B. Field, "'Electricity for All': The Electric Home and Farm Authority and the Politics of Mass Consumption, 1932—1935", *Business History Review* 64 (1990): 32–60; Clarence L. Hodge, *The Tennessee Valley Authority: A National Experiment in Regionalism, reissue* (New York: Russell and Russell, 1968), 105–8; TVA, *TVA—1933—1937* (Washington: GPO, 1937), 64–66.

18. House Military Affairs Committee (above, n. 16), 83, 253–85; TVA, "Soil … People, and Fertilizer Technology", pamphlet, 1949, available in Widener Library, Harvard University; *Annual Report of the Tennessee Valley Authority for Fiscal Year 1934*, 74th C., 1st s., 1935, H. doc. 82, 3–4,37–40; TVA, 1937 (above, n. 17), 39–53; TVA, "Fertilizer Science and the American Farmer", pamphlet, 1958, available in Littauer Library, Harvard University; David E. Lilienthal, *TVA: Democracy on the March* (New York: Harper and Bros., 1944), 83.

19. Stuart Chase, "The New Deal's Greatest Asset" (four parts), *Nation*, June 3, 1936, 702-5; June 10, 1936,738-741; June 17, 1936,775-77; June 24, 1936, 804-5; quote from 741.

20. Hawley (above, n. 14), 40.

21. Joseph A. Schumpeter, *Capitalism, Socialism, and Democracy* [New York: Harper (Colophon ed.), 1975], 87-88; "Patents and the 'New Deal'", *Journal of the Patent Office Society* 16 (1934): 92; S. C. Gilfillan, "A New System for Encouraging Invention", *Journal of the Patent Office Society* 11 (1935): 910.

22. W. R. Whitney, "Accomplishments and Future of the Physical Sciences", *Science* 84, September 4, 1936, 213.

23. Edward S. Mason, "Controlling Industry", in *The Economics of the Recovery Program* (New York: Whittlesey House, 1934), 39; Leverett S. Lyon et al., *The National Recovery Administration: An Analysis and Appraisal*, 2d ed. (New York: Da Capo Press, 1972), 29, 563.

24. Robert Kargon and Elizabeth Hodes, "Karl Compton, Isaiah Bowman, and the Politics of Science in the Great Depression", *Isis* 76 (1985): 308-10; Carroll W. Pursell, Jr., "The Anatomy of a Failure: The Science Advisory Board, 1933—1935", *Proceedings of the American Philosophical Society* 109 (1965): 342-43; Albert L. Barrows, Assistant Secretary, NRC, to R. A. Millikan, July 15, 1933 (with attachment, "Preliminary Science Approach to the Industrial Recovery Program" by Maurice Holland), in Millikan papers, California Institute of Technology Archives, File 7.15.1 retrieved the Barrows letter thanks to a citation by Kargon and Hodes.

25. NRA Division of Review, "The So-Called Model Code: Its Development and Modification", 1936, Hagley Library, Imprints Collection; "Report of the Chairman to the Executive Board for the Period July, 1933-April, 1934", April 25, 1934, Dugald C. Jackson papers, MIT (hereafter "Jackson papers"), Box 5, Folder 341, 19; Maurice Holland, "Summary of Analysis ... with Recommendations for Future Development", October 5, 1934, *National Academy of Sciences Archives* (hereafter "NAS Archives"), NRC, Engineering and Industrial Research Division, "Analysis ... ".

26. "The RCA Consent Decree", *George Washington Law Review* 1 (1933): 513-16; Samuel R. Wachtell, "Restraints of Trade and Patent Pools", pamphlet reprinted from *New York Law Journal*, April 15, 1933, available in Harvard Law School Library; W. Ellison Chalmers, "The Automobile Industry", in George B. Galloway, ed., *Industrial Planning under Codes* (New York: Harper and Bros., 1935), 314-16; George Bittlingmayer, "Property Rights, Progress, and the Aircraft Patents Agreement", *Journal of Law and Economics* 31 (1988): 230-35.

27. "Code for Chemical Manufacturing Industry Approved", *Industrial and Engineering Chemistry*, news edition, February 20, 1934, 57-59; correspondence of Alfred E. Sloan and Lammot Dupont, November 1933, and Lammot DuPont, draft letter, March 2,1934, both in Lammot DuPont papers, Box 15, Hagley Museum and Library.

28. Hawley (above, n. 14), 227-31; *Earl Latham, The Politics of Railroad Coordination*

(Cambridge: Harvard University Press, 1959); James S. Olson, *Herbert Hoover and the Reconstruction Finance Corporation, 1931—1933* (Ames: Iowa State University Press, 1977), 97-98.

29. William Spraragen to Jackson, November 12, 1932 (Folder 334); Jackson to Eastman, July 20, 1933 (Folder 335); Compton to Holland, September 7,1933 (Folder 336); Holland, "A Plan for Centralized and Coordinated Railroad Research Organization", September 20, 1933 (Folder 337); Holland, "Steps in Establishing a Central Scientific Laboratory for Railroad Transportation Industry", September 23, 1933 (Folder 336); press release, October 11, 1933 (Folder 338), all in Jackson papers, Box 5.

30. Minutes, notes, and statements from committee meeting, December 18, 1933 (Folder 339); Jewett to Jackson, December 29, 1933 (Folder 339); notes and minutes of subcommittee meeting, March 9, 1934 (Folder 340); Jewett to committee, June 22, 1934 (Folder 342); all in Jackson papers, Box 5. The final report is reprinted in Science Advisory Board *Report*, 1934-35 (Washington: National Research Council, 1935), 459-77.

31. Eastman to Compton, October 15,1934; Jewett to Jackson, October 17,1934; Jackson to Jewett, October 24, 1934 (Folder 344), all in Jackson papers, Box 5; Latham (above, n. 28), 164-94; Lockwood to Jackson, April 11, 1935, Jackson papers, Box 5, Folder 346; U.S. Senate Committee on Military Affairs, *Technological Mobilization*, 77th C., 2d s., 1943, 305-6; "Rail Worrying", *Business Week*, November 13, 1943, 81.

32. Frederick M. Feiker, "Blessed by the President", *Mill and Factory*, August 1933, 22; Louis Galambos, *Competition and Cooperation: The Emergence of a National Trade Association* (Baltimore: Johns Hopkins University Press, 1966), 252; Charles Frederick Roos, *NRA Economic Planning* (Bloomington, IN: Principia Press, 1937), 360-70; "Research and the New Deal", *New York Times*, October 23, 1933, 14.

33. "Iron and Steel Industry Code of Fair Competition as Amended May 30, 1934", pamphlet, Hagley Library, Imprints Collection; Meredith B. Givens, "Iron and Steel Industry", in Galloway (above, n. 26), 146; "A Law That We Cannot Repeal", *Iron Age*, June 1,1933; Federal Trade Commission, *Report to the President with Respect to the Basing-Point System in the Iron and Steel Industry* (Washington: GPO, 1935), 26-28.

34. Lyon et al. (above, n. 23), 647; Arthur R. Bums, *The Decline of Competition: A Study of the Evolution of American Industry* (New York: McGraw-Hill, 1936), 465-71, 508-12; Sumner Slichter, *Union Policies and Industrial Management* (Washington: Brookings Institution, 1941), 205.

35. Fred Colvin, "The Machine Tool Industry", in Galloway (above, n. 26), 301-10; NRA Code Hearings, no. 277, *Machine and Allied Products* (Washington: Recordak Corp, 1934), reel 48, 7-23; Jordan A. Schwarz, *The New Dealers: Power Politics in the Age of Roosevelt* (New York: Knopf, 1993), 96-102; Alexander Sachs, "NRA Policies and the Problem of Economic Planning", in *America's Recovery Program* (New York: Oxford University Press, 1934), 107-92.

36. Science Advisory Board *Report, 1933-34* (Washington: National Research Council, 1934), 267-83; Karl T. Compton, "Put Science To Work!", *Technology Review* 37 (1935):

133-35,152-58; "Science and Public Works", *New York Times*, July 17,1933,12; Kargon and Hodes (above, n. 24), 314-15; Daniel J. Kevles, *The Physicists* (New York: Knopf, 1977), 254-58,265-66; Joel Genuth, "Groping Towards Science Policy in the United States in the 1930s", *Minerva* 25 (1987): 238-68.

37. "Report of the Capital Goods Expenditures Committee of the Business Advisory Council", November 22, 1935, Pierre S. DuPont papers, Entry 1173-3, Hagley Museum and Library; Machinery and Allied Products Institute, "Capital Goods Industries and Postwar Taxation" pamphlet, 1945, Hagley Library Imprints Collection; Bernard Wolfman, "Federal Tax Policy and the Support of Science", *University of Pennsylvania Law Review* 114 (1965): 171-86.

38. Garet Garrett, "Machine Crisis", *Saturday Evening Post*, November 12, 1938, 12-13, 61-68, quote from 61; Bernhard Stem, "Restraints Upon the Utilization of Inventions", *Annals of the American Academy of Political and Social Sciences* (November 1938): 13-32; Harry Jerome, *Mechanization in Industry*, National Bureau of Economic Research pub. no. 27 (1934), 18-22; "First Fireside Chat of 1934", June 28, 1934, *PP-FDR*, vol. 3, 314; A. Hunter Dupree, *Science in the Federal Government*, 2d ed. (Baltimore: Johns Hopkins University Press, 1987), 346; National Industrial Conference Board, meeting minutes for October 26, 1933, National Industrial Conference Board papers, Box 6, Hagley Museum and Library; E. E. Lincoln to Willis Harrington, February 20, 1934, Willis F. Harrington papers, Box 19, Hagley Museum and Library; Bruce J. Schulman, *From Cotton Belt to Sunbelt: Federal Policy, Economic Development, and the Transformation of the South, 1938—1990* (New York: Oxford University Press, 1991).

39. "Make Technical Progress Social Progress", *American Federationist* 43 (1936): 682-83; *Verbatim Record of the Proceedings of the Temporary National Economic Committee* (Washington: Bureau of National Affairs, 1940), vol. 13, no. 11, 395-99, 407-15; Latham (above, n. 28), 222-25, 259-65; Aaron J. Gellman, "Surface Freight Transportation", in William M. Capron, ed., *Technological Change in Regulated Industries* (Washington: Brookings Institution, 1970), 169-78.

40. Richard F. Hirsh, *Technology and Transformation in the American Electric Utility Industry* (New York: Cambridge University Press, 1989), 36-81; Bruce A. Smith, *Technological Innovation in Electric Power Generation, 1950—1970* (East Lansing: Michigan State University Public Utility Papers, 1977).

41. Meeting minutes, National Industrial Conference Board, January 23, 1936, 37-38, and May 16, 1935, 29, National Industrial Conference Board papers, Boxes 7-8, Hagley Museum and Library.

42. "Proposal for Science-Industry Relationship…", April 13, 1937, NAS Archives, Institutions-Associations-Individuals, "National Association of Manufacturers, 1937"; Karl T. Compton, "Symposium on Science and Industry", *Review of Scientific Instruments*, January 1938, 6-9; Lammot Dupont, "Industry's Outlook", reprinted in *Congressional Record*, 75th C., 2d s., 359-60. 康普顿的其他活动，尤其是他对伦道夫法案（Randolph bill）的支持，表明他并没有完全放弃为学术研究争取联邦资金。

43. National Research Council, "Research Consciousness Among Leading Industrial Nations" (1937), reprinted in Harold Vagtborg, *Research in American Industrial Development* (New York: Pergamon, 1976); William L. Laurence, "Scientists Open Mellon Institute", *New York Times*, May 7,1937,15; William L. Laurence, "Mellon Institute", *New York Times*, May 7, 1937, 24; E. R. Weidlein, "Broad Trends in Chemical Research", *Industrial and Engineering Chemistry*, January 10, 1938,10–11; W. A. Hamor, "Research at the Mellon Institute", *Science* 87, April 29, 1938, 360–63.

44. "Politico-Aluminum", *Business Week*, May 1, 1937, 13–14; Thurman Arnold to Robert Jackson, May 18,1940, in Gene Gressley, ed., *Voltaire and the Cowboy: The Letters of Thurman Arnold* (Boulder: Colorado Associated University Press, 1977), 305–6.

第四章

1. Steve Fraser, *Labor Will Rule* (New York: Free Press, 1991), 375.

2. Alan Brinkley, "The New Deal and the Idea of the State", in Steve Fraser and Gary Gerstle, eds., *The Rise and Fall of the New Deal Order* (Princeton: Princeton University Press, 1989), 87–89.

3. David Lynch, *The Concentration of Economic Power* (New York: Columbia University Press, 1946), 307–10,337, 352; "Text of President's Message", *New York Times*, January 4,1940,12; National Resources Committee, *Technological Trends and National Policy (TTNP)*, (Washington: GPO, 1937), 26, viii; *New York Times*, July 18, 1937,1:1, 20, 21; IV:8; XI:6.

4. Thurman W. Arnold, *The Folklore of Capitalism* (Garden City, NY: Blue Ribbon Books, 1937), 207,216; Thurman W. Arnold, "What Is Monopoly?", *Vital Speeches* 4, July 1,1938,567–70; Thurman W. Arnold, *The Bottlenecks of Business* (New York: Reynal and Hitchcock, 1940), 116.

5. Gene Gressley, ed., *Voltaire and the Cowboy: The Letters of Thurman Arnold* (Boulder: Colorado Associated University Press, 1977), 47; Corwin Edwards, "Thurman Arnold and the Antitrust Laws", *Political Science Quarterly* 58 (1943): 340; Berge to William Ayers, April 4, 1944, Wendell Berge papers, Library of Congress (hereafter "Berge papers"), Box 28; Leo Tierney to Robert Jackson, February 23,1938, Berge papers, Box 23; *Congressional Record*, 77th C., 1st s., May 19, 1941,4186–4204; *Annual Report of the Attorney General for Fiscal Year 1938* (Washington: GPO, 1938), 59–60. Gressley supplies the best general introduction to Arnold; see also Alan Brinkley, "The Antimonopoly Ideal and the Liberal State: The Case of Thurman Arnold", *Journal of American History* 80 (1993): 557–79.

6. *Annual Report of the Secretary of Commerce* (for fiscal year 1938), cited in *Verbatim Record of the Proceedings of the Temporary National Economic Committee* (Washington: BNA, 1940), (hereafter "TNEC Transcripts")vol. 1, Reference Data Section I, January 5, 1939, 12; U.S. President, "Strengthening and Enforcement of Antitrust Laws", 75th C., 3d s., 1938, S. doc. 173, 9.

7. George Perazich and Philip M. Field, *Industrial Research and Changing Technology*

(Philadelphia: Works Progress Administration, 1940), v, 14, 17, 49-50; Lynch (above, n. 3), 108. Perazich 和 Field 的数据被广泛引用，然而 David Mowery 指出，这一现象的集中程度并没有工程进展管理局发现的那么高。参见 David C. Mowery, "The Relationship between Intrafirm and Contractual Forms of Industrial Research in American Manufacturing, 1900—1940", *Explorations in Economic History* 20 (1983): 370.

8. Mortimer Feuer, "The Patent Monopoly and the Anti-Trust Laws", *Columbia Law Review* 38 (1938): 1145X6.

9. Feuer (above, n. 8), 1147-51; Jewett to Senator Joseph O'Mahoney, January 24,1939, RG144, Box 93, "Executive Committee—Resolutions"; Jewett to Charles E. Wilson, September 13, 1937, NAS Archives, SAB Series, Agencies and Departments, "National Resources Committee, Committee on Study of Problems in Field of Technology, 1936—1937".

10. Feuer (above, n. 8); Walton Hamilton, *Patents and Free Enterprise*, TNEC monograph no. 31, 76th C., 3rd s., 1941, 80-82; Arthur A. Bright, Jr., and W. Rupert MacLaurin, "Economic Factors Influencing the Development and Introduction of the Fluorescent Lamp", *Journal of Political Economy* 51 (1943): 429-50; Leonard S. Reich, "Lighting the Path to Profit: GE's Control of the Electric Lamp Industry, 1892—1941", *Business History Review* 66 (1992): 305-34. Mark Clark 指出，压制确实存在，至少在美国电话电报公司已经发生了。贝尔系统取消了磁带录音，以确保留住顾客的信任——顾客可以通过电话毫无顾忌地交谈，甚至可以谈论不道德的话题。Mark Clark, "Suppressing Innovation: Bell Laboratories and Magnetic Recording", *Technology and Culture* 34 (1993): 515-38.

11. U.S. House of Representatives, Committee on Patents, *Compulsory Licensing of Patents*, 75th C., 3d s., 1938, 248; U.S. House of Representatives, Committee on Patents, *Pooling of Patents*, 74th C., 1st s., 1935; "Storm over Patent Pools", *Business Week*, October 26, 1935, 30-31; Compton to Daniel Roper (Secretary of Commerce), February 5, 1935, and press release, December 6, 1935, both in NAS Archives, Executive Board, Science Advisory Board, Committee on Relation of Patent System, "1934—1935"; *TNEC Transcripts*, vol. 1, 458-63; "Patent Reform", *Business Week*, March 5, 1938, 38-39.

12. Representative W. D. McFarlane to Roosevelt, February 16,1938, Franklin D. Roosevelt papers, FDRL (hereafter "Roosevelt papers"), OF 808, "1937—1939"; U.S. President (above, n. 6); *TNEC Transcripts*, vol. 1, 121-404; "Scene I: Edsel Ford and Knudsen", *Business Week*, December 3, 1939, 12-13; "Patent Probe Begins Mildly—But", *Business Week*, December 10, 1939, 14-15; "'Pay Dirt', in Glass Containers", *Business Week*, December 17, 1939, 14-15.

13. *TNEC Transcripts*, vol. 1, 405-540, quote from 438; "What Changes in Patent System?", *Business Week*, January 28, 1939, 17-18.

14. "Twentieth Century Pioneers", *Business Week*, March 2, 1940, 20; *United States Patent Law Sesquicentennial Celebration*, April 10, 1940 (Washington: GPO, 1940); "Report of the National Advisory Council to the Patents Committee of the House", *Congressional Record*, 76th C., 3d s., April 1, 1940, A2205-A2207; Hopkins to President of Senate, June 3,

1939, RG40, Office of the Secretary, General Correspondence, Box 567, File 83191/27; "Five Patent Bills", *New York Times*, August 11, 1939, 14.

15. "TNEC—Magnificent Failure", *Business Week*, March 22, 1941, 22–31; Arnold to William Chenery, May 5, 1939, in Gressley, ed. (above, n. 5), 284.

16. Attorney General Homer Cummings to Roosevelt, December 6,1937, Roosevelt papers, PSF, Box 56, "Cummings, 1937"; Richard Caves, *American Industry: Structure, Conduct, Performance*, 5th ed. (Englewood Cliffs: Prentice-Hall, 1982), 94–111.

17. Hamilton, (above, n. 10), 142, 60, 163.

18. Cummings to Roosevelt, February 10, 1938, Roosevelt papers, OF 277, "1938"; "Pyrrhic Victory Over Ethyl", *Business Week*, June 10, 1939, 8; "Nine against Ethyl", *Business Week*, March 30,1940, 17; TNEC, "Public Hearings on Patents", undated, RG144, Box 93, "Indirect Results of TNEC"; Luther A. Huston, "Trust Suit Names Glassware Group", *New York Times*, December 11, 1939, 17; "Patent Battles Begin", *Business Week*, December 16, 1939, 18–20.

19. "Strategy of the Patent Battle", *Business Week*, March 29, 1941, 25; press release, Department of Justice, July 12,1940, RG144, Box 92, "Department of Justice—Genera"; U.S. House of Representatives, Committee on Appropriations, *Department of Justice Appropriation Bill for 1941*, 76th C., 3d s., 1940, 309–11; *U. S. v. Kearney and Trecker*, August 22, 1941, cited in U.S. Senate, Judiciary Committee, Subcommittee on Patents, Trademarks, and Copyrights, *Compulsory Patent Licensing under Antitrust Judgments*, 86th C., 2d s., 1960, 55.

20. Thurman Arnold, "Monopolies Have Hobbled Defense", *Reader Digest*, July 1941, 51–55; Arnold, "Defense and Restraints of Trade", *The New Republic*, May 19, 1941, 687; Arnold, speech to Illinois Association of Real Estate Boards, September 20, 1940, RG144, Box 92, "Department of Justice—Thurman Arnold", 1–3; Arnold, "War Monopolies", *The New Republic*, October 14, 1940.

21. "Strategy of the Patent Battle", *Business Week*, March 29, 1941, 25–29; U.S. Senate, Committee on Patents, *Patents*, 77th C., 2d s., 1942, 3; Arnold to Jackson, May 18, 1940, in Gressley, ed. (above, n. 5), 305–6; Elliott H. Moyer to Wendell Berge, April 22,1947, Berge papers, Box 43; "Folklore of Magnesium", *Time*, February 10, 1941, 64–66.

22. Commissioner of Patents to Secretary of Commerce, February 4, 1941, RG40, Office of the Secretary, Box 565, File 83191/5; "Patents and Defense", *New York Times*, August 10, 1940, 12; Robert Jackson to John L. O'Brian, April 29, 1941, attached as Appendix C in Moyer to Berge, April 22, 1947; and Biddle to O'Brian, October 4, 1941, both in Berge Papers, Box 43; Arnold to Jackson, September 9, 1942, in Gressley, ed., (above, n. 5), 330–34; Coy to Grace Tully, March 5, 1942; Stimson to Roosevelt, March 4,1942; Biddle to Rosenman, March 7,1942; "Anti-Trust Procedure Memorandum", undated (probably March 20, 1942); Rosenman to Roosevelt, March 27, 1942; all in Rosenman papers, FDRL, "Anti-Trust"; Rosenman to Roosevelt, March 14, 1942, OF 277, FDRL, "1939—1943". The memorandum of understanding is reprinted in *Annual Report of the Attorney General for Fiscal Year, 1942*, mimeo in Littauer Library, Harvard University, 9–10.

23. Moyer to Berge, April 22,1947, Berge papers, Box 43; Fritz Machlup, "The Nature of the International Cartel Problem", in Corwin Edwards et al., *A Cartel Policy for the United Nations* (New York: Columbia University Press, 1945), 1,11; Senate Patent Committee (above, n. 21); U.S. Senate, *Committee on Military Affairs, Scientific and Technological Mobilization*, 78th C., 1st and 2d s,, 1943-44.

24. Bureau of National Affairs (BNA), *Patents and the Antitrust Law: Analyses from BNA's Antitrust Trade Regulation Report* (Washington: BNA, 1966), 6, 22; Frank P. Huddle, "Patent Reform", *Editorial Research Reports*, May 25, 1945, 393-94; Arthur M. Smith, "Recent Developments in Patent Law", *Michigan Law Review* 44 (1946): 917-22.

25. Alfred Jones, memo, June 18, 1942, enclosed in Jones to Wallace, May 8, 1945, RG40, Office of the Secretary, General Correspondence, Box 567, File 83191/5, 4; Arnold to Roosevelt, January 16,1943, Roosevelt papers, OF 51s; Berge to section heads, November 8,1943, Berge papers, Box 27; Wallace diary entry for August 11,1943, in John Morton Blum, ed., *The Price of Vision: The Diary of Henry A. Wallace, 1942—1946* (Boston: Houghton Mifflin, 1973), 234; Senate Military Affairs Committee (above, n. 23); Berge to Biddle, March 30, 1944, Berge papers, Box 28; "Wendell Berge: Anti-Trust Chief", *Tide*, April 1, 1944, in Berge papers, Box 43, "Wendell Berge".

26. Harold Stein, "Disposal Of The Aluminum Plants", in Stein, ed., *Public Administration and Policy Development* (New York: Harcourt, Brace & World, 1952), 313-63; Margaret B. W. Graham and Bettye H. Pruitt, *R&D for Industry: A Century of Technical Innovation at Alcoa* (New York: Cambridge University Press, 1990), 239-71; BNA 1966 (above, n. 24), 5-9, 26-34; Simon N. Whitney, *Antitrust Policies: American Experience in Twenty Industries* (New York: Twentieth Century Fund, 1958), 400-401.

27. Montague to Berge, January 10, 1944, Berge papers, Box 27; Senate Judiciary Committee (above, n. 19), 1,5; David C. Mowery and Nathan Rosenberg, "The U.S. National Innovation System", in Richard R. Nelson, ed., *National Innovation Systems* (New York: Oxford University Press, 1993), 30-40.

28. F. M. Scherer, "Antitrust, Efficiency, and Progress", *New York University Law Review* 62(1987): 998-1019; Richard Levin, "The Semiconductor Industry", in Richard R. Nelson, ed., *Government and Technical Progress* (New York: Pergamon, 1982), 75-79; David Hounshell and John K. Smith, *Science and Corporate Strategy: DuPont R&D, 1902—1980* (New York: Cambridge University Press, 1990), 246-49; BNA1966 (above, n. 24), 29; Mowery and Rosenberg (above, n. 27), 50-52; Margaret Graham, "Industrial Research in the Age of Big Science", *Research on Technological Innovation, Management, and Policy* 2 (1985): 47-79.

29. Bradford Lee, "The Miscarriage of Necessity and Invention: Proto-Keynesianism and Democratic States in the 1930s", in Peter A. Hall, ed., *The Political Power of Economic Ideas: Keynesianism Across Nations* (Princeton: Princeton University Press, 1989), 129-70; J. M. Keynes, *The General Theory of Employment, Interest, and Money*, Harvest/HBJ edition (San Diego: Harcourt, Brace, and Jovanovich, 1964); J. M. Keynes, "Some Consequences of a Declining Population", in Donald Moggridge, ed., *The Collected Writings of John Maynard*

Keynes, vol. 14 (London: MacMillan, 1973), 124-33.

30. Joseph A. Schumpeter, "John Maynard Keynes, 1883-1946", *American Economic Review* 36 (1946): 512; Alvin H. Hansen, "Economic Progress and Declining Population Growth", *American Economic Review* 29 (1939): 1-15. Hansen, *Full Recovery or Stagnation?* (New York: Norton, 1938), 318; Richard V. Gilbert et al., *An Economic Program for American Democracy* (New York: Vanguard, 1938).

31. Joseph A. Schumpeter, *Capitalism, Socialism, and Democracy* (1942; rpt. New York: Harper Colophon edition, 1975), 68; TTNP, (above, n. 3), viii; Peter J. Stone and R. Harold Denton, *Toward More Housing*, TNEC monograph no. 8,76th C., 3d s., 1940, xv.

32. Herbert Stein, *The Fiscal Revolution in America*, rev. ed. (Washington: American Enterprise Institute, 1990), 115-23; Jordan A. Schwarz, *The New Dealers: Power Politics in the Age of Roosevelt* (New York: Knopf, 1993), 85-86; Fraser (above, n. 1), 409-10; Nathaniel S. Keith, *Politics and the Housing Crisis since 1930* (New York: Universe Books, 1973), 17-29; National Resources Planning Board, *Housing: The Continuing Problem* (Washington: NRPB, June 1940), 32; Robert Lasch, *Breaking the Building Blockade* (Chicago: University of Chicago Press, 1946), 284; *TNEC Transcripts*, vol. 4, 346-48.

33. Charles E. Noyes, "Restraints of Trade in the Building Industry", *Editorial Research Reports*, April 23, 1940, 311-28; NRPB (above, n. 32), 8-22; *TNEC Transcripts*, vol. 4, 457-98; Corwin Edwards, "The New Antitrust Procedures as Illustrated in the Construction Industry", *Public Policy* 2 (1941): 325-26; "The Month in Building", *Architectural Forum* (October 1939) 50.

34. "The Trouble with Building Is …", *Fortune*, June 1938, 46-50, 92-103; Miles L. Colean, *The Role of the Housebuilding Industry* (Washington: National Resources Planning Board, July, 1942); Colean, *American Housing: Problems and Prospects* (1944; reprint New York: Twentieth Century Fund, 1949).

35. Edwards 1943 (above, n. 5), 347.

36. Richard O. Davies, *Housing Reform during the Truman Administration* (Columbia: University of Missouri Press, 1966), 136.

37. Keith (above, n. 32), 19-39; Roger Biles, "Nathan Straus and the Failure of U.S. Public Housing, 1937—1942", *Historian* 52 (1990): 33-46; Robert F. Wagner, "The Ideal Industrial State", *New York Times Magazine*, May 9, 1937, 9-10, 21-23; James T. Patterson, *Congressional Conservatism and the New Deal: The Growth of the Conservative Coalition in Congress, 1933—1939* (Lexington: University of Kentucky Press, 1967), 155, 318-22.

38. Davies (above, n. 36), 11; Biles (above, n. 37), 42-44; Nelson Lichtenstein, *The Most Dangerous Main in Detroit: Walter Reuther and the Fate of American Labor* (New York: Basic, 1995), 154-74; "Reuther Housing Plan", *Architectural Forum* (March 1941); 172-78; and replies, *Architectural Forum* (May 1941), 58-64; "The Battle of the 'Prefabs'", *Business Week*, August 15,1942, 37-44; National Housing Agency, *Second Annual Report* (Washington: GPO, 1943), 42-44; Bureau of Labor Statistics, *New Housing and Its Materials, 1940—1956*, bull. no. 1231, August 1958.

39. John Morton Blum, *V Was for Victory: Politics and American Culture during*

World War II (New York: Harcourt, Brace, and Jovanovich, 1976), 102–5; Frank Cormier and William J. Eaton, *Reuther* (Englewood Cliffs: Prentice–Hall, 1970), 215–17; "The Promise of Shortage", *Fortune*, April 1946, 102; "Fuller's House", *Fortune*, April 1946, 167.

40. "Mr. Wyatt's Shortage", *Fortune*, April 1946, 105–9, 252; U.S. Senate, Committee on Banking and Currency, *Veterans' Emergency Housing Act of 1946*, 79th C., 2d s., 1946, 82.

41. Congressional Record, 79th C., 2d s., April 8, 1946, 3326–29, 3350–51; National Housing Agency, *Fifth Annual Report* (Washington: GPO, 1946), 18–19, 31–35,42; Davies (above, n. 36), 50–58; U.S. House of Representatives, Committee on Banking and Currency, *General Housing*, 80th C., 2d s. (Washington: GPO, 1948), 116; Senator Ralph Flanders, *The High Cost of Housing*, report for the Joint Housing Committee, 80th C., 2d s., 1948, 146.

42. Davies (above, n. 36), 33–34, 110; Keith, (above, n. 32), 86.

43. Rexmond C. Cochrane, *Measures for Progress* (Washington, D.C.: U.S. Department of Commerce, 1966), 331; *TNEC Transcripts*, vol. 4, 380, 565–74; Davison to Roosevelt, May 5, 1938; Roosevelt to Lyman Briggs, May 23, 1938; Patterson to Roosevelt, June 11,1938; James Rowe to Davison, July 7, 1938, all in Roosevelt papers, OF 3D; Ellis W. Hawley, *The New Deal and the Problem of Monopoly: A Study in Economic Ambivalence* (Princeton: Princeton University Press, 1966), 180; Alvin Hansen, *After the War—Full Employment* (Washington: National Resources Planning Board, January, 1942), 19; U.S. Senate, Committee on Banking and Currency, *General Housing Act of 1945*, 79th C., 1st s., 1946, 1178–83.

44. *TNEC Transcripts*, vol. 4, 625; Stone and Denton (above, n. 31), xix, 146; Colean 1949 (above, n. 34), 23; Roosevelt to Averell Harriman, January 11, 1940, Roosevelt papers, OF 3D.

45. Keith (above, n. 32), 40–50; National Housing Agency, "Housing Costs and Cost Reduction", December 1944, pamphlet available in Littauer Library, Harvard University, 38; Senate Banking Committee, 1946 (above, n. 43), 1181; U.S. Senate, Special Committee on Postwar Economic Policy and Planning, Subcommittee on Housing and Urban Redevelopment, *Post-war Economic Policy and Planning*, part 6, 79th C., 1st s., 1945, 1299–1301.

46. Senate Postwar Planning Committee (above, n. 45), 1299–1301, 1653–55, 1680–81, 1989–90, 2002, 2018, 2044, 2079; "A Hundred Million Dollars for Housing Research", *Housing Progress*, Fall 1945, reprinted in Senate Banking Committee, 1946 (above, n. 43), 606–11; NHA, *Third Annual Report* (Washington: GPO, 1944), 56–57; U.S. Senate, *Special Committee on Postwar Economic Policy and Planning, Postwar Housing*, 79th C., 1st s., 1945, 16; Senate Banking Committee, 1946 (above, n. 43), 7,440–43, 567, 597–99; Keith (above, n. 32), 63–64.

47. NHA, *Fourth Annual Report* (Washington: GPO, 1945), 41–44; NHA, *Fifth Annual Report* (Washington: GPO, 1946), 31–35; HHFA, *Second Annual Report* (Washington: GPO, 1948), 50–55.

48. HHFA 1948 (above, n. 47), 50,73; Flanders (above, n. 41), part I; Joint Housing Committee, *Housing Study and Investigation: Final Majority Report*, 80th C., 2d s., 1948, H. Rept. 1564,1,15, 22; "The Controversy over a Long-Range Federal Housing Program",

Congressional Digest, (June-July 1948): 165-92; S. Rept. 1019, 80th C., 2d s., 1948, 3-4; U.S. House of Representatives, *Banking and Currency Committee, General Housing*, 80th C., 2d s., 1948, 776-78, 882, 891, 944-46, 1035; U.S. Senate, Special Subcommittee on HR 9659, *Housing Act of 1948*, 80th C., 2d s., 1948. S. doc. 202.

49. Davies (above, n. 36), 87-115; HHFA, *A Handbook of Information on Provisions of the Housing Act of 1949* (Washington: HHFA, 1950), 81; Shurman to Haeger, March 3, 1949, RG207, HHFA Subject File 701; HHFA, *Annual Report for 1950* (Washington: GPO, 1950), 18-22, 62-68; HHFA, *Annual Report for 1951* (Washington: GPO, 1951), 60-64; HHFA, *Annual Report for 1952* (Washington: GPO, 1952), 66-72; HHFA, *Annual Report for 1953* (Washington: GPO, 1953), 55-57; John H. Frantz to Lewis E. Williams, January 8, 1951, RG207, HHFA Subject File 121, Box 43; U.S. Senate, Committee on Appropriations, *Independent Offices Appropriations for 1952*, 82d C., 1st s., 1951, 616-25.

50. Dorothy Nelkin, *The Politics of Housing Innovation* (Ithaca: Cornell University Press, 1971); Building Research Advisory Board, *A Survey of Housing Research* (Washington: HHFA, 1952); Winfield Best and Eugene Tilleux, "Results of a Survey of Housing Research", *Housing Research* (Winter 1951-52): 25-26; John M. Quigley, "Residential Construction", in Richard R. Nelson, ed., *Government and Technical Progress: A Cross Industry Analysis* (Washington: American Enterprise Institute, 1980), 393-400; Davis Dyer and David Sicilia, *Labors of a Modem Hercules: The Evolution of a Chemical Company* (Boston: Harvard Business School Press, 1990), 368-71.

51. *TNEC Transcripts*, vol. 4, 458-60; "For Building, Anti-Trust Treatment", *Business Week*, July 15, 1939, 52.

52. Edwards 1941 (above, n. 33), 322-27; Berge to Arnold, May 31,1939, Berge Papers, Box 24.

53. "The Month in Building", *Architectural Forum* (June 1939): 2; Arnold to staff, August 1939, Berge papers, Box 24; John H. Crider, "Breaking a Bottleneck", *Survey Graphic* (February 1940): 74; "New Test for Patents", *Business Week*, March 16, 1940, 19-20; "The Month in Building", *Architectural Forum* (April 1941); 2-4; Thurman Arnold, speech to Illinois Association of Real Estate Boards, Chicago, September 20, 1940, RG 144, Box 92, "Department of Justice—Thurman Arnold", 11-13; Frank C. Waldrop, "Trust Busting against Labor", Washington Herald, November 10,1939, in Berge Papers, Box 54; Arnold to Freda Kirchwey, December 14,1939, in Gressley, ed. (above, n. 5), 298-99.

54. Joseph A. Padway, "Mr. Arnold Gets Stopped", *American Federationist* (March 1941): 12; Louis P. Goldberg, *American Federationist* (March 1940): 262-70; Thurman Arnold, "The Antitrust Laws and Labor", speech to American Labor Club, New York City, January 27, 1940, Berge Papers, Box 32; Noyes (above, n. 33), 323-24; "The Month in Building", *Architectural Forum* (September 1939): 4, (March 1940): 4, and (September 1940): 4; *Proceedings of the Fourth CIO Convention* (n.p., 1941): 115; *TNEC Transcripts*, vol. 14, 32-33.

55. "Labor and the Anti-Trust Laws", *American Federationist* (June 1940): 622-29; *TNEC Transcripts*, vol. 13, 540; National Resources Planning Board, *Housing: The*

Continuing Problem (Washington: GPO, 1940), 35; David Kaplan, "Men and Machines", *American Labor Legislation Review* 30 (1940): 90-95; "Anti-Trust", *American Federationist* (May 1940): 471-73; "Labor and the Anti-Trust Laws", *American Federationist* (June 1940): 622-29; "Blunderbuss", *Nation*, December 2, 1939, 596-97; *Proceedings of the Second Constitutional Convention of the CIO* (n.p., 1939).

56. "Boss Carpenter", *Fortune*, April, 1946, 118-25, 276-82; "The Month in Building", *Architectural Forum* (September 1939): 4, and (December 1939): 2; "Building Trust-Busters Eye 1940", *Business Week*, January 6, 1940, 15-16; Edwards 1941 (above, n. 33), 333; Frank C. Waldrop, "Trust Busting Against Labor", *Washington Herald*, November 10, 1939, Berge Papers, Box 54; "The Month in Building", *Architectural Forum* (February 1940): 2; Harold Smith, memo of conference with President, February 7, 1940, Harold D. Smith papers, FDRL, Box 3; U.S. House of Representatives, *Committee on Appropriations, Department of Justice Appropriation Bill for 1941*, 76th C., 3d s. (Washington: GPO, 1940); *Congressional Record*, 77th C., 1st s., Senate, May 19, 1941, 4186-4204.

57. Edwards 1941 (above, n. 33), 335; clippings for March 3, 1940, Berge papers, Box 54; E. B. McNatt, "Recent Supreme Court Interpretations of Labor Law (1940—1941)", *Journal of Business* 14 (1941): 359-61; Arnold to Robert Jackson, February 21, 1941, in Gressley, ed. (above, n. 5), 312-15; Arnold to Reed Powell, February 21, 1941, in ibid., 315-17; *TNEC Transcripts*, vol. 14, 53-60.

58. Thurman W. Arnold, *Fair Fights and Foul: A Dissenting Lawyer's Life* (New York: Harcourt, Brace and World, 1965), 116-17; Memorandum for the Solicitor General, December 3, 1942, Francis Biddle papers, FDRL, "Antitrust"; Wendell Berge, "Labor Must Share Responsibility", St. Louis Post-Dispatch, April 16, 1945, in Berge papers, Box 57; Brinkley 1993 (above, n. 5).

59. Bureau of Labor Statistics, *Structure of the Residential Building Industry in 1949*, bull. 1170, November 1954; Marc A. Weiss, *The Rise of the Community Builders: The American Real Estate Industry and Urban Land Planning* (New York: Columbia University Press, 1987); Glenn H. Beyer, *Housing and Society* (New York: MacMillan, 1965), 204-11; Bureau of Labor Statistics, *New Housing and Its Methods, 1940—1956*, bull. 1231, August 1958.

60. Alan Brinkley, *The End of Reform: New Deal Liberalism in Recession and War* (New York: Knopf, 1995), 136; William J. Barber, "Government as a Laboratory for Economic Learning in the Years of the Democratic Roosevelt", in Mary O. Fumer and Barry Supple, eds., *The State and Economic Knowledge: The American and British Experiences* (New York: Cambridge University Press, 1990), 120-22.

61. Thurman Arnold, "Labor's Hidden Hold-Up Men", *Reader's Digest*, June 1941, 136-40; Marc A. Eisner, *Antitrust and the Triumph of Economics* (Chapel Hill: University of North Carolina Press, 1991), 76-89.

第五章

1. Christina D. Romer, "What Ended the Great Depression?" *Journal of Economic History* 52 (1992): 761.

2. Lewis Mumford, *Technics and Civilization* (1934; reprint with a new introduction, San Diego: Harvest/Harcourt, Brace, and Jovanovich, Paperback, 1963), 422; Richard J. Samuels, *Rich Nation, Strong Army: National Security and the Technological Transformation of Japan* (Ithaca: Cornell University Press, 1994), 4–9.

3. William E. Leuchtenburg, *The Perils of Prosperity, 1914—1932*, 2d ed. (Chicago: University of Chicago Press, 1993), 106–19; Jordan A. Schwarz, "Baruch, the New Deal, and the Origins of the Military-Industrial Complex", in Robert Higgs, ed., *Arms, Politics, and the Economy: Historical and Contemporary Perspectives* (New York: Holmes and Meier, 1990), 1–21; Samuel P. Huntington, *The Soldier and the State: The Theory and Politics of Civil-Military Relations* (Cambridge: Belknap, 1957), 290; Ellis W. Hawley, "Three Facets of Hooverian Associationalism: Lumber, Aviation, and Movies, 1921—1930", in Thomas K. McCraw, ed., *Regulation in Perspective* (Cambridge: Harvard University Press, 1981), 95–124; J. D. Bemal, *The Social Function of Science* (London: George Routledge and Sons, 1939), 182.

4. Constance M. Green, Harry C. Thomson, and Peter C. Roots, *The Ordnance Department: Planning Munitions for War* (Washington: Department of the Army, 1955), 178, 196.

5. Otis L. Graham, Jr., and Meghan Robinson Wander, eds., *Franklin D. Roosevelt—His Life and Times: An Encyclopedic View* (Boston: G. K. Hall, 1985), 10; Daniel J. Kevles, *The Physicists* (New York: Knopf, 1977), 289–91; David K. van Keuren, "Science, Progressivism, and Military Preparedness: The Case of the Naval Research Laboratory, 1915–1923", *Technology and Culture* 33 (1992): 710–36; David A. Mindell, "'Datum for Its Own Annihilation': Feedback, Control, and Computing, 1916—1945" (Ph.D. diss., MIT, 1996); Stephen L. McFarland, *America's Pursuit of Precision Bombing, 1910—1945* (Washington: Smithsonian Institution Press, 1995).

6. Michael S. Sherry, *The Rise of American Air Power* (New Haven: Yale University Press, 1987), 22–75; McFarland (above, n. 5), 26–44; Mark S. Watson, *Chief of Staff: Prewar Plans and Preparations* (Washington: Department of the Army, 1950), 44–47; Jacob Vander Meulen, *The Politics of Aircraft* (Lawrence: University of Kansas Press, 1991), 55–79, 182–220; Walter Millis, *Arms and Men: A Study in American Military History* (New York: G. P. Putnam, 1956), 269–73; Gerald T. White, *Billions for Defense: Government Financing by the Defense Plant Corporation during World War II* (University, AL: University of Alabama Press, 1980), 1; National Resources Planning Board, *Research—A National Resource*, vol. 1 (Washington: GPO, 1938), 69–70.

7. A. Hunter Dupree, *Science in the Federal Government*, 2d ed. (Baltimore: Johns Hopkins University Press, 1987), 302–43; Alex Roland, *Model Research: The National Advisory Committee for Aeronautics, 1915—1958* (Washington: NASA, 1985), 1–146.

8. Terrence J. Gough, "Soldiers, Businessmen, and U.S. Industrial Mobilization Planning between the World Wars", *War and Society* 9 (1991): 63–99; Gregory Hooks, *Forging the Military-Industrial Complex: World War IVs Battle of the Potomac* (Urbana: University of Illinois Press, 1991), 130–31; Barton J. Bernstein, "The Automobile Industry and the Coming of the Second World War", *Southwestern Social Sciences Quarterly* 47 (1966): 22–33; David Brody, "The New Deal and World War II", in John Braeman, Robert H. Bremner, and Brody, eds., *The New Deal: The National Level* (Columbus: Ohio State University Press), 281–84; Hadley Cantril, *Public Opinion 1935—1946* (Westport, CT: Greenwood Press, 1978), 346; Nelson Lichtenstein, *Labor's War at Home: The CIO in World War II* (New York: Cambridge University Press, 1982), 26–43; Richard N. Chapman, *The Contours of Public Policy, 1939—1945* (New York: Garland, 1981), 69–85; Barry Karl, *The Uneasy State: The U.S. From 1915 to 1945* (Chicago: University of Chicago Press, 1983), 200.

9. Alan Brinkley, *The End of Reform: New Deal Liberalism in Recession and War* (New York: Knopf, 1995), 177–82; Luther Gulick, "The War Organization of the Federal Government", *American Political Science Review* 38 (1944): 1166–79; Civilian Production Administration (CPA), Bureau of Demobilization, *Industrial Mobilization for War, Volume I, Program and Administration* (Washington: GPO, 1947), 8–23; Robert Dallek, *Franklin D. Roosevelt and American Foreign Policy, 1932—1945* (New York: Oxford University Press, 1979), 199–232.

10. Carroll Pursell, "Science Agencies in World War II: The OSRD and Its Challengers", in Nathan Reingold, ed., *The Sciences in the American Context: New Perspectives* (Washington: Smithsonian Institution Press, 1979), 360; James G. Hershberg, *James B. Conant: Harvard to Hiroshima and the Making of the Nuclear Age* (Stanford: Stanford University Press, 1993), 111–34; Bush to Hoover, April 10, 1939, Vannevar Bush papers, Library of Congress, Manuscripts Division (hereafter "Bush papers, LC") Box 51, File 1261.

11. Larry Owens, "The Counterproductive Management of Science in the Second World War: Vannevar Bush and the Office of Scientific Research and Development", *Business History Review* 68 (1994): 518; Vannevar Bush, *Pieces of the Action* (Cambridge: MIT Press, 1970), 35; Kevles 1977 (above, n. 5), 297; Nathan Reingold, "Vannevar Bush's New Deal for Research, or the Triumph of the Old Order", *Historical Studies in the Physical and Biological Sciences* 17 (1987): 299–344.

12. Stanley Goldberg, "Inventing a Climate of Opinion: Vannevar Bush and the Decision to Build the Bomb", *Isis* 83 (1992): 431; James P. Baxter, III, *Scientists against Time* (Boston: Little, Brown, 1946), 452; Kevles 1977 (above, n. 5), 298–301; "War in the Laboratories", *Time*, May 26, 1941, 58–62; Bush to Hopkins, March 13,1941, Bush papers, LC, Box 51, File 1269. 布什在给霍普金斯的信中建议设立单人高级科学顾问职位，并由具有信中所述品质的人担任。虽然该建议最终没有被正式采纳，但它体现了布什的个人形象。

13. "Technological High Command", *Fortune*, April 1942, 63–67; Harold G. Vatter, *The U.S. Economy in World War II* (New York: Columbia University Press, 1985), 146; Alan S. Milward, *War, Economy, and Society* (Berkeley: University of California Press, 1977), 186;

注 释

Vannevar Bush, *Modem Arms and Free Men* (New York: Simon and Schuster, 1949), 27-112.

14. Joel Genuth, "Microwave Radar, the Atomic Bomb, and the Background to U.S. Research Priorities in World War II", *Science, Technology, and Human Values* 13 (1988): 276-89; Mindell (above, n. 5); Baxter (above, n. 12); Owens (above, n. 11).

15. Sherry 1987 (above, n. 6), 187-90; Allen Kaufman, "In the Procurement Officer We Trust: Constitutional Norms, Air Force Procurement and Industrial Organization, 1938-1947", paper presented at the Hagley Museum, October 1995, 37T9; Roland, (above, n. 7), 173-98; Jonathan Zeitlin, "Flexibility and Mass Production at War: Aircraft Manufacture in Britain, the U.S., and Germany, 1939—1945", *Technology and Culture* 36 (1995): 46-79; William S. Hill, Jr., "The Business Community and National Defense: Corporate Leaders and the Military, 1943—1950" (Ph.D. diss., Stanford University, 1979), 84-103.

16. Michael A. Dennis, "A Change of State: The Political Cultures of Technical Practice at the MIT Instrumentation Laboratory and the Johns Hopkins University Applied Physics Laboratory, 1930—1945", (Ph.D. diss., Johns Hopkins University, 1991); Arthur A. Bright, Jr., and John Exter, "War, Radar, and the Radio Industry", *Harvard Business Review* (Winter 1947): 256, 265; Harvey Sapolsky, *Science and the Navy: The History of the Office of Naval Research* (Princeton: Princeton University Press, 1990), 14-20; Bush to Conant, October 19, 1943, RG227, Entry 2, Box 5.

17. Baxter (above, n. 12), 31-36; Green et al. (above, n. 4), 275-93, 225; Kevles 1977 (above, n. 5), 308-15.

18. Richard G. Hewlett and Oscar E. Anderson, Jr., *The New World, 1939/1946* (University Park, PA: Pennsylvania State University Press, 1962); Richard Rhodes, *The Making of the Atomic Bomb* (New York: Simon & Schuster, 1986).

19. Smaller War Plants Corporation, *Economic Concentration and World War II* (Washington: GPO, 1946), 51-54; Bush to Conant, October 19, 1943, RG227, Entry 2, Box 5; *Second Annual Report of the Secretary of Defense* (Washington: GPO, 1949), 48; *First Annual Report of the Secretary of Defense* (Washington: GPO, 1949), 15; Michael S. Sherry, *Preparing for the Next War: American Plans for Postwar Defense, 1941—1945* (New Haven: Yale University Press, 1977), 127-34.

20. Irvin Stewart, *Organizing Scientific Research for War* (Boston: Little Brown, 1948), 16-17; Norman D. Markowitz, *The Rise and Fall of the People's Century: Henry A. Wallace and American Liberalism, 1941—1948* (New York: The Free Press, 1973), 39-40.

21. Cletus Miller to Maverick, January 12, 1942, RG227, Entry 13, Box 30.

22. Ickes to President, August 19, 1940, Roosevelt papers, OF 2240; Knudsen to Roosevelt, February 18,1941, RG179, PDF 282, "Research 1940—1941"; Roosevelt to Smith, February 20, 1941, Roosevelt papers, OF 872; Bush to Hopkins, March 13,1941, Bush papers, LC, Box 51, File 1269; Smith to Roosevelt, March 17, 1941, Roosevelt papers, OF 2240; Ickes to Roosevelt, April 11, 1941, OF 2240; Bush to Batt, January 30,1942, RG179, PDF016.802, "Materials Division OPM—Personnel"; C. K. Leith, "Cooperation of the Laboratories of the Country", Verbatim Transcript of Proceedings, April 29, 1942, RG179, PDF 282M.

23. Stuart L. Weiss, "Maury Maverick and the Liberal Bloc", *Journal of American History* 57 (1971): 880–95; Maverick to James Knowlson, March 13, 1942, RG179, PDF 282, "Research–1942"; Bush to Roosevelt, April 8, 1942, RG179, PDF 027.33, "WPB-Organization–Proposed Units and Committees, 1941—1942".

24. Joel Genuth, "Groping Towards Science Policy in the United States in the 1930s", *Minerva* 25 (1987): 261–63; Leith to Batt, April 15, 1942, RG 179, WPB PDF 073.011.

25. Miller to A. C. C. Hill, March 21, 1942, RG179, PDF 027.33, "WPB-Organization–Proposed Units and Committees, 1941—1942"; C. I. Gragg to Hill, April 20, 1942, RG179, PDF 282, "Research–1942"; "Index to Files", RG179, PDF 073.011; Robert D. Leigh to Thomas Blaisdell, April 30, 1942, RG179, PDF 282, "Research–1942"; Leith to A. I. Henderson, May 15, 1942, RG 179, PDF 073.011; Reid, "Conversation with Maury Maverick on Thursday, May 28, 1942", June 1, 1942. 马弗里克委员会听证会的文字记录参见 RG179, PDF 073.011。对于听证会记录，朱厄特的评价是"恶心"，参见 1942 年 6 月 8 日朱厄特致巴特的信（RG179, PDF 073.011）：马弗里克指示布什读了一段与布什有关的记录（其中马弗里克称布什为"爱国者"，而非"圣牛"），布什称自己感觉"有趣而且有点儿振奋，战争让人绷紧了神经，人们必须在几乎所有交际中保持完全客观，所以偶尔的放松和不那么严肃的活动会让人感觉愉悦"。Bush to Maverick, June 6, 1942, RG179, PDF 027.33, "WPB-Organization–Proposed Units and Committees, 1941–1942".

26. Maverick to Nelson, May 29, 1942, RG179, PDF 282M; Nathan to Nelson, May 16, 1942; Nelson to Smith, July 9, 1942 (noted—"not sent"); Rosenman to Sidney Weinberg, July 2, 1942; and Leith to Amory Houghton, July 21, 1942, all in RG179, PDF 282, "Research–1942"; Bruce Catton, *The Warlords of Washington* (New York: Harcourt, Brace, 1948), 132; "Testing New Inventions", *New York Times*, July 20, 1942, 12; Searls to Nathan, June 7, 1942, RG179, PDF 073.01; Maverick to Bush, May 29,1942; and Bush to Nelson, June 3, 1942, both in RG179, PDF 073.011; Bush to Frederic Delano, July 22, 1942, RG227, Entry 13, Box 34.

27. "Index to Files", RG179, PDF 073.011 for August 5 and August 7, 1942; Milo Perkins to Nelson, August 10, 1942, Marshall to Nelson, August 10, 1942, and Lord to Nelson, August 28, 1942, all in RG179, PDF 073.012; J. H. Thacher to L. Gulick, August 6, 1942, RG179, PDF 073.0111; "Research Agency", *Business Week*, August 8, 1942, 58; "Inventions and the War", *New York Times*, August 27, 1942; U.S. Senate, Commitee on Military Affairs, *Technological Mobilization*, 77th C., 2d s., 1943, 1–4.

28. Daniel Kevles, "The National Science Foundation and the Debate over Postwar Research Policy, 1942—1945", *Isis* 68 (1977): 5–27; memo to files on October 15 conference, RG179, PDF 073.011; Jones to Nelson, September 12, 1942, RG179, PDF 073.012; Jones to Nelson, September 25, 1942, RG179, WPB PDF 073.01; Batt to Leith, September 25, 1942, RG179, WPB PDF 073.014; Bush to Nelson, October 21, 1942, RG179, WPB PDF 073.018.

29. Thacher to Gulick, November 4, 1942, RG179, PDF 073.017; Donald Davis to Nelson, December 1, 1942, RG179, PDF 073.014.

30. "Statement on the Functions of OPRD", June 1, 1943, RG179, PDF 073.006; "What Benefits Have Accrued or Will Accrue to the People of Our Country from the Research Work Sponsored by OPRD", June 4, 1945, RG179, PDF 282, "Research-1942"; Peter Neushul, "Science, Technology, and the Arsenal of Democracy" (Ph.D. diss., University of California, Santa Barbara, 1993); Harvey Davis to Donald Davis, March 8, 1944, and April 15, 1944, both in RG179, PDF 073.006; Philip N. Youtz, "Programs for Regional Development of Industry", July 4, 1944, pamphlet available in Littauer Library, Harvard University.

31. Davis to Nelson, June 5, 1944, RG179, PDF 073.002; Donald Davis to Donald B. Keyes, July 18, 1944, RG179, PDF 073.006; Nelson to Murray, August 12, 1944, RG179, PDF 073.003; "Office of Production Research and Development Operating Summary for the Period Ending August 30, 1946", RG179, PDF 073.008; OPRD budget justification for FY45, February 1, 1944, RG179, PDF 073.003, 8.

32. F. H. Hoge, Jr., to A. C. C. Hill, July 27, 1942; Hoge to Nathan, July 29, 1942; and Hoge to Hill, August 13, 1942, all in RG179, PDF 073.011.

33. Vernon Herbert and Attilio Bisio, *Synthetic Rubber: A Project That Had to Succeed* (Westport, CT: Greenwood Press, 1985), 39-60; Peter J. T. Morris, *The American Synthetic Rubber Research Program* (Philadelphia: University of Pennsylvania Press, 1989), 9-10; William M. Tuttle, Jr., "The Birth of an Industry: The Synthetic Rubber 'Mess' in World War II", *Technology and Culture* 22 (1981): 38-43.

34. James B. Conant, *My Several Lives: Memoirs of a Social Inventor* (New York: Harper and Row, 1970), 307, 315, 326; Tuttle (above, n. 33), 53-63; Morris (above, n. 33), 12-17.

35. Bush to Delano, July 22, 1942, RG227, Entry 13, Box 34; Keith Chapman, *The International Petrochemical Industry* (Cambridge: Blackwell, 1991), 66, 76-82; Morris (above, n. 33), 30, 18-22, 50-54. Robert A. Solo, *Synthetic Rubber: A Case Study in Technological Development Under Government Direction*, study no. 18 prepared for U.S. Senate, Committee on the Judiciary, 85th C., 2d s., 1959, dissents from Chapman's assessment.

36. John K. Smith, Jr., "World War II and the Transformation of the American Chemical Industry", in E. Mendelsohn, M. R. Smith, and P. Weingart, eds., *Science, Technology, and the Military* (Dordrecht: Kluwer, 1988), 307-22; Margaret B.W. Graham and Bettye H. Pruitt, *R&D for Industry: A Century of Technical Innovation at Alcoa* (New York: Cambridge University Press, 1990), 239-71; White (above, n. 6), 88-112; John M. Blair, *Economic Concentration: Structure, Behavior, and Public Policy* (New York: Harcourt Brace, 1972), 380-85.

37. Wallace, diary for May 4, 1945, in John M. Blum, ed., *The Price of Vision: The Diary of Henry A. Wallace, 1942—1946* (Boston: Houghton-Mifflin, 1973), 442; Henry Wallace, *Sixty Million Jobs* (New York: Reynal and Hitchcock, Simon and Schuster, 1945), 94. 我在此处的描述引用了Blum在导论中的话，参见Blum, "Portrait of a Diarist", 1-49.

38. Office of Alien Property Custodian, *Annual Report for the Period March 11, 1942— June 30, 1943* (Washington: APC, 1943), 4-5, 58-63, 73-77; Office of Alien Property

Custodian, *Annual Report for Fiscal Year 1944* (Washington: APC, 1944), iii–iv, 90–108; Office of Alien Property Custodian, *Annual Report for Fiscal Year 1945* (Washington: APC, 1945), 97–119; Office of Alien Property Custodian, *Annual Report for Fiscal Year 1946* (Washington: APC, 1946), 4, 95–107; Smaller War Plants Corporation, "Technical Advisory Service", March 1945, mimeo, available in Littauer Library, Harvard University; *Annual Report of the Secretary of Commerce for 1946* (Washington: GPO, 1946), 28–29; John Gimbel, *Science, Technology, and Reparations* (Stanford: Stanford University Press, 1990), 27–30.

39. Program Committee, draft report, July 7,1945, RG40, Office of the Secretary, Box 1083, File 104377, 35–43; Wallace diary for August 17,1945, in Blum, ed. (above, n. 37), 475–76; *Public Papers of the President, 1945* (Washington: GPO, 1961), 296; Truman to Wallace, October 19, 1945, and February 18, 1946, both in RG40, Office of the Secretary, Box 921, File 101199.

40. "Budget Message of the President for Fiscal Year 1947", in *The Budget of the U.S. Government* (Washington: GPO, 1946), xxxii–xxxiv, 327–28, 125; U.S. House of Representatives, *Committee on Appropriations, Department of Commerce Appropriation Bill for 1947*, 79th C., 2d s., 1946, 80; Wallace to Senator Josiah Bailey, January 25, 1946, RG40, Office of the Secretary, Box 1083, File 104373. 关于国立卫生研究院的开支对比，当时还没有归属国立卫生研究院的美国国家癌症研究所额外提供了一笔50万美元的研究费用。

41. House Appropriations Committee, 1946 (above, n. 40), 72, 85–90, 401; Wallace to Bailey, January 25, 1946, RG40, Office of the Secretary, Box 1083, File 104373; "Justification of Increases by Project in Request for 1947 Funds for Field Operations as Compared with Estimated Obligations for Similar Projects in 1946", RG40, General Records Relating to Appropriations, 1910—1951, Office of the Secretary, Box 183, File 88117, "1947", 2.

42. Green to Stone, February 10, 1947, RG40, OTS Records, Box 56, "NAM"; *Annual Report of the Secretary of Commerce for 1947* (Washington: GPO, 1947), 21–26; U.S. House of Representatives, 79th C., 2d s., 1946, H. Rept. 1890,27; *Congressional Record*, 79th C., 2d s., May 3, 1946, 4426–34; *Congressional Record*, 79th C., 2d s., June 21, 1946, 7296–7300.

43. Gimbel (above, n. 38), 71; John W. Snyder, *Battle for Production, report of the director of the Office of War Mobilization and Reconversion* (Washington: GPO, 1946), 70–71; Secretary of Commerce, 1946 (above, n. 38), 17–22.

44. U.S. House of Representatives, 79th C., 2nd s., 1946, H. Rept. 1890, 3; U.S. House of Representatives, Committee on Appropriations, *Department of Commerce Appropriation Bill for 1948*, 80th C., 1st s., 1947, 92–136; U.S. House of Representatives, 80th C., 1st s., 1947, H. Rept. 336, 23; *Congressional Record*, 80th C., 1st s., July 3,1946,8250; U.S. House of Representatives, Committee on Appropriations, *Department of Commerce Appropriation Bill for 1949*, 80th C., 2d s., 1948,69; Robert K. Stewart, "The Office of Technical Services: A New Deal Idea in the Cold War", *Knowledge* 15 (1993): 59–63; Jessica Wang, "Science, Security, and the Cold War: The Case of E. U. Condon", *Isis* 83 (1992): 238–69.

45. Wallace to Bailey, January 25,1946, RG40, Office of the Secretary, Box 1083, File

104373, 3.

46. U.S. Senate, Commerce Committee, *To Establish an Office of Technical Services in the Department of Commerce*, 79th C., 1st s., 1945; Wallace to Bailey, November 21, 1945, RG40, Office of the Secretary, Box 1083, File 104373; U.S. Senate, 79th C., 2d s., 1946, S. Rept. 908.

47. Harold Young to Bernard Gladieux, February 25, 1946, RG40, Office of the Secretary, Box 1083, File 104373; *Congressional Record*, 79th C., 2nd s., March 1, 1946, 1818; Wallace memo of telephone conversation with Fulbright, April 1, 1946, Reel 66, frame 232; and Wallace memo of telephone conversation with Mead, April 2, 1946, Reel 66, frame 235, both in Wallace papers (microfilm, University of Iowa collection); Wallace to Truman, April 12, 1946, RG40, Office of the Secretary, Box 921, File 101199; Wallace to Truman, May 10, 1946, RG40, Office of the Secretary, Box 1029, File 104240; U.S. Senate, Committee on Expenditures in Executive Departments, *Technical Information and Services Act*, 80th C., 1st s., 1947.

48. Stewart (above, n. 44), 65–68; House of Representatives, Select Committee on Small Business, *Problems of Small Business Related to the National Emergency*, part 3, 82d C., 1st s., 1951, 2051.

49. Stephen K. Bailey, *Congress Makes a Law: The Story behind the Employment Act of 1946* (New York: Columbia University Press, 1950).

第六章

1. Alonzo Hamby, *Beyond the New Deal: Harry S. Truman and American Liberalism* (New York: Columbia University Press, 1973), 54.

2. Herbert Stein, *The Fiscal Revolution in America*, rev. ed. (Washington: AEI Press, 1990), 197–240; Robert Lekachman, *The Age of Keynes* (New York: Random House, 1966), 209, 287.

3. Bruce L. R. Smith, *American Science Policy since World War II* (Washington: Brookings Institution, 1990).

4. Alvin H. Hansen, "Economic Progress and Declining Population Growth", *American Economic Review* 29 (1939): 12; Paul A. Samuelson, *Economics: An Introductory Analysis*, 2d ed. (New York: McGraw-Hill, 1951), 408.

5. Bradford Lee, "The Miscarriage of Necessity and Invention: Proto-Keynesianism and Democratic States in the 1930s", in Peter A. Hall, ed., *The Political Power of Economic Ideas: Keynesianism across Nations* (Princeton: Princeton University Press, 1989), 132–33; Hansen (above, n. 4).

6. Stein (above, n. 2), 91–130; Henry S. Dennison, Lincoln Filene, Ralph E. Flanders, and Morris E. Leeds, *Toward Full Employment* (New York: Whittlesey House, 1938), 189–202; Alan Brinkley, *The End of Reform: New Deal Liberalism in Recession and War* (New York: Knopf, 1995), 86–105; William J. Barber, "Government as a Laboratory for Economic Learning in the Years of the Democratic Roosevelt", in Mary O. Fumer and Barry Supple,

eds., *The State and Economic Knowledge: The American and British Experiences* (New York: Cambridge University Press, 1990), 120–22. 我认为布林克利对汉森立场的解读有些偏颇，尽管汉森宣称消费是"伟大的未来前沿"。参见 Speech, March 15, 1940, Alvin H. Hansen papers, Harvard University Archives (hereafter "Hansen papers"), 3.10。

7. Byrd L. Jones, "The Role of Keynesians in Wartime and Postwar Planning, 1940–1946", *American Economic Review Papers and Proceedings* 62 (1972): 126–28, 138–39; Robert J. Gordon, "$45 Billion of U.S. Private Investment Has Been Mislaid", *American Economic Review* 59 (1969): 226; Barber (above, n. 6), 122–33; Stein (above, n. 2), 180–93. Gregory Hooks 通过一些不太令人满意的数据提供了一个更有趣也更具批判性的描述，参见 Gregory Hooks, *Forging the Military-Industrial Complex: World War II's Battle of the Potomac* (Urbana: University of Illinois Press, 1991), 127–41。

8. National Resources Planning Board, *National Resources Development Report for 1943. Part I: Postwar Plan and Program* (Washington: USGPO, 1943); Hansen to Gerhard Colm, July 11, 1944, Hansen papers, 3.10; Hansen to J. Weldon Jones, August 18, 1944, RG51, Entry 39.3, Box Folder 431,6; Gerhard Colm, draft on "Postwar Employment", October 9,1944, Gerhard Colm papers, HSTL (hereafter "Colm papers"), Box 1, "Postwar Employment Program of Interagency Group", 11–15; Hadley Cantril, ed., *Public Opinion, 1935—1946* (Westport, CT: Greenwood, 1978), 901–4; George Terborgh, *The Bogey of Economic Maturity* (Chicago: Machinery and Allied Products Institute, 1945), 13.

9. James F. Byrnes, *Reconversion: A Report to the President*, 78th C., 2d s., 1944, S. doc. 237; Byrnes, "War Production and VE Day", Office of War Mobilization and Reconversion pamphlet, April 1, 1945, available in Widener Library, Harvard University, 28; U.S. Senate, Special Committee on Postwar Economic Policy and Planning, *Postwar Tax Plans for the Federal Government*, 79th C., 1st s., 1945, Committee Print 7; Stephen K. Bailey, *Congress Makes a Law* (New York: Columbia University Press, 1950), 13–36.

10. Bailey (above, n. 9); Stein (above, n. 2), 197–204.

11. U.S. Senate, Committee on Banking and Currency, *Full Employment Act of 1945*, 79th C., 1st s., 1945, 357–69.

12. John Kenneth Galbraith, *American Capitalism: The Concept of Countervailing Power* (Cambridge: Riverside Press, 1952), 91; Seymour Harris, "The Issues", in Harris, ed., *Saving American Capitalism* (New York: Knopf, 1948), 11; Gerald T. White, *Billions for Defense: Government Financing by the Defense Plant Corporation during World War II* (University, AL: University of Alabama Press, 1980), 103–9.

13. Kendall Birr, "Industry Research Laboratories", in Nathan Reingold, ed., *The Sciences in the American Context: New Perspectives* (Washington: Smithsonian Institution Press, 1979), 202; Margaret Graham, "Industrial Research in the Age of Big Science", *Research on Technology Innovation, Management, and Policy* 2 (1985): 47–79; "Industry is Spending More for Research", *Business Week*, November 1, 1947, 58. 国家投资支出可以在给总统的半年经济报告（*Economic Report of the President*）中找到，该报告于1947年1月首次提交给国会。

14. J. Keith Butters, "Taxation and New Product Development", *Harvard Business*

Review (Summer 1945): 451-60; U.S. House of Representatives, Committee on Ways and Means, *General Revenue Revision*, 83rd C., 2d s., 1954, 940-59; Keyserling to Clark Clifford, December 20, 1948, Leon Keyserling papers, HSTL (hereafter "Keyserling papers"), Box 8, "White House Contacts— Clark Clifford, 1946—1952"; Hamby 1973 (above, n. 1), 209-15,294-303; Robert M. Collins, "The Emergence of Economic Growthmanship in the United States: Federal Policy and Economic Knowledge in the Truman Years", in Furner and Supple (above, n. 6), 149-50.

15. "Oil on Troubled Waters", *Washington Post*, January 1, 1950, 15; *Economic Report of the President* (Washington: GPO, 1950), 6; Colm to Keyserling, March 3, 1949, Keyserling papers, Box 7, "Projections"; J. Weldon Jones to Director, May 25,1949, RG51, Entry 39.3, Box 66, Folder 398; President's radio message, July 13, 1949, Keyserling papers, Box 8, Folder "White House Contacts—Harry S. Truman—3"; William O. Wagnon, Jr., "The Politics of Economic Growth: The Truman Administration and the 1949 Recession" (Ph.D. diss., University of Missouri, 1970), chaps. 2-5; Alonzo Hamby, *Man of the People: A Life of Harry S. Truman* (New York: Oxford University Press, 1995), 499-501; Leon Keyserling, "Prospects for American Economic Growth", speech, September 18, 1949, Harry S. Truman papers, HSTL (hereafter "Truman papers"), OF 791.

16. Melvin G. DeChazeau et al., *Jobs and Markets: How to Prevent Inflation and Depression in the Transition* (New York: McGraw-Hill, 1946), 40-44; Leon Keyserling, "Deficiencies of Past Programs and Nature of New Needs", in Harris, ed. (above, n. 12), 86-89; *Mid-Year Economic Report of the President* (Washington: GPO, 1947), 40-43; Fred Israel, ed., *State of the Union Messages of the Presidents* (New York: Chelsea House, 1966), 2972-73; Nelson Lichtenstein, *The Most Dangerous Man in Detroit: Walter Reuther and the Fate of American Labor* (New York: Basic, 1995), 270-81.

17. Colm to CEA staff, October 14, 1947, and draft "Nation's Economic Budget for 1958", May 21, 1948, both in Keyserling papers, Box 6, "Economic Budget Studies, 1946-1951"; J. C. Davis and T. K. Hitch to Keyserling, February 18, 1949 (with attachments), Keyserling papers, Box 9, "Productivity"; J. M. Keynes, "The Probable Range of the Postwar National Income", in Donald Moggridge, ed., *The Collected Writings of John Maynard Keynes* (London: MacMillan, 1973), 336-42.

18. Karl T. Compton, "The Natural Sciences in National Planning: Is Half of One Percent of the Federal Budget Enough?", *Technology Review* 36 (1934): 344-46; National Resources Planning Board, *Research: National Resource*, 3 vols. (Washington: GPO, 1938,1940, and 1942); memos and correspondence, RG51, Entry 47.8A, Box 6, "Research and Development—Budget Statistics"; Willis H. Shapley, "Problems of Definition, Concept, and Interpretation of R&D Statistics", in *Methodology of Statistics on R&D*, NSF 59-36 (Washington: NSF, 1959), 8-15; J. Weldon Jones to Griffith Johnson, May 5,1949, RG51, Entry 39.3, Box 67, Folder 403; Memo to Program Analysts, Fiscal Analysis Division, August 3,1949, and Johnson to Director, August 17, 1951, both in RG51, Entry 39.3, Box 129, Folder 869; *Budget of the United States for Fiscal Year 1951* (Washington: GPO, 1950), 1113-20.

19. President's Scientific Research Board (PSRB), *Science and Public Policy. Volume*

I: A Program for the Nation (Washington: GPO, 1947), 7; John D. Morris, "Truman Board Bids U.S. Put $2 Billion a Year in Science", *New York Times*, August 28, 1947, 1; *Economic Report of the President* (Washington: GPO, 1949), 50–61; George A. Lincoln, *Economics of National Security*, 2d ed. (New York: Prentice-Hall, 1954), 360; W. Arthur Lewis, *The Theory of Economic Growth* (Homewood, IL: Richard Irwin, 1955), 176. 公共记录并没有显示斯蒂尔曼委员会达成1%目标的方式。范内瓦·布什宣称斯蒂尔曼并没有参与报告编写，甚至可能根本没有读过报告。

20. Seymour Harris, "Should the Scientists Resist Military Intrusion?", *American Scholar* (April 1947): 224; W. Rupert MacLaurin, *Invention and Innovation in the Radio Industry* (New York: MacMillan, 1949); Carolyn Shaw Solo, "Innovation in the Capitalist Process: A Critique of Schumpeterian Theory", *Quarterly Journal of Economics* 65 (1951): 417–28; "Conference on Quantitative Description of Technological Change", Simon B. Kuznets papers, Harvard University Archives, Series 10, Box 3, "April 1951"; Robert Solow, "Technical Change and the Aggregate Production Function", *Review of Economics and Statistics* 39 (1957): 312–20.

21. Lance E. Davis and Daniel J. Kevles, "The National Research Fund: A Case Study in the Industrial Support of Academic Science", *Minerva* 12 (1974): 207–20; Herbert Hoover, "The Vital Need for Greater Financial Support of Pure Science Research", *Circular and Reprint Series of the National Research Council*, no. 65, December 1925; Robert Kargon and Elizabeth Hodes, "Karl Compton, Isaiah Bowman, and the Politics of Science in the Great Depression", *Isis* 76 (1985): 301–18; Science Advisory Board, *Report, July 31, 1933-September 1, 1934* (Washington: National Research Council, 1934), 267–83; "Put Science To Work!", *Technology Review* 37 (1935): 133–35, 152–58. 在此之后，国会有类似目标的项目也并未取得良好的进展。参见 Carroll W. Pursell, Jr., "A Preface to Government Support of R&D: Research Legislation and the National Bureau of Standards, 1935–1941", *Technology and Culture* 9 (1968): 145–64.

22. Bush to Hoover, September 27, 1945, Bush papers, LC, Box 51, File 1245; "Yankee Scientist", *Time*, April 3, 1944, 52–57.

23. U.S. Senate, Committee on Military Affairs, *Technological Mobilization*, 77th C., 2d s., 1943; U.S. Senate, Committee on Military Affairs, *Scientific and Technological Mobilization*, 78th C., 1st and 2d s., 1943–44; U.S. Senate, Committee on Military Affairs, *The Government's Wartime Research and Development, 1940–1944. Part II: Findings and Recommendations*, 79th C., 1st s., 1945, Committee Report no. 5; Carl M. Rowan, "Politics and Pure Research: The Origins of the National Science Foundation, 1942–1954", (Ph. D. diss., University of Miami, Ohio, 1985), 62–63; Daniel J. Kevles, "The National Science Foundation and the Debate over Postwar Research Policy, 1942–1945", *Isis* 68 (1977): 5–27.

24. Vannevar Bush, *Science, the Endless Frontier* (Washington: GPO, 1945); Rowan (above, n. 23), 43T4, 52–54, 57–60.

25. Bush (above, n. 24), 2, 68; Senate Military Affairs, 1945 (above, n. 23); James R. Newman to John W. Snyder, February 8, 1946, RG250, Entry 54, Box 275, "Legislation Concerning a Postwar Program for Scientific Research"; J. Merton England, *A Patron for*

Pure Science (Washington: National Science Foundation, 1982), 9-24.

26. Rowan (above, n. 23), 106-14; Talcott Parsons, "National Science Legislation, Part 1: An Historical Review", *Bulletin of the Atomic Scientists* (November 1946): 8; Jessica Wang, "American Science in an Age of Anxiety: Scientists, Civil Liberties, and the Cold War, 1945—1950" (Ph.D. diss., MIT, 1994), chap. 7.

27. Rowan (above, n. 23), 115-23; Harvey Sapolsky, *Science and the Navy* (Princeton: Princeton University Press, 1990), 9-36; Daniel M. Fox, "The Politics of the NIH Extramural Program, 1937—1950", *Journal of the History of Medicine and Allied Sciences* 42 (1987): 454-59; Richard G. Hewlett and Oscar E. Anderson, *The New World: A History of the United States Atomic Energy Commission, Volume I, 1939—1946* (1962; rpt. Berkeley: University of California Press, 1990), 633-38.

28. Rowan (above, n. 23), 124-48; England (above, n. 25), 61-82; "Memorandum of Disapproval of the National Science Foundation Bill", *Public Papers of the President: Harry S. Truman, 1947* (Washington: GPO, 1963), 369.

29. Rowan (above, n. 23), 156-82; England (above, n. 25), 92-106.

30. England (above, n. 25), 113-28; Rowan (above, n. 23), 185-91.

31. England, (above, n. 25), 141-80; Joel Genuth, "The Local Origins of National Science Policy" (Ph.D. diss., MIT, 1996); "Memorandum for the Record", September 6, 1950, Frederick J. Lawton papers, HSTL, Box 6, "Meetings with the President".

32. Daniel J. Kevles, *The Physicists: The History of a Scientific Community in Modern America* (New York: Knopf, 1977), 358; Daniel Lee Kleinman, *Politics on the Endless Frontier* (Durham: Duke University Press, 1995), 145.

33. A. A. Berle, Jr., "High Finance: Master or Servant?", *Yale Review* 23 (1933): 20-42; "Banks for Industry", Business Week, February 24, 1934, 7; Science Service press release, February 2, 1935, in National Academy of Sciences (NAS) Archives, Executive Board, Science Advisory Board, Committee on Relation of the Patent System to the Stimulation of New Industries, "1934—1935"; David C. Coyle, *The American Way* (New York: Harper and Bros., 1938), 35-44; Roosevelt to Senator Henry P. Fletcher, March 19, 1934 (with commentary), in Samuel J. Rosenman, ed., *FDR-PP*, vol. 3,152-55; James S. Olson, *Saving Capitalism: The Reconstruction Finance Corporation and the New Deal, 1933—1940* (Princeton: Princeton University Press, 1988), 111-16, 153-74; Jordan A. Schwarz, *The New Dealers* (New York: Knopf, 1993), 77-85.

34. "Memorandum on Semi-Fixed and Permanent Capital for Small Business", Lincoln and Therese Filene Foundation, December 1939, pamphlet in Baker Library, Harvard University; "Preliminary Prospectus", April 15, 1941 (quote from 2) and "New England Industrial Research Foundation, Inc.", August 26, 1941, both in Karl T. Compton papers, MIT Archives, AC4 (hereafter "Compton papers"), Box 158, Folder 9.

35. Rudolph Weissman, *Small Business and Venture Capital* (New York: Harper and Bros., 1945), 68-71; Harmon Ziegler, *The Politics of Small Business in America* (New York: Public Affairs Press, 1961), 88-89; Alvin H. Hansen, *Full Recovery or Stagnation?* (New York: Norton, 1938), 318; Patrick R. Liles, "Sustaining the Venture Capital Firm", unpub.

ms., Management Analysis Center, Cambridge, MA, 1977, 17.

36. Ziegler (above, n. 35), 93–100; Jonathan J. Bean, "World War II and the 'Crisis' of Small Business: The Smaller War Plants Corporation, 1942—1946", *Journal of Policy History* 6 (1994): 223–30.

37. J. E. Reeve, "Government Credit Aids to Small Business", January 8, 1945, 13; Reeve to George Graham, April 26, 1945; Dewey Anderson to Reeve, October 29, 1945, all in RG51, Entry 39.3, Box 98, Folder 634; Investment Bankers Association of America, "Capital for Small Business", pamphlet, April 5,1945, and Jules Bogen, "The Market for Risk Capital", American Enterprise Association pamphlet, August 1946 (quote from 27), both available at Baker Library, Harvard University; Lincoln Filene to Truman, January 9, 1946, Truman papers, PSF, Box 136, "Small Business".

38. Mark S. Foster, "Henry John Kaiser", in *Encyclopedia of American Business History and Biography: The Automobile Industry, 1920—1980*, 224–31; Richard O. Davies, *Housing Reform during the Truman Administration* (Columbia: University of Missouri Press, 1966), 70–72; Addison W. Parris, *The Small Business Administration* (New York: Praeger, 1968), 8–18; Douglas R. Fuller, *Government Financing of Private Enterprise* (Stanford: Stanford University Press, 1948), 97–104.

39. "The Winning Plans in the Pabst Postwar Employment Awards", Pabst Brewing Company pamphlet, 1944, Widener Library, Harvard University, 32; Liles (above, n. 35), 21–35; Merrill Griswold and William C. Hammond to Doriot, October 25, 1945, Compton papers, Box 103, Folder 4; Compton to Horace Ford, March 22,1946, Compton papers, Box 89, Folder 6; Compton to Doriot, April 24, 1946, Compton papers, Box 74, Folder 6; Henry Etzkowitz, "Enterprises from Science: The Origins of Science-Based Regional Economic Development", *Minerva* 31 (1993): 343–48. 范内瓦·布什也曾收到加入顾问委员会的邀请，但他不情愿地拒绝了（"我只能接受兄弟情谊，而不是联姻"），因为他不能放弃其他的可能（1946年3月6日，布什与康普顿通信，Compton papers, Box 42, Folder 13）。

40. Doriot to Flanders, February 16, 1949, Ralph Flanders papers, Syracuse University Library, Box 100, "AR&D Corporation-1949"; Liles (above, n. 35), 75; CED, "Meeting the Special Problems of Small Business", pamphlet, 1947, Baker Library, Harvard University, 36; Fuller (above, n. 38), 165–66; Ralph E. Flanders, *Senator from Vermont* (Boston: Little, Brown, 1961), 189.

41. Ronald F. King, *Money, Time, and Politics: Investment Tax Subsidies and American Politics* (New Haven: Yale University Press, 1993), 124–26; Stein (above, n. 2), 206–32; Keyserling to Truman, June 13, 1947, Keyserling papers, Box 8, File "White House Contacts— Harry S. Truman—2"; Ralph E. Flanders, "A Federal Ta System to Encourage Business Enterprise", pamphlet, June 15, 1994, available at Littauer Library, Harvard University; CED, "Monetary and Fiscal Policy for Greater Economic Stability", pamphlet, 1948, available at Widener Library, Harvard University, 38–44; U.S. House of Representatives, Committee on Ways and Means, Revenue Revisions, 1947—1948, 80th C., 1st s., 1948, 1355–72; C. V. Kidd to Steelman, June 2, 1947, Truman papers, OF 192, Box 677, "1945–August, 1947"; draft of "Nation's Economic Budget for 1958-An Exploratory

Study", May 21, 1948, Keyserling papers, Box 6, "Economic Budget Studies, 1946—1951", 12.

42. Edgar M. Hoover, "Capital Accumulation and Progress", October 1949, Keyserling papers, Box 7, "Investment", 1; Reeve to G. G. Johnson, December 6, 1949; W. D. Carey to Reeve, December 8,1949; and Investment Policy Group to Tax Policy Group, December 8, 1949, all in RG51, Entry 39.3, Box 98, Folder 634; William F. Butler, *Business Needs for Venture Capital* (New York: McGraw-Hill, 1949), 75-77; "President's Message to Congress", January 23,1950, Keyserling papers, Box 8, "White House Contacts—Harry S. Truman—3".

43. Joint Committee on the Economic Report, *Volume and Stability of Private Investment*, 81st C., 1st s., 1950, 446-91; CED, "Meeting the Special Problems of Small Business", (above, n. 40); "Money Talks", *Fortune*, March 1950, 19-20; Burton Klein, "Memorandum on the Establishment of Investment Companies ...", January 30, 1950, RG51, Entry 39.3, Box 98, Folder 634; Charles S. Murphy to president, February 7, 1950, Truman papers, PSF, Box 136, "Small Business"; Spingam, Memo to File, May 9, 1950, Stephen J. Spingam papers, HSTL (hereafter "Spingam papers"), Box 28, "Small Business"; draft bill, March 17, 1950, RG51, Entry 39.3, Box 98, Folder 634; president's message to Congress on small business, May 5, 1950, Keyserling papers, Box 8, "White House Contacts—Harry S. Truman—3"; Spingam to Frederick J. Lawton, May 19, 1950, RG51, Entry 39.3, Box 98, Folder 634. 咨文同时提议了一项自筹资金的计划，用于维持商务部的极小额贷款以及技术信息交换中心（参见第五章）。

44. Craufurd D. Goodwin, "Attitudes toward Industry in the Truman Administration: The Macro- economic Origins of Microeconomic Policy", in Michael J. Lacey, ed., *The Truman Presidency* (New York: Woodrow Wilson International Center for Scholars and Cambridge University Press, 1989), 127; Spingam to President, June 28, 1950, Truman papers, PSF, Box 136, "Spingam"; Wagnon (above, n. 15), 205-11; Robert L. Branyan, "Anti-Monopoly Activities during the Truman Administration" (Ph.D. diss., University of Oklahoma, 1961), 196-207.

45. Ziegler (above, n. 35), 104-15; Parris (above, n. 38), 7-25, 150-58.

46. John Dominguez, *Venture Capital* (Lexington, MA: D. C. Heath, 1974), 3-5; Richard Florida and Mark Samber, "Capital and Creative Destruction: Venture Capital, Technological Change and Economic Development", May 1994, unpub. ms., 25-43; Edward B. Roberts, *Entrepreneurs in High Technology* (New York: Oxford University Press, 1991), 137-38.

第七章

1. Office of the Secretary of Defense, "The Growth of Scientific Research and Development", RDB 114/34, July 27, 1953, 1; *Budget of the U.S. Government for Fiscal Year 1955* (Washington: GPO, 1954), 1157.

2. Robert Jungk, *Brighter Than a Thousand Suns: A Personal History of the Atomic Scientists*, trans. James Cleugh (New York: Harcourt, Brace, Jovanovich, 1958), 296; Joseph

and Stewart Alsop, "Are We Ready for a Push-Button War?", *Saturday Evening Post*, September 6, 1947, 19.

3. Samuel R Huntington, *The Common Defense: Strategic Programs in National Politics* (New York: Columbia University Press, 1961), 25-27.

4. Melvyn P. Leffler, *A Preponderance of Power: National Security, the Truman Administration, and the Cold War* (Stanford: Stanford University Press, 1992), 97.

5. John L. Gaddis, *Strategies of Containment* (New York: Oxford University Press, 1982), 3-24; Daniel Yergin, *Shattered Peace: The Origins of the Cold War and the National Security State* (Boston: Houghton Mifflin, 1977), 42-86; Leffler (above, n. 4), 25-140.

6. Carl Spaatz, "Strategic Air Power: Fulfillment of a Concept", *Foreign Affairs*, April 1946, 388; Michael S. Sherry, *The Rise of American Air Power* (New Haven: Yale University Press, 1987), 264-82; Walton S. Moody, *Building a Strategic Air Force* (Washington: Center for Air Force History, 1996), 231; Richard Rhodes, *Dark Sun: The Making of the Hydrogen Bomb* (New York: Simon and Schuster, 1995), 345-49; Fred Kaplan, *The Wizards of Armageddon* (New York: Simon and Schuster, 1983), 50-63.

7. U.S. House of Representatives, Committee on Appropriations, *First Supplemental Appropriation Rescission Bill, 1946*, part 2, 79th C. 1st s., 1945, 623, 493; Chart, December 29, 1946, Budget Section, Programs Division, RDB, RG330, Entry 341, Box 489, Folder 6; Charles D. Bright, *The Jet Makers: The Aerospace Industry from 1945 to 1972* (Lawrence: Regents Press of Kansas, 1978), 106-10; Michael E. Brown, *Flying Blind: The Politics of the U.S. Strategic Bomber Program* (Ithaca: Cornell University Press, 1992), 69-148. Rhodes 出色地描述了氢弹的复杂性，见本章前注 1；Alsop 等人同样在书中进行了描述，见本章前注 2。

8. Bright (above, n. 7), 47-52; Edmund Beard, *Developing the ICBM: A Study in Bureaucratic Politics* (New York: Columbia University Press, 1976), 24-44; "Industry Has Stake in Fight for Control of New Weapons", *Business Week*, October 19, 1946, 7.

9. Remarks by General Eaker to National War College, June 5,1947, James Webb papers, HSTL (hereafter "Webb papers"), Box 9, Folder "Air Force"; "Industry-Military Link Forged", *Business Week*, November 16, 1949, 20-22; Nick A. Komons, *Science and the Air Force* (Arlington, VA: Office of Aerospace Research, 1966), 1-6; Allen Kaufman, "In the Procurement Officer We Trust: Constitutional Norms, Air Force Procurement and Industrial Organization, 1938—1947", paper presented at the Hagley Museum, October 1995, 56-62; Jacob Neufeld, ed., *Research and Development in the U.S. Air Force* (Washington: Center for Air Force History, 1993), 44.

10. Huntington (above, n. 3), 44-47.

11. Leffler (above, n. 4), 141-219; Robert J. Gordon, "$45 Billion of U.S. Private Investment Has Been Mislaid", *American Economic Review* 59 (1969): 221-38; William S. Hill, Jr., "The Business Community and National Defense: Corporate Leaders and the Military, 1943—1950" (Ph.D. diss., Stanford University, 1979), 71-75; Jeffery M. Dorwart, *Eberstadt and Forrestal: A National Security Partnership, 1909—1949* (College Station: Texas A&M University Press, 1991), chap. 8.

注 释

12. Eisenhower to War Department managers and officers, April 30,1946, Stuart Symington papers, HSTL (hereafter "Symington papers"), Box 11, "Research and Development"; Vannevar Bush, *Modern Arms and Free Men* (Simon and Schuster: New York, 1949), 115, 122.

13. Service expenditures taken from *Budget of the U.S. Government*, various years; R&D expenditures from "Federal Expenditures for Research and Development—Fiscal Years 1940—1950", August 15, 1951, RG51, Series 47.8A, Box 6.

14. U.S. House of Representatives, *Committee on Military Affairs, Research and Development*, 79th C., 1st s., 1945, 2-6.

15. Edward A. Kolodziej, *The Uncommon Defense and Congress, 1945—1963* (Columbus: Ohio State University Press, 1966), 91.

16. Lynn Rachele Eden, "The Diplomacy of Force: Interests, the State, and the Making of American Military Policy in 1948" (Ph.D. diss, University of Michigan, 1985), 185-93; Kolodziej (above, n. 15), 67-68; Hill (above, n. 11), 128-57.

17. Edwin G. Nourse, "The Impact of Military Preparedness on the Civilian Economy", Vital Speeches of the Day, May 1, 1949, 429-32; M. S. March, draft suggestions for antirecession proposal, April 27, 1949, RG51, Entry 39.3, Box 67, Folder 403; Hill (above, n. 11), 128-57.

18. "Economic Consequences of a Third World War", *Business Week*, April 24, 1948, 19-23; Nourse speech to Chamber of Commerce, April 27, 1948, Edwin G. Nourse papers, HSTL (hereafter "Nourse papers"), Box 9; Craufurd D. Goodwin and R. Stanley Herren, "The Truman Administration: Problems and Policies Unfold", in Goodwin, ed., *Exhortation and Controls: The Search for a Wage-Price Policy, 1945—1971* (Washington: Brookings, 1975), 30-60; Nourse to NSC, September 30, 1949, Nourse papers, Box 8.

19. Huntington (above, n. 3), 221; Koldoziej (above, n. 15), 57; Chart, December 29,1947, Budget Section, Programs Division, RDB, RG330, Entry 341, Box 489, Folder 6; unsigned memorandum to Symington, December 30, 1946, Symington papers, Box 2, "Budget".

20. Kolodziej (above, n. 15), 56-70; Compton to Truman, November 2, 1949, Harry S. Truman papers, HSTL (hereafter "Truman papers"), OF 1285h; Ralph Clark to Executive Council, JRDB, September 23, 1947, RG330, Entry 341, Box 489, Folder 5. 通货膨胀对研发预算的确切影响很难确定。根据 Steven L. Rearden 的研究，1947 年消费品通胀率约为 14%，批发通胀率约为 25%。参见 Steven L. Rearden, *History of the Office of the Secretary of Defense Volume I: The Formative Years, 1947—1950* (Washington: Historical Office, Office of the Secretary of Defense, 1984), 310.

21. *First Annual Report of the Secretary of Defense* (Washington: GPO, 1949), 15, 119; Beard (above, n. 8), 52-62, 112; Thomas M. Coffey, *Iron Eagle: The Turbulent Life of General Curtis LeMay* (New York: Crown, 1986), 255; James E. Hewes, Jr., *From Root to McNamara: Army Organization and Administration, 1900—1963* (Washington: Center for Military History, 1975), 172.

22. Hill (above, n. 11), 201, 224; Brown (above, n. 7), 86; Bright (above, n. 7), 13.

23. Hill (above, n. 11), 204-31; Rearden (above, n. 20), 313-16; RDB Committee on

309

Aeronautics, February 5, 1948, RG330, Entry 341, Box 523, Folder 1; Clark to Executive Council, October 1, 1947, and "List of Questions Prepared by the Bureau of the Budget for Research and Development Board Hearing", October 29, 1947, both in RG330, Entry 341, Box 489, Folder 5.

24. Bush to RDB, January 2, 1948, RG 330, Entry 341, Box 489, Folder 6; Frank Kofsky, *Harry S. Truman and the War Scare of 1948*, paperback ed. (New York: St. Martin's, 1995), 84–141; "Price of Mobilizing America to Defend Democratic Nations", *U.S. News and World Report*, March 26, 1948, 13–15; Alonzo L. Hamby, *Beyond the New Deal: Harry S. Truman and American Liberalism* (New York: Columbia University Press, 1973), 223. 科夫斯基的观点在很多方面都有较强的说服力,但他过分强调了飞机制造业的重要性,也低估了马歇尔和杜鲁门对普遍军训计划的决心。

25. Kofsky (above, n. 24), 172–82; Lynn Eden, "Capitalist Conflict and the State: The Making of U.S. Military Policy in 1948", in Charles Bright and Susan Harding, eds., *Statemaking and Social Movements: Essays in History and Theory* (Ann Arbor: University of Michigan Press, 1984), 245, 253; Rearden (above, n. 20), 321–30.

26. John B. Rae, Climb to Greatness: *The American Aircraft Industry, 1920—1960* (Cambridge: MIT Press, 1968), 174–92; Hill (above, n. 11), 268, 361; Symington to W. J. McNeil, April 30, 1948, RG330, Entry 341, Box 489, Folder 6; "Major Stages in Development of R&D Budgets FY1949 and 1950", undated, RG330, Entry 341, Box 489, Folder 6; "FY51 RDB Budget Presentation before JCS Budget Advisory Committee, 15 July 1949", RG330, Entry 341, Box 493, Folder 1; "Pattern for Arms Spending: New Emphasis on Air Power", U.S. *News and World Report*, June 4, 1948, 11–13; Samuel R. Williamson, Jr., and Steven L. Rearden, *The Origins of U.S. Nuclear Strategy, 1945—1953* (New York: St. Martin's, 1993), 96.

27. Rearden (above, n. 20), 335–84; George M. Watson, Jr., *The Office of the Secretary of the Air Force, 1947—1965* (Washington: Center for Air Force History, 1993), 99; Leffler (above, n. 4), 272–77; Beard (above, n. 8), 83–97, 107–20; Neufeld (above, n. 9), 39. See also Warner R. Schilling, "The Politics of National Defense: Fiscal 1950", in Schilling, ed., *Strategy, Politics, and Defense Budgets* (New York: Columbia University Press, 1962), 1–266.

28. James R. Newman and Byron S. Miller, *The Control of Atomic Energy: A Study of Its Social, Economic, and Political Implications* (New York: Whittlesey House, 1948), 4, 21.

29. Alan Sweezy, "Declining Investment Opportunity", in Seymour E. Harris, ed., *The New Economics* (New York: Knopf, 1947), 431; Hadley Cantril, ed., *Public Opinion, 1935—1946* (Westport, CT: Greenwood, 1978), 27.

30. Richard G. Hewlett and Oscar E. Anderson, Jr., *The New World, 1939/1946* (University Park, PA: Pennsylvania State University Press, 1962), 408–530; Newman and Miller (above, n. 28), 132.

31. Newman and Miller (above, n. 28), 4; Hamby (above, n. 24), 183; *Budget of the U.S. Government for Fiscal Year 1948* (Washington: GPO, 1947), M8.

32. Rhodes (above, n. 6), 211–13, 277–84; David Alan Rosenberg, "The Origins of Overkill: Nuclear Weapons in American Strategy", *International Security* 7(4) (1983): 14–15;

注 释

Richard G. Hewlett and Francis Duncan, *Atomic Shield: A History of the U.S. Atomic Energy Commission, Volume II, 1947—1952*, paperback ed. (Berkeley: University of California Press, 1990), 42–48,57–62; Hewlett and Anderson (above, n. 30), 624–33.

33. Rebecca Lowen, "Entering the Atomic Power Race: Science, Industry, and Government", *Political Science Quarterly* 102 (1987): 459–79; Hewlett and Duncan (above, n. 32), 96–102, 114–21, 127–32, 145–47, 172–219, 323–32, 354–61; Brian Balogh, *Chain Reaction: Expert Debate and Public Participation in American Commercial Nuclear Power, 1945—1975* (New York: Cambridge University Press, 1991), 86–94.

34. Herbert York, *The Advisors: Oppenheimer, Teller, and the Superbomb*, 2d ed. (Stanford: Stanford University Press, 1989); Rhodes (above, n. 6), 381–408; Neufeld (above, n. 9), 45; Gregg Herken, *The Winning Weapon: The Atomic Bomb in the Cold War, 1945—1950* (New York: Knopf, 1980),317.

35. Hewlett and Duncan (above, n. 32), 41Q–84; *The Budget in Brief* (Washington: GPO, 1957), 52.

36. Rhodes (above, n. 6), 438–39; Rosenberg (above, n. 32), 15–21; Paul Forman, "Beyond Quantum Electronics: National Security as a Basis for Physical Research in the United States, 1940—1960", *Historical Studies in the Physical and Biological Sciences* 17 (1987): 150–229; Harvey Sapolsky, *Science and the Navy* (Princeton: Princeton University Press, 1990), 37–56.

37. Rae (above, n. 26), 181–84; Brown (above, n. 7), 136–140; Hewlett and Duncan (above, n. 32), 172–84; David Alan Rosenberg, "US Nuclear Stockpile, 1945—1950", *Bulletin of Atomic Scientists* (May 1982): 25–30.

38. Leffler (above, n. 4), 355–60; Samuel F. Wells, Jr., "Sounding the Tocsin: NSC 68 and the Soviet Threat", *International Security* 4 (1979): 116–58; Forman (above, n. 36), 157–58 (notes 12–13); Gaddis (above, n. 5), 90–109; Paul Y. Hammond, "NSC-68: Prologue to Rearmament" in Schilling, ed. (above, n. 27), 326–49.

39. Hamby (above, n. 24), 403–8; Daniel J. Kevles, "K1S2: Korea, Science, and the State", in Peter Galison and Bruce Hevly, eds., *Big Science* (Stanford: Stanford University Press, 1992), 327; Kevin N. Lewis, *The U.S. Air Force Budget and Posture over Time* (Santa Monica: RAND Corporation, 1990), 14.

40. Hammond (above, n. 38), 350–59; Kolodziej (above, n. 15), 129–39; "Federal Expenditures for Research and Development–Fiscal Years 1940—1950", August 15, 1951, RG51, Series 47.8A, Box 6; Brown (above, n. 7), 147–49.

41. Kolodziej (above, n. 15), 140–66; Moody (above, n. 6), 392; Watson (above, n. 27), 104–20; Hewlett and Duncan (above, n. 32), 561–78.

42. *Budget of the U.S. Government for Fiscal Year 1957* (Washington: GPO, 1956), 1151; RDB 114/34 (above, n.36), 152–55; Kevles (above, n.39), 314–15, 329; Lawrence P. Lessing, "The Electronics Era", *Fortune*, July 1951, 78–83, 132–38; Stuart W. Leslie, *The Cold War and American Science: The Military-Academic Complex at MIT and Stanford* (New York: Columbia University Press, 1993), 44–75. 福曼和凯夫利斯发现，由于研发开支的定义会因为时间推移发生变化，而且不同机构间的定义也不尽相同，所以研发开支

311

的统计数据都不是确切数值。

43. Bright (above, n. 7), 61-65; Kevles (above, n. 39), 321-27; Golden to Truman, December 18, 1950, William T. Golden papers, HSTL. 这份备忘录和其他一些来自戈登的研究的备忘录现在已经被收录到以下作品的重印版中, 参见 William Blanpied, ed., *Impacts of the Early Cold War on the Formulation of U.S. Science Policy* (Washington: American Association for the Advancement of Science, 1995)。备忘录显示出决策者们对戈登主张中组织和政策理念的理解存在明显偏差。

44. Rosenberg 1983 (above, n. 32),21-27; Moody (above, n. 6), 385-92,446-54; Gaddis (above, n. 5), 118-21.

45. "America's Commitment", *Fortune*, August 1950, 53-59.

46. Hill (above, n. 11), 382 (citing *Commercial and Financial Chronicle*, Oct. 27,1947); Gaddis (above, n. 5), 92-95.

47. Edward S. Flash, Jr., *Economic Advice and Presidential Leadership* (New York: Columbia University Press, 1965), 36-39; *Mid-Year Economic Report of the President* (Washington: GPO, 1950), 9-12,37-39; *Economic Report of the President for 1951* (Washington: GPO, 1950), 13-14, 57-64, 82; Committee for Economic Development, "Economic Policy for Rearmament", pamphlet, September 1950, available in Widener Library, Harvard University; Sumner Slichter, "Business and Armament", *Atlantic*, November 1950, 38-41; Robert M. Collins, "The Emergence of Economic Growthmanship in the United States: Federal Policy and Economic Knowledge in the Truman Years", in Mary O. Fumer and Barry Supple, eds., *The State and Economic Knowledge: The American and British Experiences* (New York: Cambridge University Press, 1990), 153.

48. Flash (above, n. 47), 40-99; Alonzo Hamby, *Man of the People: A Life of Harry S. Truman* (New York: Oxford, 1995), 575-98; Herbert Stein, *The Fiscal Revolution in America* (Chicago: University of Chicago, 1969), 241-80; Keyserling speech to ADA, "The Role of Liberals in the Defense Program", May 18, 1951, and Keyserling, "Security and the National Economy", November 23,1953, both in Leon Keyserling papers, HSTL (hereafter "Keyserling papers"), Box 19; National Planning Association, "Can We Afford Additional Programs for National Security?", pamphlet no. 84, October 1953, iv.

49. Daniel J. Kevles, "FDR's Science Policy", *Science* 183, March 1, 1974, 798-800; "Reconverting War Research", *Business Week*, January 10, 1948, 56-59; Solomon Fabricant, "Armament Production Potential", in Jules Backman, ed., *War and Defense Economics* (New York: Rhinehart, 1951), 30.

50. S. D. Cornell, speech to Navy Postgraduate School, January 12, 1950, RG330, Entry 341, Box 597, Folder 2; J. Frederic Dewhurst and Associates, *America rs Needs and Resources* (New York: Twentieth Century Fund, 1947); Colm to staff, October 14,1947, Keyserling papers, Box 6, "Economic Budget Studies, 1946—1951"; J. Frederic Dewhurst and Associates, *America's Needs and Resources: A New Survey* (New York: Twentieth Century Fund, 1955), 834-944; Sumner H. Slichter, "Productivity: Still Going Up", Atlantic, June 1952, 64-68.

51. *Economic Report of the President for 1954* (Washington: GPO, 1954), 162; Herbert

Striner et al., *Defense Spending and the U.S. Economy*, 2d ed., vol. 1 (Baltimore: Johns Hopkins University, 1959), 16-28; John G. Welles and Robert H. Waterman, Jr., "Space Technology: Payoff from Spinoff", *Harvard Business Review* (November-December 1963): 106-18.

52. Huntington (above, n. 3), 74.

53. Glenn H. Snyder, "The 'New Look' of 1953", in Schilling (above, n. 27), 393-99,418-503; Moody (above, n. 6), 454-61; Koldziej (above, n. 15), 166-203; Rosenberg 1983 (above, n. 32), 28; Lewis (above, n. 39), 9-15.

54. Walter A. McDougall, ... *the Heavens and the Earth: A Political History of the Space Age* (New York: Basic, 1986), 105-29; Harvey M. Sapolsky, *The Polaris System Development: Bureaucratic and Programmatic Success in Government* (Cambridge: Harvard University Press, 1972), 11.

55. Huntington (above, n. 3), 326-41; Kenneth Flamm, *Creating the Computer* (Washington: Brookings, 1988), 53-58; Leslie (above, n. 42), 31-37; Forman (above, n. 36), 161-66.

56. Neufeld (above, n. 9), 53-60; Sapolsky 1972 (above, n. 54), 64-90; James F. Nagle, *A History of Government Contracting* (Washington: George Washington University, 1992), 472-73; Merton J. Peck and Frederic M. Scherer, *The Weapons Acquisition Process: An Economic Analysis* (Boston: Harvard Business School, 1962), 128-30; Rhodes (above, n. 6), 368-71; *American Research and Development Corporation, First Annual Report* (Boston: American Research and Development Corporation, 1946), 2; Susan Rosegrant and David Lampe, *Route 128: Lessons from Boston's High-Tech Community* (New York: Basic, 1992), 119-20,154-55.

57. Hewlett and Duncan (above, n. 32), 581-84; Nelson R. Kellogg and Stuart W. Leslie, "Civilian Technology at the National Bureau of Standards" (Johns Hopkins University, Baltimore, 1990, photocopy), 15-23; Churchill Eisenhart, "Chronology of AD-X2 Case", in Finding Aid Binder, RG167; Sinclair Weeks to Charles E. Wilson, March 25, 1953, and press release, July 23, 1953, both in RG330, Entry 341, Box 523, Folder 3; Flamm (above, n. 55), 71-75; Kevles (above, n. 39), 329-32. Brian Balogh (above, n. 33), 95-119. 上述文章认为"新面貌"为以"国际地位"为名义的民用核能开发提供了国家安全理由，因此预测政府可能实施民用太空项目。

58. 实际上，费米给詹姆斯·基利安的信息是："吉姆，你会想知道意大利航海家刚刚登陆新世界。" Hewlett and Anderson (above, n. 30), 112; Harold D. Lasswell, "The Garrison State", *American Journal of Sociology* 46 (1941): 465.

59. Leslie (above, n. 42), 14.

60. David C. Mowery and Nathan Rosenberg, *Technology and the Pursuit of Economic Growth* (New York: Cambridge University Press, 1989), 185-86; Flamm (above, n. 55), 61-65, 86-95. Aaron Friedberg, "Why Didn't the U.S. Become a Garrison State", *International Security* 16 (1992): 109-42. 上述研究得出了与我类似的结论，但在成因方面存在分歧。

61. Alsop and Alsop (above, n. 2), 99; Mowery and Rosenberg (above, n. 60), 147-50.

62. Rhodes (above, n. 6), 442-52.

第八章

1. A. Hunter Dupree, "National Security and the Post-War Science Establishment in the United State", *Nature* 323, September 18, 1986, 213–16; Jeffrey G. Stine, *A History of Science Policy in the U.S.*, 1940—1985, background report no. 1, House of Representatives, Committee on Science and Technology, Task Force on Science Policy, 99th C., 2d s., 1986, 41–46; John G. Welles and Robert H. Waterman, Jr., "Space Technology: The Payoff from Spinoff", *Harvard Business Review* (November–December 1963): 106–18; Thomas L. McNaugher, *New Weapons, Old Politics: America's Military Procurement Muddle* (Washington: Brookings, 1989); James Kurth, "The Follow-On Imperative in American Weapons Procurement, 1960—1990", paper presented to the conference on Economic Issues of Disarmament, South Bend, Indiana, November 30, 1990; Linda Cohen and Roger Noll, *The Technology Pork Barrel* (Washington: Brookings, 1991); National Science Board, *Science Indicators 1972* (Washington: GPO, 1973), 111; David C. Mowery and Nathan Rosenberg, *Technology and the Pursuit of Economic Growth* (New York: Cambridge University Press, 1989), 138–39. 尽管科恩和诺尔宣称其研究可以推广到所有联邦商业化项目，但他们的案例主要来自航空航天和能源行业，而且研究通常受国家安全或国家地位因素的影响较大，而非经济学。

2. Dorothy Nelkin, *The Politics of Housing Innovation* (Ithaca: Cornell University Press, 1971); Gary Mucciaroni, *The Political Failure of Employment Policy* (Pittsburgh: University of Pittsburgh Press, 1990), 47–53; Herbert Stein, *Presidential Economics* (New York: Simon and Schuster, 1984), 101–13; *Economic Report of the President, 1972* (Washington: GPO, 1972), 125–30; "State of the Union Address", *Public Papers of the President, 1972* (Washington: GPO, 1974), 37; Harvey Averch, *A Strategic Analysis of Science and Technology Policy* (Baltimore: Johns Hopkins University Press, 1985), 62–63; John M. Logsdon, "Toward a New Federal Policy for Technology: The Outline Emerges", staff discussion paper no. 408, Program of Policy Studies in Science and Technology, George Washington University, August 1972.

3. Harvey Brooks, "Lessons of History: Successive Challenges to Science Policy", in S. E. Cozzens et al., eds., *The Research System in Transition* (Dordrecht: Kluwer, 1990), 15; Richard Rettig, *The Cancer Crusade* (Princeton: Princeton University Press, 1977); Harvey Brooks, "National Science Policy and Technological Innovation", in Ralph Landau and Nathan Rosenberg, eds., *Positive Sum Society* (Washington: National Academy Press, 1986), 130.

4. Bruce L. R. Smith, *American Science Policy since World War II* (Washington: Brookings, 1990), 92–96; Cohen and Noll (above, n. 1), 270–98; Claude Barfield, *Science Policy from Ford to Reagan: Change and Continuity* (Washington: American Enterprise Institute, 1982), 30–36; Frank Press, "Science and Technology in the White House, 1977–80, Part I", *Science* 211, January 9, 1981, 139–45; Committee for Economic Development, *Stimulating Technological Progress* (New York: CED, 1981), 1–9; "Industrial Innovation Initiatives", *Public Papers of the President, 1979*, vol. 2 (Washington: GPO, 1980), 2070–74; "Economic Renewal Program", *Public Papers of the President, 1980*, vol. 2 (Washington:

GPO, 1982), 1585-91.

5. Paul Krugman, *Peddling Prosperity: Economic Sense and Nonsense in the Age of Diminished Expectations* (New York: Norton, 1994), 100; David Stockman, *The Triumph of Politics: How the Reagan Revolution Failed* (New York: Harper and Row, 1986), 236, 253; George Gilder, *Wealth and Poverty* (New York: Basic Books, 1981), 84; Barfield (above, n. 4), 39-46, 53-57; Smith (above, n. 4), 133, 136-38.

6. Fred Block, "Economic Instability and Military Strength: The Paradoxes of the 1950 Rearmament Decision", *Politics and Society* 10: (1980): 35-58; Jerry Sanders, *Peddlers of Crisis* (Boston: South End Press, 1983), 241-67; Donald R. Baucom, *The Origins of SDI, 1944—1983* (Lawrence: University of Kansas Press, 1992); Sanford Lakoff and Herbert York, *A Shield in Space? Technology, Politics and the Strategic Defense Initiative* (Berkeley: University of California Press, 1989), 252-60; William J. Broad, *Teller's War: The Top-Secret Story Behind the Star Wars Deception* (New York: Simon and Schuster, 1992), 99-132; Stockman (above, n. 5), 277-99.

7. Edward Reiss, *The Strategic Defense Initiative* (New York: Cambridge University Press, 1992), 60-111; Lakoff and York, (above, n. 6), 263-89; David C. Mowery and Nathan Rosenberg, "The U.S. National Innovation System", in Richard R. Nelson, ed., *National Innovation Systems* (New York: Oxford University Press, 1993), 42; Smith, (above, n. 4), 133.

8. James Shoch, "Party Competition, Divided Government, and the Politics of Economic Nationalism", (Ph.D. diss., MIT, 1993); Otis Graham, *Losing Time: The Industrial Policy Debate* (Cambridge: Harvard University Press, 1992).

9. Shoch (above, n. 8); "Beheaded", *Economist*, April 28, 1990, 27-28; D. Allen Bromley, *The President's Scientists: Reminiscences of a White House Science Advisor* (New Haven: Yale University Press, 1994), 124.

10. Shoch (above, n. 8), 594-603; Carnegie Commission on Science, Technology and Government, *Science, Technology, and the States in America's Third Century* (New York: Carnegie Commission, 1992).

11. Shoch (above, n. 8), 658-62, 679-80; John A. Alic et al., *Beyond Spinoff: Military and Commercial Technologies in a Changing World* (Boston: Harvard Business School Press, 1992), 79-80; Bromley (above, n. 9), 122-41; "Industrial R&D Wins Political Favor", *Science* 255, March 20, 1992,1500-1502; Eliot Marshall, "R&D Policy That Emphasizes the 'D' ", *Science* 259, March 26, 1993, 1816-19; Michael E. Davey, *CRS Issue Brief: Research and Development Funding: Fiscal Year 1995* (Washington: Congressional Research Service, 1994); John D. Moteff, *CRS Issue Brief: Defense Technology Base Programs and Defense Conversion* (Washington: Congressional Research Service, 1994); William J. Clinton and Albert Gore, Jr., *Science in the National Interest* (Washington: Executive Office of the President, 1994), 9, 21.

12. Bob Woodward, The Agenda: Inside the Clinton White House (New York: Simon & Schuster, 1994), 154-56, 161-62, 324; Jeffrey Mervis, Christopher Anderson, and Eliot Marshall, "Better for Science Than Expected", *Science* 262, November 5,1993, 836-38; "R&D Budget: Growth in Hard Times", *Science* 263, February 11,1994, 744-46; "The

Hand on Your Purse Strings", *Science* 264, April 8, 1994, 192-94; Gary Taubes, "The Supercollider: How Big Science Lost Favor and Fell", *New York Times*, October 26, 1993, DI; Clifford Krauss, "Knocked Out by the Freshmen", *New York Times*, October 26, 1993, D12.

13. "Committee Clamor Illustrates Extent of Partisan Divide", *Congressional Quarterly Weekly Report* 54, May 11,1996,1291-92; Kei Koizumi et al., *Congressional Action on Research and Development in the FY1997 Budget* (Washington: American Association for the Advancement of Science, 1996).

14. Smith (above, n. 4), 135-45; Lewis M. Branscomb, "Empowering Technology Policy", in Branscomb, ed., *Empowering Technology* (Cambridge: MIT Press, 1993), 266-94; Evan Berman, "The Politics of Federal Technology Policy: 1980—1988", *Policy Studies Review* 10 (1992): 28-42. 最近关于技术政策的研究与我所进行的研究最相似的是 Jay Stowsky, "America's Technical Fix", Berkeley Round-table on the International Economy Research Paper, University of California, Berkeley 1996.